新型职业农民
培育系列丛书

生猪绿色养殖与科学管理

周晓智　　周　华　主　编
刘自兴　　彭克高　副主编

云南大学出版社
Yunnan University Press

图书在版编目（CIP）数据

生猪绿色养殖与科学管理 / 周晓智, 周华主编. --
昆明 : 云南大学出版社, 2021
（新型职业农民培育系列丛书）
ISBN 978-7-5482-3923-9

Ⅰ. ①生… Ⅱ. ①周… ②周… Ⅲ. ①养猪学 Ⅳ.
①S828

中国版本图书馆CIP数据核字(2020)第000431号

策划编辑： 朱　军
责任编辑： 徐　曼
封面设计： 王婳一

新型职业农民培育系列丛书

SHENGZHU LÜSE YANGZHI YU KEXUE GUANLI

生猪绿色养殖与科学管理

周晓智　周　华　主　编
刘自兴　彭克高　副主编

出版发行： 云南大学出版社
印　　装： 昆明瑆煋印务有限公司
开　　本： 787mm×1092mm　1/16
印　　张： 15.5
彩插印张： 1
字　　数： 248千
版　　次： 2021年5月第1版
印　　次： 2021年5月第1次印刷
书　　号： ISBN　978-7-5482-3923-9
定　　价： 48.00元

社　　址： 昆明市一二一大街182号（云南大学东陆校区英华园内）
邮　　编： 650091
发行电话： 0871-65033244　65031071
网　　址： http://www.ynup.com
E - mail： market@ynup.com

前　言

十九大报告提出“乡村振兴战略”，按照“产业兴旺、生态宜居、乡风文明、治理有效、生活富裕”的总要求，加快推进农业农村现代化。实施乡村振兴战略，是以习近平同志为核心的党中央着眼党和国家事业的全局，顺应亿万农民对美好生活的期待而做出的重大决策部署，也是决胜全面建成小康社会、全面建设富强民主文明和谐美丽的社会主义现代化国家的重大历史任务。乡村振兴不但需要资金，而且在实际推动过程中更需要人才。要完成乡村振兴这个宏大战略，就要汇聚全社会的力量，强化乡村振兴的人才支撑，把人力资源开发放在首位。

实施乡村振兴战略，广大农民群众是主力军。做好“三农”工作要以农民为中心，以富民为根本，切实发挥农民在乡村振兴中的主体作用。高素质农民作为“有文化、懂技术、善经营、会管理”的新型农业经营主体，承载着中国农业的未来。当前，我国农业正加快由传统向现代升级，农业劳动力比例逐年下降，规模化经营快速发展，农业与二、三产业融合加快，产业形态的新变化、农村社会的新变化、农业从业者的新变化等都对农民素质提出新要求。

为了提升教材建设工作水平，提高高素质农民培训的质量和效果，推动质量兴农、绿色发展，促进高原特色农业高质量发展，打造世界一流“绿色食品牌”，实现乡村全面振兴，云南省农业广播电视学校曲靖市分校结合当地农业农村发展实际和培训需求，组织相关专家编写了培训教材《生猪绿色养殖与科学管理》。

编　者

2020 年 7 月

目 录

1 第一章 云南饲养的常见优良猪种及杂交利用

第一节 引进的国外优良猪种 / 2

第二节 云南地方优良猪种 / 8

第三节 国内培育的新品猪种 / 14

第四节 配套系猪 / 20

第五节 优良猪种的选择 / 25

第六节 优良种猪的杂交利用 / 33

37 第二章 猪的营养需要与饲料配制

第一节 猪的营养需要 / 38

第二节 猪常用的饲料种类 / 47

第三节 猪的配合饲料 / 51

59 第三章 猪的科学饲养与管理

第一节 种母猪的科学饲养与管理 / 60

第二节 仔猪的科学培育与管理 / 85

第三节 种公猪的科学饲养与管理 / 94

第四节 育肥猪的科学饲养与管理 / 99

109 第四章 猪场的规划设计

第一节 猪场规划设计的首要问题 / 110

第二节 猪场场址选择 / 114

第三节 猪场的合理布局 / 116

第四节 粪尿的处理与利用 / 117

第五节 猪场规划设计方案 / 119

141 第五章 猪场经营管理

第一节 猪场经营管理中的技术指标 / 142

第二节 猪场的人员管理 / 146

第三节 猪场的物资与报表管理 / 152

第四节 猪场生产管理考核制度 / 154

第五节 计算机在猪场管理中的应用 / 156

163 第六章 生猪常见疾病的防治

第一节 猪病防制 / 164

第二节 猪场发生猪病的应急处理方案 / 184

第三节 猪病处理失败的原因分析 / 232

243 参考文献

245 附 图

第一章 云南饲养的常见优良猪种及杂交利用

◎ 引进的国外优良猪种

◎ 云南地方优良猪种

◎ 国内培育的新品猪种

◎ 配套系猪

◎ 优良猪种的选择

◎ 优良种猪的杂交利用

第一节　引进的国外优良猪种

一、大约克猪

大约克猪（Yorkshire，简写为 Y）又名大约克夏或大白猪，原产于英国约克郡及其邻近地区，是目前世界上分布最广的一种瘦肉型猪种。近年来我国引入的有法系、新英系、瑞系和丹系等大白猪。

（一）体型外貌特征

大约克猪全身被毛白色，少数额角皮上有小暗斑，颜面微凹，耳大直立，背腰多微弓，四肢较高，头颈较长，体型较大，体躯长，肌肉发达，平均乳头数在 7 对以上。

图 1－1　大约克公猪

图 1－2　大约克母猪

（二）主要生产性能

大约克猪具有生长速度快、饲料利用率和胴体瘦肉率高、肉色好、生长适应性强等优点。

1. 繁殖性能

我国饲养的大约克母猪初情期在 5 月龄左右，母猪平均初产仔数为 9.5～10.5 头，平均产活仔数为 8.5 头以上，初生窝重 10.05 千克以上；经产仔数 11.5～12.5 头，平均产活仔数 10.3 头以上，初生窝重 13 千克以上。

2. 生长育肥性能

大约克成年公猪体重 250～300 千克，成年母猪体重 230～250 千克；6 月龄后备公猪体重 90～100 千克，6 月龄后备母猪体重 85～95 千克。生长育肥猪在 25～90 千克阶段日增重 750～850 克，达 90 千克体重日龄为 155～170 天，料肉比为 2.8∶1～3.0∶1。

3. 胴体性能

大约克猪体重达 90 千克时屠宰，屠宰率 71%～73%，胴体瘦肉率 64%～65%，肌内脂肪含量在 2% 以上，肉质优良。

基于实践结果，大约克猪与云南省饲养的优良地方猪种或培育品种（或品系）杂交，生产出二元杂交优质商品猪，无论从产仔数、瘦肉率、生长速度和饲料利用率等方面，杂种优势明显，均获得较好的杂交效果。因此，在云南省的商品猪生产中，大约克猪被广泛用作洋三元杂交的第一母本或第一父本（DLY 或 DYL），二元杂交的父本或三元杂交的第一父本或终端父本，均获得了良好效果。

二、长白猪

长白猪（Landrace，简写为 L），早期译名为兰德瑞斯，原产于丹麦，由于被毛全白和体型特长，故在我国被称为长白猪。我国先后引进的有法系、英系、瑞系和荷兰长白猪等，它也是世界上分布最广的瘦肉型猪种之一。

（一）体型外貌特征

长白猪体躯外形呈流线型，两耳向前平伸，头小，鼻嘴直而狭长，背腰特长，腹线平直，臀腿丰满，皮肤表面略显细腻，乳头在 7 对以上。其缺点是，四肢较细弱，抗逆性较差，易发生应激反应。我国近年新引进的法系长白，具有抗应激基因，不易发生应激反应。

（二）主要生产性能

长白猪具有生长快、饲料利用率和瘦肉率高、母猪产仔多、泌乳性能较好等优点。

图1－3　长白公猪

图1－4　长白母猪

1. 繁殖性能

长白猪性成熟比大约克猪性成熟稍晚，公猪6月龄时性成熟，8月龄可配种。母猪窝均初产仔数10.8头，平均产活仔数9.5头以上，初生窝重10.5千克以上；经产仔数11.33头，平均产活仔数10.3头以上，初生窝重13千克以上。

2. 生长育肥性能

长白猪成年公猪体重250～350千克，成年母猪体重220～300千克；6月龄后备公猪体重90～95千克，6月龄后备母猪体重85～90千克。生长育肥猪在25～90千克阶段日增重750～800克，料肉比为2.8∶1～3.0∶1，达90千克体重日龄165～175天。

3. 胴体性能

长白猪体重达90千克时屠宰，屠宰率72%～74%，胴体瘦肉率64%～68%，肌内脂肪含量在2%以上，肉质优良。

经实践证明，长白猪与云南省饲养的优良地方猪种或培育品种（或品系）杂交，生产二元杂交优质商品猪，在产仔数、生长速度、瘦肉率、饲料利用率等方面，杂种优势明显，均获得较好的杂交效果。因此，在云南省商品猪生产中，长白猪被广泛用作洋三元杂交的第一父本或第一母本（DLY或DYL），二元杂交的父本或三元杂交的第一父本，均获得了较好的效果。

三、杜洛克

杜洛克猪（Duroc，简写为D），原产于美国东北部，是世界上分布最广的瘦肉型猪种之一。近几年，我国先后引进了台系、瑞系、法系及丹系杜洛克。

图1－5　杜洛克公猪

图1－6　杜洛克母猪

（一）体型外貌特征

杜洛克猪体型大，全身被毛棕红色，颜色深浅不一，色泽可由金黄到暗棕色，皮肤上可能出现黑色斑点。耳中等大小、前倾稍下垂，头大小适中，颜面微凹，身躯深广，四肢粗壮，背略呈弓形，臀部肌肉发达丰满，蹄壳黑色，乳头在6对以上。

（二）主要生产性能

杜洛克猪具有生长快、饲料利用率和瘦肉率高、抗逆性强和肉色好等优点。

1. 繁殖性能

杜洛克猪性成熟较晚，母猪一般在6～7月龄开始发情，母性较差。母猪窝均初产仔数8.0～8.5头，平均产活仔数7.8头以上，初生窝重9.0千克以上；经产仔数10头，产活仔数9头以上，初生窝重11千克以上。

2. 生长育肥性能

杜洛克成年公猪体重340～450千克，成年母猪体重300～390千克；6月龄后备公猪体重95～105千克，6月龄后备母猪体重90～100千克；生长育肥猪在25～90千克阶段日增重750～850克，料肉比2.8∶1～3.0∶1，达90千克体重日龄170天以下。

3. 胴体性能

杜洛克猪到90千克体重时屠宰，屠宰率在72%以上，胴体瘦肉率61%～65%，肌内脂肪含量在2.5%以上，肉质优良。

杜洛克猪与大约克猪和长白猪相比，具有产仔数少、泌乳力稍差等缺点。在云南省进行商品猪产业化生产中，多用作三元杂交中的终端父本（即第二父本）或二元杂交中的父本，效果较好。

四、巴克夏

巴克夏猪（Berkshire）原产于英格兰巴克郡，是世界上较古老的培育品种之一。它是由英国本地猪与中国华南猪、罗马猪等杂交后，经长期选育而成。巴克夏猪是我国引入的优秀外来猪种之一，其优质的肉质受到广大消费者的青睐。

（一）体型外貌特征

巴克夏猪的特征是“六端白”，即鼻端、尾尖、四肢下部为白色，其余通身为黑色。随着世代数的推移，其毛色特征有的出现“五端白”或“四端白”等。断奶前后的猪被毛稀疏细短，皮肤细腻红润。成年母猪被毛较长，成年公猪鬃毛粗硬。其鼻短微凹，耳直立或稍倾，颈短而宽。体躯稍长而宽，胸深，背平直或稍弓，腹线平直，臀部丰满，四肢短直、结实，肢间距离开阔，乳头有7对左右。

图1-7　巴克夏公猪

图1-8　巴克夏母猪

（二）主要生产性能

1. 公猪性能

巴克夏公猪日增重 748 克，背膘厚 1.7 厘米，眼肌面积 45.87 平方厘米，167 日龄公猪体重达 113.4 千克。

2. 母猪性能

巴克夏母猪平均乳头为 13.5 个，每头母猪每年提供活仔 20 头以上，背膘厚 1.78 厘米，眼肌面积 45.16 平方厘米，167 日龄母猪体重达 113.4 千克。

巴克夏猪适应能力强，耐粗饲，在以青饲料为主，适当搭配精料的条件下，生长速度较快，约 240 日龄体重达 90 ~ 100 千克（2007 年对 8 头试验对象进行了育肥性能测定）。

3. 胴体品质

巴克夏猪的屠宰性能，宰前活重（112 ± 3.47）千克时，屠宰率 72.2% ±0.97%，平均背膘厚（37 ± 1.39）毫米，眼肌面积（26.12 ± 1.32）平方厘米，胴体长（75 ± 0.11）厘米，后腿比例 27.56% ± 0.55%，瘦肉率 55.62% ±1.10%，脂率 31.1% ±1.73%，皮率 6.87% ±0.17%，骨率 7.21% ±0.20%。

4. 杂交利用

上海万谷种猪育种有限公司用从美国引进的巴克夏猪公猪与我国地方猪种杂交，杂种优势明显，较优组合日增重可达 702 克，屠宰率 75.4%，瘦肉率 53.6%。经实践证明，巴克夏猪公猪与云南省饲养的优良地方猪种或培育品种（或品系）杂交，生产二元杂交优质商品猪，在产仔数、生长速度、瘦肉率、饲料利用率等方面，杂种优势明显，均获得较好的杂交效果。因此，在云南省商品猪生产中，巴克夏猪公猪被广泛用作土三元杂交的第一父本，巴本二元杂母猪再与杜洛克公猪为终端父本杂交生产杜巴本商品土肉猪，保持了猪的黑毛色特征和肉质色、香、味品质，提高了生产效益，受到饲养土肉猪农户的青睐。

第二节 云南地方优良猪种

一、云南省地方猪种

（一）撒坝猪

撒坝猪产于云南中部及西南部，以滇中地区的楚雄、昆明为主要分布区，属西南型猪种。该品种在云南农业大学连林生教授的亲自指导下，完成了撒坝猪本品种选育，其生产性能得到了很大提高。

1. 体型外貌特征

撒坝猪全身被毛多为黑色，少数为棕色。撒坝猪体型较大，头中等大小，额面较清秀，面稍凹，耳大、下垂，背腰平直，后腿较丰满，四肢结实，有效乳头6对以上。

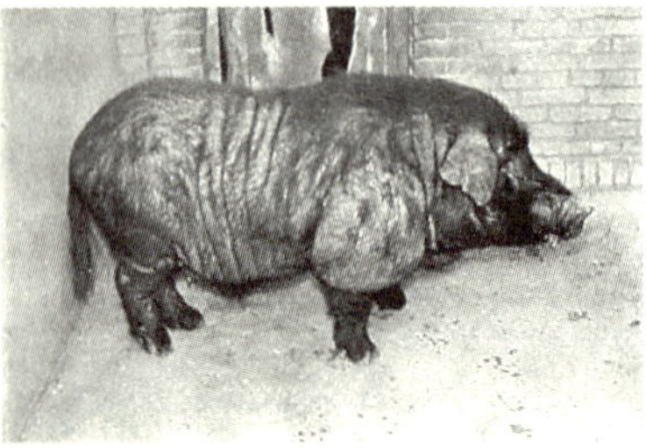

图1-9 撒坝猪公猪

图1-10 撒坝猪母猪

2. 主要生产性能

（1）繁殖性能。撒坝猪性成熟较早，公猪4月龄进入初情期。母猪窝均初产仔数8.72头，初生窝重6.78千克；经产仔数11.84头，初生窝重8.3千克以上。

（2）生长育肥性能。撒坝猪成年母猪体重140.12千克。6月龄后备公猪体重52.18千克，6月龄后备母猪体重57.24千克。育肥至体重87.33千克的日龄为195天，育肥期日增重573克，料肉比3.63∶1。

（3）胴体性能。撒坝猪饲养至90千克时屠宰，屠宰率74.3%；胴体瘦肉率44.42%，肌肉脂肪含量达6.53%；pH值、肉色及大理石纹等各项指标正常，肉质优良。

由于撒坝猪在云南省分布数量多，肉质好，适应性和抗逆性强，是云南省中部地区养猪生产中杂优利用的当家母本，与引进的长白和大约克外种公猪为父本杂交，繁殖出的约长撒三元杂交优质商品猪，日龄163天体重达90千克，日增重776克，料肉比2.89∶1，瘦肉率61.41%，杂种优势非常明显。目前已被列为撒坝火腿加工产业化生产的主要原料猪。

（二）大河猪

大河猪主要分布在云南省的滇东北地区，以云南省富源县为主产区，属西南型品种。

图1－11　大河猪公猪

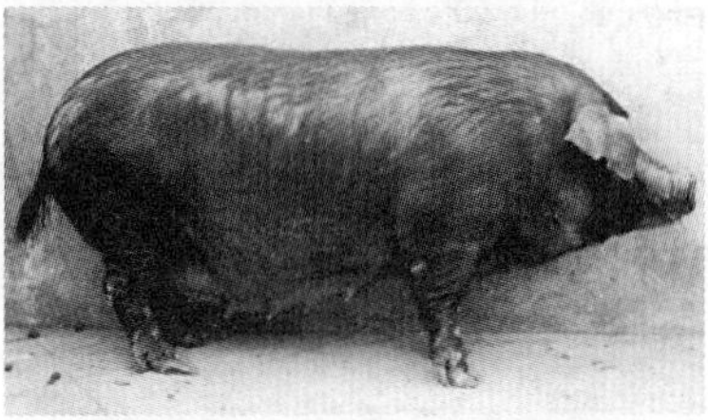

图1－12　大河猪母猪

1. 体型外貌特征

大河猪全身被毛多为黑色，部分为棕褐色，俗称“红毛”“火毛”或“黄毛”。其体型粗壮，身体结实，头长，嘴筒粗直，颜面微凹，额部多有旋毛，耳中等大小、下垂，体躯较窄，背腰平直，后躯较前躯略高，大腿下部皮肤常有皱褶，四肢粗壮，蹄质结实，乳头5～6头。当地群众把大河猪形容为：“头上长八卦，嘴短脖子粗，后腿穿套裤，鼻梁三道箍，必是大河猪”。按照头型，大河猪可分为两个类型：

（1）大“八卦头”。该类型大河猪嘴筒粗短，额宽平，额面皱纹形似“八卦”，体型大，骨架粗，体质粗糙，一般性成熟较晚熟。这种类型的猪约占40%。

（2）“二虎头”，又名“二八卦”。该类型大河猪嘴筒较细长，额间有倒三角状不规则的“八卦”皱纹，其骨骼较细，体躯稍短，性成熟较早。

2. 主要生产性能

（1）繁殖性能。小公猪出生后一个月表现性行为，小母猪3月龄出现初情，一般饲养场（户）在猪6月龄对开始配种，种猪场8月龄开始配种。大河母猪窝均初产仔数5.16头，初生窝重3.93千克；经产仔数8.26头，初生窝重5.54千克。大河猪火毛快长系母猪初产仔数7.1头，经产8.3头。

（2）生长育肥性能。大河猪成年公猪体重125.3千克，成年母猪体重118.05千克；6月龄后备公猪体重50.45千克，6月龄后备母猪体重60千克；8月龄公猪体重47.23千克，8月龄母猪体重50.3千克。大河猪生长较缓慢，日龄233天体重达90千克，育肥期日增重453克左右，料肉比4.25∶1。

（3）胴体性能。大河猪饲养至90千克体重时屠宰，屠宰率为73.5%，胴体瘦肉率45.22%，肌肉脂肪含量达14.37%；pH值、肉色及大理石纹等项指标正常，肉质优良。

大河猪具有性成熟早，耐粗饲，适应性、抗逆性强，母性好和肉质优良等优点。其缺点是生长速度慢、瘦肉率低和产仔数低。在云南省的养猪生产中，多用引进的外种大约克、长白或杜洛克公猪做父本，大河猪做母本，繁殖出的二元杂交优质商品猪，无论是生长速度和瘦肉率等方面均表现出很好的杂种优势，从而提高养猪的生产效益。用杜洛克做父本，大河猪快长系为母本的二元杂交商品猪，达90千克体重的日龄182.9天，料肉比3.27∶1，瘦肉率54.64%。

（三）滇南小耳猪

滇南小耳猪分布在滇南、滇西南海拔800米以下的热带雨林和河谷地带，西双版纳和德宏州为其主产区，属华南型品种。

图 1－13　滇南小耳母猪

图 1－14　滇南小耳公猪

1. 体型外貌特征

滇南小耳猪全身被毛以黑色为主，在额心、尾尖或四肢间有白毛；头小，嘴筒稍长，额平、无皱纹，耳宽小且多向外横伸或直立；体躯短，皮薄，毛稀，颈部短厚、下有赘肉；背腰平宽，臀部丰满，腹较大但不下垂；四肢短细直立，蹄小结实；乳头多为 5 对。按体型可分为大、中、小三型，小型猪被当地群众称为“冬瓜猪”“细骨头猪”或“油葫芦猪”。

2. 主要生产性能

（1）繁殖性能。滇南小耳猪性成熟较早，公猪 3 月龄即可配种，但利用时间短；母猪 2～3 月龄初次发情，一般初配年龄为 5～6 月龄。母猪窝均初产仔 8.31 头，初生窝重 4.69 千克，双月断乳窝重 40.02 千克；母猪经产仔 9.31 头，初生窝重 5.73 千克，双月断乳窝重 50.61 千克；哺乳率为 80%。

（2）生长肥育性能。滇南小耳猪成年公猪体重 86 千克，成年母猪体重 94 千克；6 月龄后备母猪体重 43.1 千克，6 月龄后备公猪体重 41.5 千克。滇南小耳猪生长速度缓慢，饲养至 90 千克体重的日龄为 286.3 天，育肥日增重 340 克，料肉比 4.24∶1。

（3）胴体品质。滇南小耳猪饲养至 80.96 千克体重时屠宰，屠宰率 75.51%，胴体瘦肉率 38%，肌肉脂肪含量 8.29%，肉质优良。

滇南小耳猪具有适应性、抗逆性强，耐粗饲，母性好，肉质优良等优点，缺点是产仔数低、生长速度慢、瘦肉率低，在我省的商品猪生产中，多用引进的长白、大约克或杜洛克外种公猪做父本，滇南小耳猪做母本进行二元杂交生产，所获优质商品猪的生产性能得到很大提高。用长白公猪做父本、滇南小耳猪做母本杂交的后代瘦肉率由38%提高到45.96%，育肥日增重由340克提高到481克，料肉比由4.24∶1提高到3.58∶1，杂交效果非常明显。

（四）保山猪

保山猪主要分布于保山市的施甸、昌宁、腾冲、龙陵，德宏州的梁河、瑞丽、盈江、潞西等地，属西南型品种。

1. 体型外貌特征

保山猪全身被毛有黑色和棕色两种，以黑色居多，占85%～90%；体型较大，头小，耳大下垂，额上皱纹多；体躯多瘦长，腹略下垂，四肢较高，腿部皮肤有皱褶，鬃毛粗硬，乳头5～6对。按骨骼大小可分为大骨型、细骨型和二浪子型。

图1－15　保山猪公猪

图1－16　保山猪母猪

2. 主要生产性能

（1）繁殖性能。保山猪性成熟较早，母猪2～3月龄初次发情；母猪窝均初产仔7.17头，产活仔6.6头，初生窝重5.25千克，60日龄断乳窝重64.58千克，断乳个体重12.43千克；母猪经产仔9.86头，产活仔9.5头，初生窝重8.69千克，60日龄断乳窝重85.46千克，断乳个体重13.25千克。

（2）生长肥育性能。保山猪成年公猪体重118千克，成年母猪体重127千克；6月龄后备公猪体重43.6千克，6月龄后备母猪体重45千克；育肥至90千克体重需日龄248天，育肥日增重375克，料肉比

4.16∶1。

（3）胴体性能。保山猪饲养到91.58千克时屠宰，屠宰率76.8%，胴体瘦肉率43.8%，肌肉脂肪含量达7.68%，肉质优良。

保山猪具有适应性、抗逆性强、母性好、肉质优良等优点，其缺点是生长速度慢，瘦肉率和产仔数较低，但通过云南省科技厅安排的云南省十五“保山猪本品种选育”攻关课题后，经选育，其生产性能得到了很大提高。目前已成为云南省西南部地区杂交利用的主要母本品种。用大约克猪做父本和保山猪杂交，杂交后代产仔数由7.17头提高到8.24头，提高了14.9%；用外种猪大约克做三元杂交的终端父本，杜洛克做第一父本，用保山猪做母本，繁殖约杜保三元杂交猪，后代窝均产仔9头，比保山猪产仔7.17头提高了25.5%，杂交效果十分明显。

（五）迪庆藏猪

迪庆藏猪主要分布在云南省的迪庆州、丽江、贡山地区，属典型的高原型品种。

图1－17　迪庆藏猪公猪

图1－18　迪庆藏猪母猪

1. 体型外貌特征

迪庆藏猪全身被毛黑色（约占83%），部分猪兼有“六白”特征，少数猪被毛为棕色，鬃毛长而密，被毛下密生绒毛；体型小，嘴筒长直呈锥形，头小，颌面窄，额部皱纹少，耳小直立或向两侧平伸，转动灵活，胸较狭，体躯短；背腰平直或微弓，腹线较平，后躯较前躯高，臀部倾斜，四肢结实，蹄质坚实直立，乳头5～6对，以5对居多。

2. 主要生产性能

（1）繁殖性能。藏猪属晚熟品种，一般性成熟较晚。正常情况下，母猪一年产一胎，母猪窝均初产仔4.76头，二产6.03头，经产仔6.43头，仔猪初生个体重0.4~0.6千克，2~3月龄自然断乳，断乳个体重2~5千克，哺育率仅为69.21%。

（2）生长肥育性能。藏猪体型较小，生长缓慢，成年公猪体重35.90千克，成年母猪体重46.8千克；6月龄后备公猪体重14.09千克，6月龄后备母猪体重13.10千克；在舍饲条件下不限量饲养，其体重达53千克时日龄为307天，育肥日增重173克，料肉比5.24∶1。

（3）胴体性能。在舍饲条件下，将猪饲养到51.8千克体重时屠宰，屠宰率69.1%，胴体瘦肉率46.8%，肉质优良。

虽然藏猪具有耐寒、耐冷、皮薄、瘦肉率较其他本地品种高等优点，但由于适应生长的地区很有限，因此在杂交利用时，还要考虑对高原环境的适应，选择杂交父本为白毛猪显然是不适应的，而只能选择耐高寒的、生产性能好的黑毛猪为父本，繁殖出的杂交猪才可能既能抵御高原的寒冷，又能使生长速度等方面得到提高，从而达到提高养猪生产效益的目的。

第三节　国内培育的新品猪种

一、云南自己培育成功的新品种猪

（一）滇陆猪（N_1）

滇陆猪新品种是由云南省畜牧兽医科学院主持，陆良县种猪试验场、陆良县畜牧兽医局共同协作完成的云南省“八五”“九五”重大科技攻关项目的研究成果。基础群父本采用长太系（长白猪、太湖猪血缘各50%）、母本采用约乌二元杂交母猪（大约克猪、乌金猪血缘各50%），通过四元复杂杂交繁殖的理想型F1代后，再经过九个世代的横交固定和继代选育，历经了15年，10个世代，最终培育成功新品种猪，于2009年3月通过了农业部国家畜禽遗传资源委员会猪专业委员会的审定（证书编号为：农01新品种证字第16号），2011年被评定为云南省“六大名猪”之一。滇陆猪的育种基地在云南省陆良县种猪试验场。

1. 体型外貌特征

滇陆猪全身被毛白色，头大小适中，嘴筒平直，额面清秀，体型中等，耳中等大小，前倾稍下垂；背腰平直，结构紧凑；四肢结实；后躯部肌肉丰满，乳头7对以上。

图1－19　滇陆公猪

图1－20　滇陆母猪

2. 主要生产性能

（1）繁殖性能。滇陆猪性成熟较早，公猪4月龄进入初情期，母猪5月龄初次发情，发情明显，8月龄开始配种，受胎率高，99头初产母猪24天内受胎97头，情期受胎率97.97%。母猪窝均初产仔11.54头，产活仔10.25头。经产仔12.59头，产活仔11.98头，能繁母猪年提供的肉猪数可达20头以上。28日龄离乳仔窝重，初产64.85千克，经产79.64千克。

（2）生长肥育性能。成年公猪体重160.75千克，成年母猪体重170.36千克；6月龄后备公猪体重85.40千克，6月龄后备母猪体重71.85千克；育肥达100千克体重的日龄194天，日增重640克，料肉比3.19∶1。

（3）胴体性能。滇陆猪育肥至体重100千克时屠宰，屠宰率72.23%，胴体瘦肉率52.9%，肌内脂肪含量达4.94%，pH值、肉色、大理石纹等各项指标正常，肉质优良。

滇陆猪新品种具有产仔高，肉质好，适应性、抗逆性强，生长速度快，瘦肉率高，泌乳力强，母性好等优点，深受广大饲养场（户）的欢迎。滇陆猪是我省进行杂交商品猪生产的较佳杂交配套母本。用英系大约克公猪做父本，与滇陆母猪杂交繁殖的二元杂优质商品猪，育肥达90千克体重需日龄151天，日增重842克，料肉比3.21∶1；胴体瘦肉率57.45%，屠宰率73.5%。滇陆猪除为广大饲养场（户）提供杂交配套母本外，目前还被列为省“宣威火腿加工产业化生产项目”的主要原料猪种之一。

（二）大河乌猪

大河乌猪是由云南省曲靖市畜禽改良站承担，并由云南省富源县种猪场协作完成的云南省“八五”“九五”重大科技攻关项目的研究成果。基础群父本采用引进的外种杜洛克，基础群母本采用大河本地猪，通过二元杂交繁殖F1代，再经6个世代的横交固定，历经9年，成功培育出新品系猪，其育种基地在云南省富源县种猪场。

1. 体型外貌特征

大河乌猪全身被毛黑色，毛尖部略带褐色，在阳光照射下显金黄色，俗称“黑火毛”。大河乌猪头大小适中，嘴直长，前端有3条环形浅皱纹，俗称“三道箍”；额部有菱形浅皱纹，俗称“八卦”；耳中等大小，耳尖下垂；体躯较长，背腰平直，后躯较丰满；四肢健壮，肢蹄结实，乳头6对以上。

图1-21　大河乌猪公猪

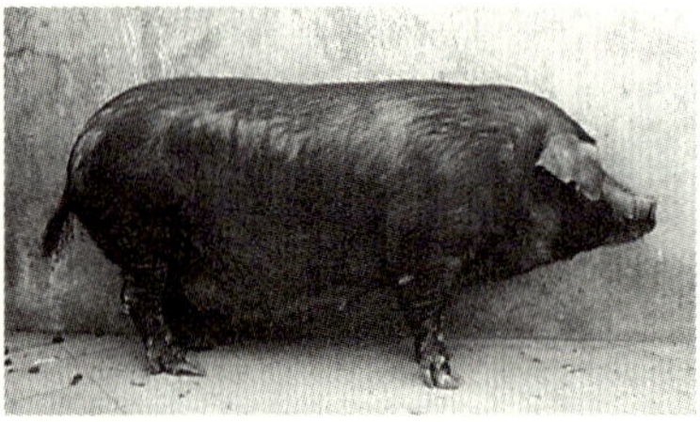

图1-22　大河乌猪母猪

2. 主要生产性能

（1）繁殖性能。大河乌猪性成熟期较早，公猪3月龄出现初情，母猪4月龄开始发情，公猪7月龄开始配种，母猪6月龄开始配种受胎；母猪窝均初产仔8.49头，产活仔8.3头，初生窝重6.0千克；经产10.88头，产活仔10.65头，初生窝重8.0千克；42日龄断乳窝重，初产仔56千克，经产仔64千克。

（2）生长肥育性能。大河乌猪成年公猪体重143千克，成年母猪体重130千克；6月龄后备猪公猪体重72千克，6月龄后备母猪体重71千克；育肥至90千克的体重需日龄186.4天，育肥日增重647克，料肉比3.31∶1。

（3）胴体性能。大河乌猪育肥至90千克体重时屠宰，屠宰率为74%，胴体瘦肉率54%，肌肉脂肪含量7.92%，pH值、肉色及大理石纹各项指标正常，肉质优良。

大河乌猪由于具有适应性、抗逆性强、母性好、瘦肉率较高、生长速度较快、肉质优良等优点，被广泛用作生产二元杂交猪或三元杂交猪的杂交配套母本，其杂种优势明显。用外种大约克公猪做父本、大河乌猪做母本杂交繁殖出的二元杂优质商品猪，胴体瘦肉率可提高1.96个百分点。目前大河乌猪和滇陆新品系猪均被列为省“宣威火腿加工产业化生产项目”的两个主要原料猪种。

二、云南引进的新品种猪

（一）苏太猪（NT）

苏太猪是由江苏省苏州市苏太猪育种中心承担的国家“八五”“九五”重大科技攻关项目的研究成果。基础群父本采用引进的外种杜洛克，母本采用本地太湖猪，通过二元杂交培育出F1代，再经五个世代的横交固定培育出新品种猪。目前云南省石屏县、开远市等地先后引进饲养。

1. 体型外貌特征

苏太猪被毛淡黑色，耳中等大小、前倾下垂；颜面微凹，面部清秀、皱纹少；头大小适中，身体匀称；背腰平直，四肢结实，后躯较丰满，有效乳头7对以上。

图 1－23　苏太猪公猪

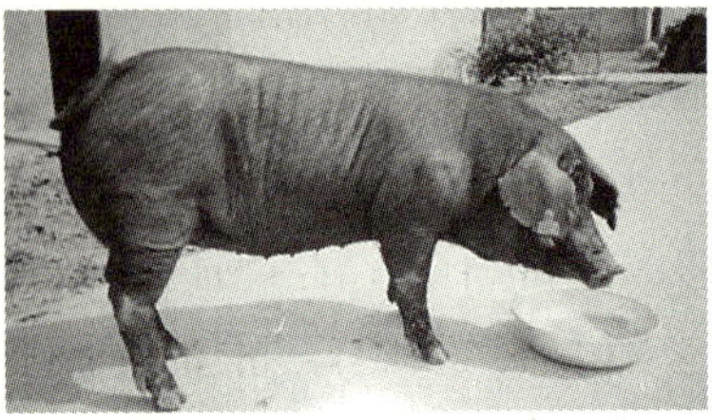

图 1－24　苏太猪母猪

2. 主要生产性能

（1）繁殖性能。苏太猪性成熟较早，4 月龄初次发情，6～7 月龄开始配种，初产母猪情期受胎率 92%；母猪窝均初产仔 11.68 头，产活仔 10.8 头；经产仔 14.4 头，产活仔 13.2 头；35 日龄断乳存活，初产 10.26 头，经产 11.96 头；60 日龄窝重，初产仔 184.3 千克，经产仔 216.2 千克。

（2）生长肥育性能。苏太猪体型较大，成年公猪体重 230.8 千克，成年母猪体重 176.6 千克；6 月龄后备公猪体重 85.4 千克，6 月龄后备母猪体重 79.8 千克；育肥达 90 千克体重需日龄为 178.9 天，育肥日增重 632 克，料肉比 3.18∶1。

（3）胴体性能。苏太猪育肥到 90 千克体重时屠宰，屠宰率 72.8%，胴体瘦肉率 55.9%，肌内脂肪含量 3% 以上，pH 值、肉色及大理石纹等各项指标正常，肉质优良。

由于苏太猪具有产仔多、瘦肉率高、生长速度较快、适应性强、肉质优良及耐粗饲等优点，因此，省内引进的苏太猪基本用作商品猪杂交生产的配套母本。用引进的大约克外种公猪做父本、苏太猪做母本，繁殖出二元杂交优质商品猪，达 90 千克体重需日龄为 164.4 天，育肥日增重 703 克，料肉比 2.98∶1，瘦肉率 59.67%，杂种优势明显。

（二）苏钟猪（SZ）

苏钟猪（分为Ⅰ系和Ⅱ系，原名长太系）是由江苏农科院畜牧兽医研究所承担的国家及江苏省“七五”重大科技攻关项目的研究成果。目前云南省石林县等地先后引进饲养。

1. 体型外貌特征

苏钟猪全身被毛白色，头稍长，嘴筒平直，颜面微凹；耳中等大，略向前方倾垂；背腰平直或微凹，体型稍宽而短，腹线平，腿臀丰满，四肢健壮，有效乳头7对以上。

图1-25　苏钟公猪

图1-26　苏钟母猪

2. 主要生产性能

（1）繁殖性能。苏钟猪性成熟较早，母猪5月龄进入初情期，7~8月配种受胎，母猪窝均初产活仔10.28头，经产仔12.4头，年产仔2胎以上，能繁母猪提供肉猪数20头以上。

（2）生长肥育性能。苏钟猪体型较大，成年公猪体重154.6千克，成年母猪体重162.7千克；6月龄后备公猪体重92.6千克，6月龄后备母猪体重94.3千克；育肥达90千克体重的日龄为177天，日增重618克，料肉比3.23∶1。

（3）胴体性能。育肥至90千克体重时屠宰，屠宰率73.4%，胴体瘦肉率54.3%，肌内脂肪含量4.12%，肉质优良。

由于苏钟猪具有产仔多、瘦肉率高、生长速度较快、适应性强、肉质优良等优点。因此，云南省引进后多做商品杂交配套母本，用引进的外种大约克公猪做父本、苏钟猪做母本进行二元杂交生产出的优质商品猪育肥达90千克体重的日龄为170天，育肥日增重680克，料肉比3.20∶1，杂交效果明显。

第四节　配套系猪

一、云南本土培育的配套系猪

滇撒配套系是在撒坝猪专门化品系选育的基础上，对母系父本和终端父本按杂种成绩和纯繁性能成绩选择，以达到提高目标性状的滇撒猪配套系（三系配套）群体水平和整齐度的目的而培育成功的一个配套系。母系父本为长白猪，母系母本为撒坝猪专门化母系，终端父系为大约克猪，实际为三系配套。该配套系已正式通过了国家畜禽遗传资源委员会的审定，并定名为“滇撒配套系猪”。

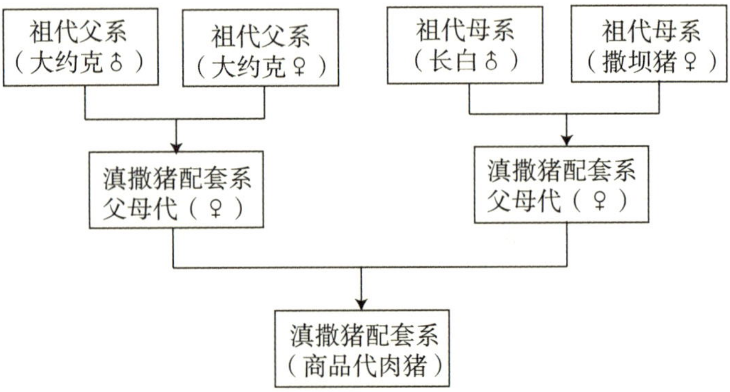

图 1－27　“滇撒配套系猪”三系配套模式图

1. 主要体型外貌特征

滇撒猪配套系猪全身被毛为白色，头部较短，额宽，耳中等而半垂立，颈垂肉适中，身躯长，背平宽，四脚粗细适中而坚实。

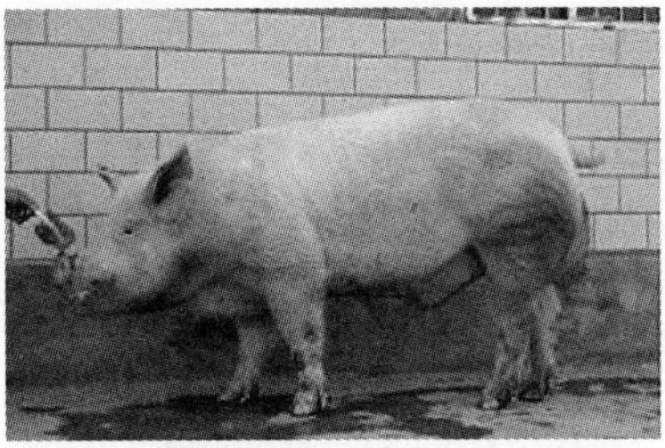

图 1-27 滇撒配套系公猪

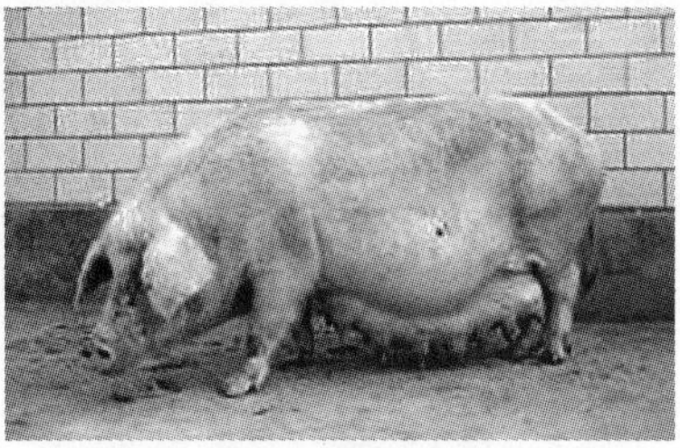

图 1-28 滇撒配套系母猪

2. 主要生产性能

祖代母系母本产仔 11.8 头，父母代产仔可达 12.5 头。商品代肉猪育肥达 90 千克体重的日龄为 175 天，料肉比 3:1，胴体瘦肉率为 58%，肌内脂肪含量在 3% 以上。

二、云南引进的配套系猪

（一）PIC 配套系猪（五系配套）

PIC 猪是由英国联合全球 24 个国家成立的世界最大的种猪改良跨国公司 PIC 公司，采用含有大约克、长白、杜洛克、皮特兰血缘的合成系或专门化品系杂交配套育成，并以该公司名称命名的一个五系配套猪。云南省的神农集团有限公司及通海佳缘猪业有限责任公司先后从省外引进饲养。神农集团已分别在云南省昆明市的嵩明县和石林县建立了自己的 PIC 祖代猪场和父母代猪场。

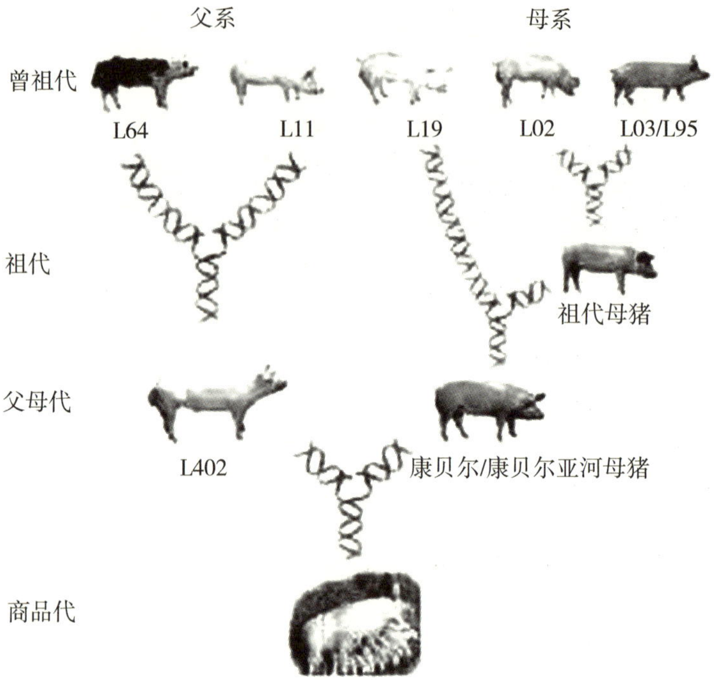

图 1－29　PIC 配套系猪杂交模式

1. 主要体型外貌特征

PIC 猪全身被毛白色，额面平直清秀，头大小适中，耳中等大小、向前平行延伸；背腰平直，结构匀称，后躯部肌肉特别丰满；肢蹄结实，四肢结构良好，有效乳头 7 对以上。

图 1－30　PIC 公猪

图 1－31　PIC 母猪

2. 主要生产性能

PIC 猪具有产仔多、生长速度快、瘦肉率高等优点。母猪窝均初产仔 9.8 头，经产仔 12.3 头；商品育肥猪达 100 千克体重的平均日龄为 156 天，育肥日增重 831 克，料肉比 2.55∶1；胴体瘦肉率 67.2%，肉质优良。

由于 PIC 为五系配套猪，直接用 PIC 父母代公猪和母猪杂交即可繁殖出优质商品猪。

（二）托佩克配套系猪（三系配套）

托佩克猪是荷兰托佩克（TOPIGS）国际种猪公司采用 A 系（为纯种大白猪）、B 系（为选育后的纯种皮特兰）和 E 系（含 90% 杜洛克血缘的合成系）作为终端父系杂交选育配套育成，并以该公司名称命名的一个三系配套猪。该公司于 2002 年在中国投资注册了一个全资子公司——TOPIGS（中国）国际种猪公司。云南惠嘉托佩克育种有限公司、明宏生态科技工贸有限责任公司等企业先后从省外引进该品种饲养。其中，云南惠嘉托佩克育种有限公司还建立了自己的托佩克祖代猪场。

1. 主要体型外貌特征

托佩克猪全身被毛白色，头颈较大，耳中等大、直立，颜面清秀，背腰平直，后躯较丰满，四肢粗壮，肢体结实，肌肉发达，体型较大，平均乳头 7 对以上。

图 1－32　托佩克公猪

图 1－33　托佩克母猪

2. 主要生产性能

托佩克猪具有生长速度快、饲料利用率和瘦肉率高、产仔较多、母性好等优点。母猪窝均初产仔10头以上，产活仔9头以上，经产仔12头以上，产活仔11头以上；商品育肥猪达110千克体重的日龄为150天，日增重950克，料肉比2.5∶1；胴体瘦肉率65%，肉质优良。由于托佩克猪是三系配套，含有大约克、皮特兰和杜洛克等优良猪种血缘，因此，云南省多用托佩克猪父母代繁育优质商品猪提供市场。

（三）斯格配套系猪（五系配套）

斯格配套系猪是比利时斯格遗传技术公司通过选择引进父系23（含皮特兰血缘）、父系33（含大约克血缘）和母系12（含长白猪血缘）、母系15（为合成系，含长白和大约克血缘）、母系36（含大约克血缘）等五系配套选育成功的斯格猪。1998年9月我国河北裕丰实业股份有限公司与比利时斯格遗传技术公司合资兴建种猪企业。合资公司在1999年3月引进斯格原种五个品系核心群种猪324头。云南省楚雄安友畜牧业有限公司从省外引进并在楚雄南华建立了斯格配套系祖代猪场和父母代猪场。

1. 主要体型外貌特征

斯格猪全身被毛白色，外貌类似于长白猪，嘴筒较长白猪短，耳中等大、直立，颜面清秀，背腰平直，后躯较丰满，肌肉发达，四肢粗壮，肢体结实，有效乳头7对以上。

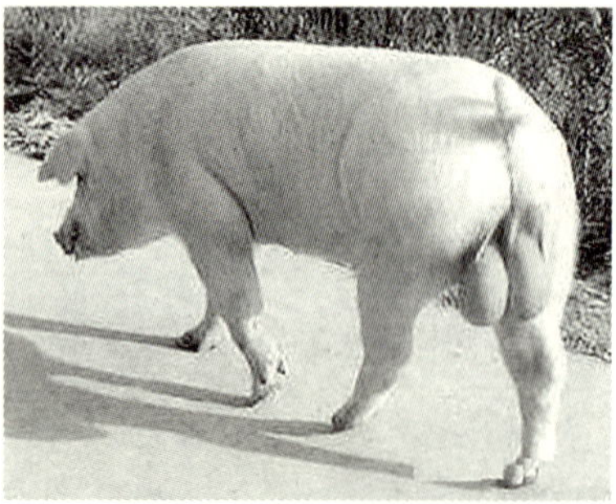

图1-34 斯格公猪

图1-35 斯格母猪

2. 主要生产性能

斯格猪具有生长速度快、饲料利用率和瘦肉率高、产仔较多、母性好等优点。母猪窝均初产仔10头以上，产活仔9头以上，经产仔12头以上，产活仔11头以上；商品育肥猪达100千克体重的日龄为160天，日增重850克，料肉比2.5∶1；胴体瘦肉率64%，肉质优良。由于斯格猪是五系配套，含有大约克、皮特兰和杜洛克等优良猪种血缘，云南省多用斯格猪父母代繁育优质商品猪提供市场。

第五节　优良猪种的选择

优良猪种的选择包括两个方面的内容：一是对育种场而言，必须对种猪进行选择，才能确保种猪质量，否则，种猪的优良性状就不能得到稳定遗传，种猪的生产性能将会逐渐下降，从而影响猪场效益。二是对饲养场（户）而言，怎样从个体表型选择到自己满意的种猪，因为种猪选择的好坏，直接会影响到饲养场（户）养猪积极性和养猪效益的高低，因此，饲养场（户）必须根据自己的生产实际和目的，对所需要的种猪在品种、类型等方面进行选择。

一、育种场核心群种猪的选择

我们首先应明确育种场（或原种场）的任务：任务一是从事纯种（系）的选育提高和按照不断变化的市场需求培育新品种（系）；任务二是培育优秀种畜供应繁殖场（即扩繁场）、配种站，更新补充优良种畜之用；任务三是向市场提供优良的终端父本品种（系）。因此，育种场在育种过程中，首先应根据市场的需求、本场的育种方向及社会经济发展的变化趋势，制定出本场的一个合理的育种目标。其次，育种场根据确定的育种目标，再结合引进的纯种猪品种和数量，尽快建立自己的种猪核心群和完整的种猪系谱资料。为加快育种速度，待引进的纯种第一胎产仔后，即开始建立种猪核心群，并严格按种用标准进行选育。在此过程中，要对育种所有原始数据严格记录和分析测定，确保系谱档案资料的系统性和完整性。

为确保种猪选育质量，育种场对后备种猪的表型选择一般分三个阶段进行。

第一个阶段：在70日龄保育结束后进行初选。仔猪必须来自母猪产仔数较高的窝中，首先应剔除有遗传缺损和发育不良的猪只（如阴囊疝、锁肛、单睾、隐睾、脐疝、凹腰、S腿、僵猪等），再按照种猪标准，严格进行选育。选择本品种体型外貌特征明显，生长发育良好，体重较大，皮毛光亮，背部宽长，四肢结实有力，有效乳头公猪7对以上、母猪6对以上，且乳头排列整齐，无瞎乳头，公母猪外生殖器发育良好，公猪睾丸大小正常，左右对称等。要多留、精选，公猪不得低于8个血缘，初选留公猪，每个血缘不得低于8头，合计初选留公猪64头。母猪初选留率达80%，缺额从产仔数高或某一性状特优家系中选留补足，然后转入后备猪测定舍，这样既加大了选择强度，又有利于获得较理想的选择。

第二个阶段：在种猪120日龄时进行二选。120日龄测定种猪体重后，进行二选。首先剔除有遗传疾患（如阴囊疝、锁肛、单睾、隐睾、脐疝等）和生长发育不良的猪只，将体重实测值校正为120日龄足龄体重，按窝内个体校正体重值选留，这时淘汰公猪50%，母猪33%，选留公猪8个血缘32头。母猪只要符合种用标准的都留下，核心群多余种母猪放到扩繁群。

第三个阶段：在种猪180日龄时进行终选。180日龄测定种猪体重、体尺（体长、胸围、腿围）和背膘后，在二选的基础上再淘汰50%，即终选留公猪8个血缘16头，母猪终选留率达35%。

待种猪240日龄时，剔除个别较差猪只后，编制随机交配和选型交配相结合的配种计划，进入下一世代的繁殖配种。核心群选留余下的合格种猪放到扩繁群参加扩群供种或猪群更新。

二、扩繁场种猪的选择

在推行经济杂交，尤其是三元杂交时，扩繁场（繁殖场）分为一级、二级繁殖场。

扩繁场（繁殖场）的任务：一级繁殖场的主要任务是繁殖优良纯种种畜，即纯繁，特别是母畜，以满足商品市场对种猪的需要。二级繁殖场的主要任务为在繁殖优良纯种种母畜的基础上，进行二元杂交母猪的制种，为三元杂交商品场提供足够的 F1 代优质二元杂种母猪或幼母猪。

繁殖场的母畜，除少部分自繁更新外，大部分应从育种场获得，公畜则应全部由育种场提供。所以原种场不等于扩繁场。

原种场核心群种猪为“金字塔”的塔尖部分，由种群中最优秀的个体组成。原种场与扩繁场种猪的选留方法虽然相同，但由于所承担的任务和育种目标各不相同，所以，两者各阶段的选留率也是不一样的。

（1）扩繁场在种猪 70 日龄保育结束进行初选（公猪不得低于 6 个血缘）。

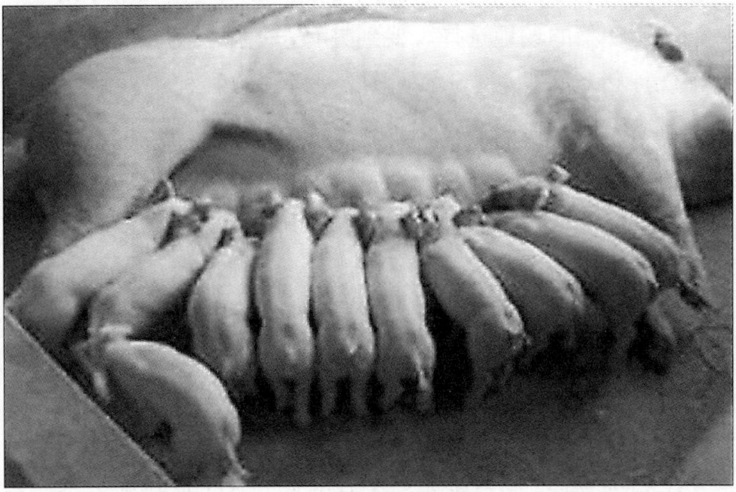

图 1－36　选好母猪哺乳仔猪

首先剔除有遗传疾患、外形缺损、乳头低于 6 对和生长发育不良等性状的（如阴囊疝、锁肛、单睾、隐睾、脐疝、凹腰、S 腿、畸趾、突耳等）猪只，按体重（占 0.4）和乳头（占 0.6）性状从高到低依次选留，公猪初选留不得低于 6 个血缘，每个血缘不得低于 8 头，合计初选留公猪 48 头，母猪初选留率达 80%，然后转入后备猪测定舍。

（2）120 日龄测定种猪体重后，进行二选（也即终选，因为繁殖场种猪50千克时即可出售)。

将体重实测值校正为120日龄足龄体重（校正方法同前)，种猪按窝内个体校正体重值选留。凡具有本品种体型外貌特征明显，皮毛光亮，背部宽长，四肢结实有力，有效乳头公猪7对以上，母猪6对以上，且排列整齐，无瞎乳头，公母猪外生殖器发育良好等性状的猪只均可选为后备种猪。

在一般情况下，公猪二选，不低于6个血缘，每个血缘公猪选留4头，合计二选留公猪24头。母猪二选选留率为60%。

三、饲养场（户）怎样选择到自己满意的种猪

饲养场户要想选择到自己满意的种猪，必须遵循三个原则：

一是选购种猪的场地选择。要到具有一定规模的、质量高、信誉好的大型正规种猪场去引种。因为正规种猪场的育种手段科学，技术规范，种猪系谱完整，血缘清楚；种猪群体规模大，挑选的余地大。二是要到无疫区的种猪场去选购种猪，避免因购猪而引发疫病风险。三是在选购种猪时，除考虑种猪品种外貌体型特征外，还应结合查看种猪同胞和半同胞成绩、种猪系谱及其他条件来综合考虑。

1. 怎样从表型（体型外貌）选择好种公猪（应在同等环境和饲养条件下进行)？

种猪应品种体型外貌特征明显，公猪要具有雄相，两个睾丸要大而突出，发育良好，大小正常，左右对称，阴囊要紧附于体壁，不过于下垂，包皮无积液（尿)；有效乳头7对以上，乳头形状细而尖，并排列整齐，短而粗且乳头中间凹陷的不能选；肢蹄结实良好，后肢要粗壮有力且高于前肢；在一群公猪中，要选体型相对较长的，被毛相对稀的，卷毛和被毛稠密的不选；背腰平直，后躯部要丰满；凹系和外八字的不选。

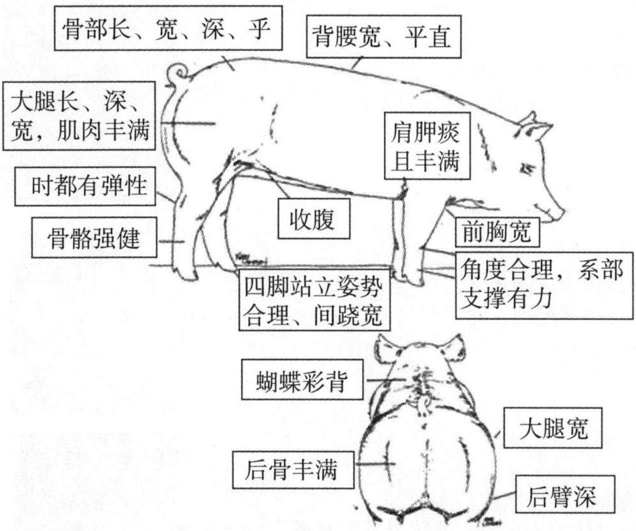

图 1－37　优良种猪的体形

2. 怎样从体形外貌选择好种母猪（应在同等环境和饲养条件下进行）?

种猪应品种体型外貌特征明显，母猪的阴户要大而突出，并且是阴户向下垂的个体；有效乳头 6 对以上，并排列整齐，乳头之间的距离以相对宽的为好，乳头形状呈细而尖的（俗称“羊奶头”），短而粗且乳头中间凹陷的不选；尽量选择脐前至少有 3 对乳头的母猪，背腰平直，走路无外八字，两后腿开阔，肢蹄结实良好，后躯部相对丰满。

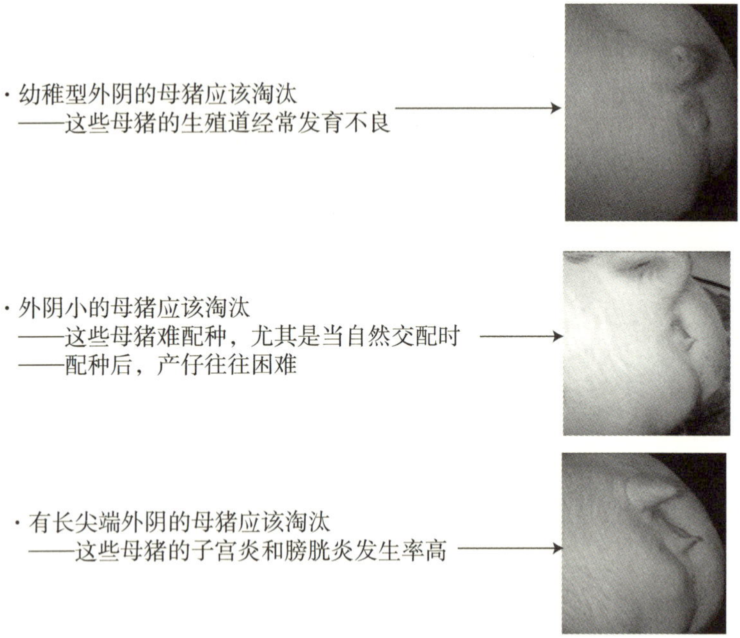

图 1－38　母猪外阴的判断示意图

图 1－39　优良母猪的体形外貌

养猪场（户）引进种猪应注意以下事项：

1. 引种前的准备工作

一是制订引种计划。猪场和养殖户应该结合自身的实际情况，根据种群更新计划，确定所需的品种和数量，有选择性地购进能提高本场种猪某种性能、满足自身要求的种猪，并且购买与本猪群健康状况相同的优良个体，如果是加入核心群进行育种的，则应购买经过生产性能测定的种公猪或种母猪。

二是新建猪场应视所建猪场的生产规模、市场目标和猪场未来发展的方向等方面进行计划，确定所引进种猪的数量、品种和级别，明确所建猪场是原种场还是祖代场，或是父母代场。

三是引种前的调查了解。调查各地疫病的流行情况和各种种猪的质量情况，必须从没有疫病流行地区的健康种猪场引进种猪，同时还应了解该种猪场的免疫程序及饲养管理措施。

四是对隔离舍的准备工作。隔离舍的建设位置应设在距离生产区至少300米以外的地方，且在常年主风向的下风口。要在种猪进场前30天建好，最少不得低于7天，须选择质量好的消毒剂，提前对隔离猪舍及用具进行严格消毒。

2. 运输种猪应注意的事项

一是装运种猪车辆的选择。最好用种猪场的运猪车辆。

二是装种猪前对车辆的消毒。装前24小时，应用高效消毒剂对车辆和用具进行严格消毒，并出具消毒证。

三是在运输途中应尽量减少种猪的应激反应和做好其肢蹄保护，以降低种猪肢蹄损伤和感染疫病。对长途运输的车辆，车厢最好能铺上垫料，冬天可铺上稻草、稻壳、木屑，夏天铺上细沙。

四是种猪装运前2小时停止喂食，以免运输途中脱肛。在赶猪上车时不能赶得太急，装猪结束后应固定好车门。所装运猪只的密度不宜过大，以免因挤压而导致种猪死亡；运输车厢应隔成若干个隔栏，4～6头/每栏；性成熟的公猪应单独隔开，并喷洒带有较浓气味的消毒药，以免公猪间相互打架。

五是对长途运输的种猪，每头种猪最好注射一剂长效抗生素，防止种猪在运输途中感染细菌性疾病。

六是冬季要注意保暖，夏天要防暑，尽量避免在酷暑时间装运种猪，一般在早晨和傍晚装运；途中应注意经常供给种猪饮水，有条件时可准备西瓜供种猪采食，防止种猪中暑；途中就餐停放地点应选择在没有其他动物运输车辆的地方，以免疫病交叉感染。

七是运猪车辆应备有汽车帆布，若遇到烈日或暴风雨时，应将帆布遮于车顶上面，防止烈日直射和暴风雨袭击种猪，车厢两边的篷布应挂起，以便通风散热；冬季帆布应挂在车厢前上方，以便挡风保暖。

八是长途运输可先配制一些电解质溶液，用时加上奶粉，在路上供种猪饮用。运输途中要适时停歇，检查有无病猪只，及时发现，立即处理。总之，在途中应经常注意观察猪群，如种猪出现呼吸急促、体温升高等异常情况，应及时采取有效的措施，可注射抗生素和镇痛退热针剂，并用温度较低的清水冲洗猪身降温，必要时可采用耳尖放血疗法。

九是种猪到场后，立即对卸猪台、车辆、猪体及卸车周围地面进行消毒，然后将种猪卸下，按大小、公母进行分群饲养，有损伤、脱肛等情况的种猪应立即隔开单栏饲养，并及时治疗处理。猪只卸下后，先提供清洁饮水，待休息 6 ~ 12 小时后方可供给少量饲料，只能喂四成饱。从第二天开始可逐渐增加饲喂量，5 天后恢复到正常饲喂量。种猪到场后，因疲劳和环境的变化，机体对疫病的抵抗力会降低，在饲养管理上应特别加强，尽量减少其应激反应，可在饲料中添加（可用泰妙菌素 50 毫克/千克、金霉素 150 毫克/千克）抗生素和多种维生素，或提供足够量的青饲料，使种猪尽快恢复正常体况。

3. 引进种猪进场后的隔离与观察

引回的种猪必须在隔离舍隔离饲养 30 ~ 45 天，不得低于 30 天，严格检疫，特别是对猪瘟、口蹄疫、布氏杆菌、伪狂犬病（PR）、萎鼻、蓝耳病等疫病的检测。经有关部门采血检测确认无任何疫病隐患后要对该批种猪进行体表消毒，方可进入健康猪群混群（或合群）饲养。混群前，应按本场的免疫程序接种完各种疫苗，7 月龄的后备猪在此期间可做一些引起繁殖障碍疾病的防疫注射，如细小病毒病、乙型脑炎疫苗等。隔离结束后，进行一次全面驱虫，可使用多拉霉素或长效伊维菌素等广谱驱虫剂按皮下注射进行驱虫，使其能充分发挥生长潜能。

第六节　优良种猪的杂交利用

一、杂交亲本的选择

杂交亲本是指参与杂交的父本和母本。

（一）母本的选择

参与杂交的母本应具备：一是繁殖力强，性成熟早，发情明显，母性好和泌乳力高；二是适应性、抗逆性强，耐粗饲，肉质好；三是具有生长速度快及瘦肉率高等优点。目前云南省饲养的大约克猪、长白猪等外种猪，地方猪种如撒坝猪、滇南小耳猪、保山猪等地方猪种，本省培育的滇陆猪、大河乌猪以及引进的苏太猪、苏钟猪等，培育品种（或品系）均具备作为母本品种的条件。再用其他外种公猪与之杂交，繁育出的二元杂交或三元杂交优质商品猪，杂种优势非常明显，均可获得满意的养殖效益，同时还可保持肉产品的风味和质量。

（二）父本的选择

俗话说："母猪好，好一窝；公猪好，好一坡。"因此，父本选择是关键。参与杂交的父本应具备产仔数多、生长速度快、饲料报酬高、瘦肉率高等优点。最常见且用得最多的父本有外种大约克、长白、杜洛克等，而一般情况下杜洛克只用作三元杂交的终端父本。

二、杂交方式的选择

不同的杂交方式所获得的杂交效果各不相同。选择何种杂交方式要视市场需求及本场生产目标而定。一般说来，不同品种、不同类型、不同特点的种群间杂交，可获得较大的杂种优势。例如，用引进的外种猪做杂交父本，用本地优良品种或培育品种（或品系）做杂交母本，所获杂种优势非常明显。

猪的经济杂交有多种方式，但目前我们最常用的是二品种（二元）

和三品种（三元）杂交，这种简单的杂交方式，适用于云南省所有地区的饲养场（户）。

三元杂交的效果一般优于二元杂交，无论从产仔数、饲料利用率和生长速度等方面均表现出较高的杂种优势。这是因为三元杂交所用的母猪是一代杂种母猪，本来就已具备第一母本和第一父本的杂种优势，再与增重快、饲料利用率高的第二父本杂交，其结果使三元杂种猪无论在繁殖性能和育肥性能方面均可获得更高的杂种优势。

但无论选择何种杂交方式，饲养场（户）都应根据参与杂交父母本品种的特点，给予符合该品种的饲料营养水平和科学的饲养管理条件，否则就无法评论该杂交组合的好坏，杂种优势就无法显现出来。这是因为杂种优势的显现是受遗传和环境两大因素制约的。俗话说："良种要良法。"虽然种很好，但饲养管理不好，营养水平跟不上，这个品种的优良性状仍然不能表现出来。因此，任何杂交组合的好坏都是与特定的饲养管理条件相关的，离开了具体的饲养管理条件，就无法评价杂交组合的优与劣。

目前，云南有三种杂交组合模式：

一类是饲养条件好的可直接引进应用的配套系杂优猪，如 PIC、达兰、托佩克猪。

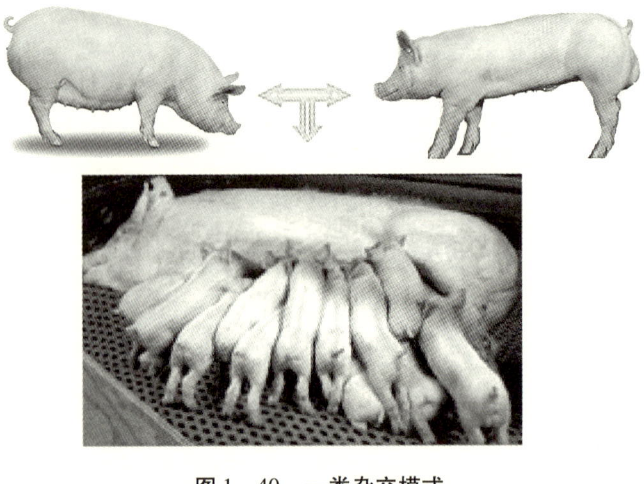

图 1－40　一类杂交模式

二类是饲养条件较好的可应用杜洛克公猪与长白猪公猪同约克母猪杂交的二杂母猪进行杂交的商品猪，通称洋三元（DLY）。

图 1－41　二类杂交模式

三类是在饲养条件一般的情况下，应用滇陆（NI），大河乌猪、长撒、苏太、苏种专门化品系做母本，与其较佳配套杂交生产商品猪。

图 1－42　三类杂交模式

第二章 猪的营养需要与饲料配制

◎ 猪的营养需要

◎ 猪常用的饲料种类

◎ 猪的配合饲料

第一节　猪的营养需要

猪用于维持生命、生长和繁殖所需要的营养物质，概括起来可以分为五大类：能量、蛋白质、矿物质、维生素和水。猪所需的五大类营养物质均含在猪所需的饲料中。

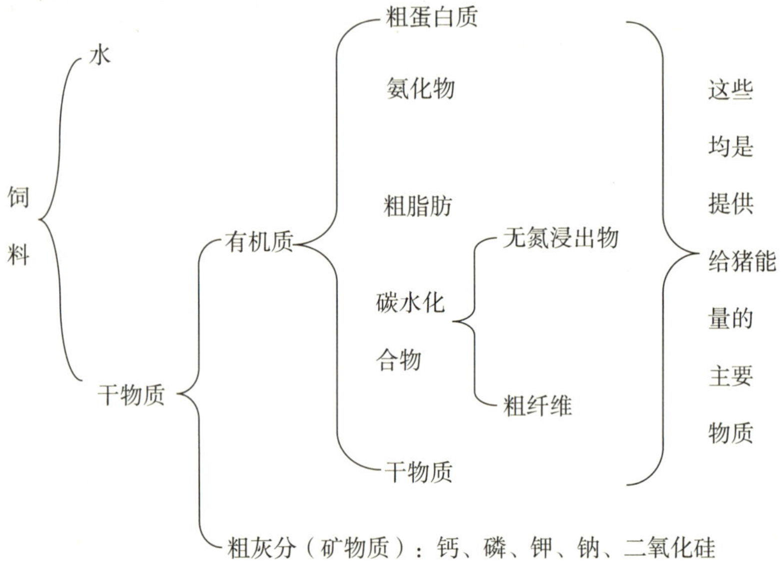

一、猪对能量的需要

能量是猪体维持生命、生长、繁殖和进行各种生产活动的动力源泉。猪所需的能量来源于其采食的饲料，是由饲料中所含粗脂肪、碳水化合物和粗蛋白质等营养物质转化而来的。

饲料的总能含消化能和粪能，只有消化能才是猪体利用的有效能量，它反映饲料总能的可被消化和利用的程度。所以在猪的饲养标准中采用“消化能”指标。单位用兆焦（MJ）来表示，也有的用焦耳（J）或千焦耳（KJ）来表示，具体换算为：

1 兆焦（MJ）＝1000 千焦耳（KJ）

1 千焦耳（KJ）＝1000 焦耳（J）

饲料能量在猪体内的转化过程如下图：

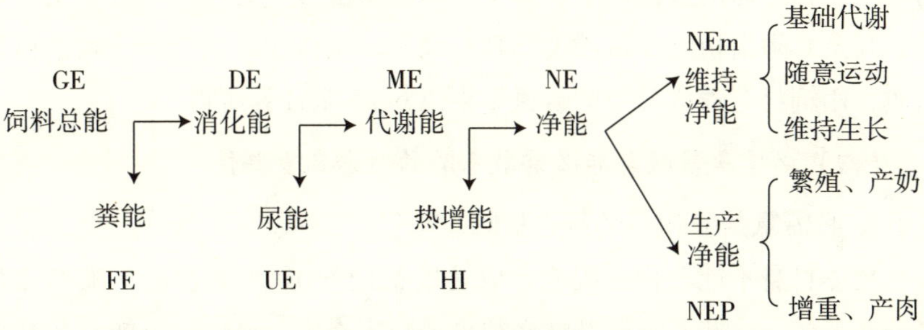

图 2－1　饲料能量转化图

二、猪对蛋白质（也即氨基酸）的需要

（一）蛋白质的概念及蛋白质与氨基酸的关系

蛋白质实际上是由氨基酸组成的一类数量庞大的营养物质的总称。动物对蛋白质的需要实际上就是对氨基酸的需要。蛋白质是生物细胞的重要组成部分，氨基酸又是构成蛋白质的基本单位，氨基酸是一种含氨基的有机酸。

（二）理想蛋白质的概念

猪日粮中所提供的蛋白质，其氨基酸的组成比例与猪对氨基酸需要比例相吻合，具有最佳氨基酸模式的蛋白质，称为“理想蛋白质”。

（三）蛋白质的功能

蛋白质是生物细胞的重要组成部分。猪体的一切组织如肌肉、皮肤、内脏器官、血液、神经、结缔组织、被毛、蹄壳甚至骨骼，都是以蛋白质为主要原料而构成的；猪的精液的生成、精子和卵子的产生都需要蛋白质；猪的各种消化液、激素和乳汁的分泌也都离不开蛋白质。因此，蛋白质在动物进行生长发育、新陈代谢、繁殖后代的整个生命过程中起着极其重要的作用，饲养标准上所列的“粗蛋白质”是指蛋白质和非蛋白质含氮物的总和。粗蛋白质和氨基酸的单位用百分比（%）来表示。

动物蛋白不同于植物蛋白，但猪需要的蛋白质可以来源于植物性蛋白质。在猪所需的蛋白质中，30% ~70%是由谷实类饲料中蛋白质来供给，其余必须由植物性饼粕类饲料来满足。饲料中的蛋白质一般指粗蛋白质，用饲料营养成分中的含氮量乘以6.25来计算所得。

（四）必需氨基酸与非必需氨基酸的概念及重要性

1. 必需氨基酸和非必需氨基酸的概念

猪体自身不能转化合成或合成速度很慢的10种氨基酸，被称之为必需氨基酸，这些必需氨基酸必须靠饲料来提供。猪体自身能转化合成的氨基酸被称之为非必需氨基酸，有10多种。

由于饲料蛋白质的营养价值主要取决于饲料必需氨基酸的组成和含量，在饲料中提供足够的必需氨基酸和非蛋白氮合成非必需氨基酸的多少，决定了饲料蛋白质水平的合适程度。由此可见，猪对蛋白质的需要量就是猪对必需氨基酸和合成非必需氨基酸氮源的需要量，所以说蛋白质营养实际就是讲氨基酸的营养。

2. 必需氨基酸的种类及作用

猪体所需10种必需氨基酸分别是：赖氨酸（Lys）、蛋氨酸（Met）、苯丙氨酸（Phe）、苏氨酸（Thr）、色氨酸（Trp）、缬氨酸（Val）、亮氨酸（Leu）、异亮氨酸（Ile）、精氨酸（Arg）、组氨酸（His）。

在猪体需要的10种必需氨基酸中，最易缺乏的是赖氨酸，被称为猪的“第一限制性氨基酸”。

第一限制性氨基酸的含义是什么呢？即饲料或饲粮中某一氨基酸含量与动物需要量之比最小的为第一限制性氨基酸，其次为第二限制性氨基酸，依次类推。

一般来讲，玉米、高粱、大麦、小麦等谷实饲料和花生饼、芝麻饼等油饼类饲料蛋白质中的赖氨酸是第一限制性氨基酸，而鱼粉蛋白质中的第一限制性氨基酸是色氨酸，大豆蛋白质中的第一限制性氨基酸是蛋氨酸。这些氨基酸是猪合成脑神经细胞、生殖细胞时不可缺少的氨基酸，处于生长期的牲畜特别敏感，如供给不足，则会导致生长停滞，红细胞、红色素下降，氮平衡失调，消瘦，骨的钙化失常。

三、猪对矿物质的需要

猪必需的矿物质元素有 19 种，根据其在体内含量的不同，可分为常量矿物质元素和微量矿物质元素。

1. 常量矿物质元素

猪体内含量大于或等于 0.01% 的元素为常量矿物质元素，分别是钙、磷、硫、钾、钠、氯、镁等。

2. 微量矿物质元素

猪体内含量小于 0.01% 的元素为微量矿物质元素，分别为铜、铁、锌、锰、硒、碘、钴等，以及包括尚未确认的一系列微量元素。微量元素在猪体内含量虽少，但作用却很大，猪日粮矿物质供给不足时，则表现出缺乏症状；供给过量时，常会导致中毒现象，甚至死亡。

根据云南土质及饲料资源特点，云南省饲料含铁、铜、锰量较高，钾、硫、镁、锰一般都能满足，但含锌、硒、碘量不足。所以，在给猪配制日粮时，重点是要考虑补充钙、磷、钠等常量元素及锌、碘、硒等微量元素。在云南省 127 个县中，严重缺锌的有 38 个县，缺硒的有 64 个县，轻微缺硒的有 21 个县，仅 4 个县不缺硒。缺硒地区在饲料中一定要补硒，但要严格控制饲料中的含硒量，猪对硒的需要量控制在每千克体重 0.1～0.3 毫克，一旦过量会引起中毒。

四、猪对维生素的需要

（一）维生素的概念

维生素是一种具有高度生物活性的小分子有机化合物，是维持猪正常生理机能所必需的营养物质。

（二）维生素的功能

维生素是直接参与生物体营养物质的代谢作用的。当维生素供应不足时，就会引起机体的新陈代谢紊乱，生物体出现食欲减退、生长停滞，严重时则会导致明显的维生素缺乏症状。猪所需大多数维生素都不能在体内合成，即使某些维生素可以在体内合成，也往往因合成速度太慢或合成的量太少而不能满足其生理上的需要，所以必须经常从饲料中得到补充。

（三）维生素的种类

猪所需的维生素有 30 多种，分为两大类：一类是脂溶性维生素，另一类是水溶性维生素。

1. 脂溶性维生素的概念

脂溶性维生素是指溶于脂肪才能被猪体吸收的维生素，包括维生素 A、D、E、K 等。

2. 水溶性维生素的概念

水溶性维生素是指溶于水才能被猪体吸收的维生素，包括维生素 B 族（B_1、B_2、尼克酸、泛酸、B_{12}等）及维生素 C。

一般青绿多汁的饲料含维生素多，如保存、调制饲喂得当，合理搭配都能满足猪的需要。喂给猪青绿饲料不仅是补充维生素的最佳途径，还可以增加猪的适口性和提高饲料转化率，有利于猪的生长、繁殖和健康。如不能提供足量的青饲料，则在猪的日粮中必需添加人工合成的多种维生素添加剂。

（四）猪必需的维生素种类

对猪正常生长和繁殖有影响的维生素有 13 种，分别是维生素 A、维生素 D、维生素 E、维生素 K、维生素 B_1、维生素 B_2（核黄素）、尼克酸（又名维生素 B_5 或烟酸或维生素 pp 或抗癞皮病维生素）、维生素 B_{12}（又名钴维生素或钴胺素）、泛酸（又名维生素 B_3 或抗皮炎因子或遍多酸）、生物素（又名维生素 H 或 W 因子或抗卵清损害因子）、叶酸（又名维生素 B_{11}）、胆碱（又名维生素 B_4）、维生素 B_6（为吡啶衍生物，它以吡哆醇、吡哆醛和吡哆胺等多种形式存在于饲料中）。

（五）各种维生素在猪体内所起的作用

1. 维生素 A

维生素 A 在猪体内主要的作用是维持猪的良好视力和繁殖功能，调节猪体碳水化合物、蛋白质和脂肪的代谢，保护猪的皮肤和黏膜。猪缺乏维生素 A，可导致增重下降、饲料转化率低、运动失调、后肢瘫痪、失明（眼干燥症）、乏力、生长停滞；在繁殖方面，公猪精液品质下降、精子死亡甚至不育，母猪发情异常，排卵不规则，造成失配、不孕或胚胎不能正常发育、死亡、怪胎和流产等。

2. 维生素 D

维生素 D 的主要功能是降低猪小肠液的 pH 值，调节猪钙磷的代谢，使钙、磷易于溶解吸收和利用。仔猪对维生素 D 的需要量高于生长猪，种猪、后备猪与生长猪的需要量相似。猪在缺乏维生素 D 时，常发生与钙、磷缺乏相类同的症状。

3. 维生素 E

维生素 E 有促进猪性腺发育和促进生殖功能的作用。它除能防止不育症外，还是一种体内抗氧化剂，与畜禽的繁殖、肌肉的正常发育及新陈代谢有密切关系。近年的研究表明，饲粮中高水平的维生素 E 还能促进畜禽生长，有提高其抗应激和免疫反应的作用。猪在缺乏维生素 E 时，表现出的症状与硒缺乏时症状类似，但两者不能代替，在添加微量元素硒时并不能使猪症状缓解。

4. 维生素 K

维生素 K 可促进生物体凝血酶原的形成，具有止血等作用，起到维持血液正常凝固的功能。在苜蓿、菠菜等绿叶植物及动物的肝脏中含量较丰富。猪消化道内的微生物也能合成维生素 K。所以，猪一般很少有缺乏维生素 K 的现象。

5. 维生素 B_1

维生素 B_1 为碳水化合物和蛋白质代谢所必需的物质。猪在缺乏维生素 B_1 时，早期会出现食欲减退、消化不良、呕吐、腹泻等症状，严重时会出现心肌坏死、心包积水、心脏肥大无力而猝死。由于维生素

B_1 广泛存在于谷类饲料的外皮及胚芽中，米糠、麸皮、豆类、青绿多汁饲料及中草药中的防风、车前子中都富含有维生素 B_1，一般情况下不考虑额外添加。

6. 维生素 B_2

维生素 B_2 有提高植物性蛋白质利用率的功能。维生素 B_2 在猪体的蛋白质、脂肪和碳水化合物代谢中起重要作用，还可促进母猪的繁殖。维生素 B_2 缺乏，可导致青年母猪不发情和繁殖障碍；妊娠母猪的死胎率可达到100%，或产仔48 小时后死亡；仔猪生长缓慢、白内障、行动迟缓、四肢弯曲、呕吐和脱毛。

7. 尼克酸

尼克酸为机体的碳水化合物、脂肪及蛋白质代谢所必需的维生素。猪在缺乏尼克酸时，表现为食欲减退、生长缓慢、皮肤干燥、皮炎或鳞片状皮肤脱落、被毛粗糙、脱毛、消化道炎症和坏死性病变、经常下痢等症状。有的猪还会出现局部瘫痪、后肢肌肉痉挛、口腔溃疡等症状。

8. 胆　碱

胆碱是生物体脂肪和神经组织的组成部分，它参与神经的传导和脂肪的代谢。因此，它有防止脂肪肝形成的作用。动物对胆碱的需要量超过对其他维生素的需要量。胆碱在猪体内可用蛋氨酸提供的游离甲基合成胆碱，胆碱自身也可提供甲基。因此，胆碱的补充可节省蛋氨酸的使用量。当猪缺乏胆碱时，幼猪表现出增重缓慢、发育不良、被毛粗糙、贫血、步态不稳及蹒跚、关节松弛、脂肪肝；母猪繁殖机能下降，产仔量低、泌乳力低；公猪表现出蹄裂或跛行，症状类似缺锌；新生仔猪后肢外张，仔猪断奶个体重小。

9. 泛　酸

泛酸是辅酶 A 的组成成分，不但对生物体的碳水化合物和脂肪的代谢起着非常重要的作用，而且还对生物体皮肤和黏膜的正常生理功能以及毛发的色泽及疾病的抵抗力有着很重要的作用。在缺乏泛酸时，猪生长缓慢、食欲降低、腹泻、皮肤干燥、被毛粗糙、脱毛、免疫力降低和后肢运行异常；母猪配种后出现“假妊娠现象”，或不孕或死胎。

10. 生物素

生物素为白色针状晶体，是多种羧公酶的辅酶，对猪体内各种有机物的代谢均有作用。一般来说，饲料中的生物素已能满足猪的需要，猪除了从饲料中获得生物素外，其肠道微生物也可合成。因此，猪很少发生生物素缺乏症。只有当对猪施用了磺胺类药物后，由于磺胺类药物限制了肠道微生物的活动，从而阻碍了生物素的合成时，才会导致猪生物素的缺乏。

11. 叶　酸

叶酸在许多碳水化合物的代谢转化中起着非常重要的作用，特别是在蛋白质和核酸的代谢等过程中作用更大。它与维生素 B_{12}共同对氨基酸和核酸的代谢起着重要作用，同时它对血细胞的形成也有促进作用，可预防贫血症和减轻贫血的程度。除此之外，它还可以促进肠道内微生物合成维生素 C。当缺乏叶酸时，可出现巨红细胞性贫血和白细胞减少，繁殖及泌乳紊乱，增重缓慢，体重下降，被毛褪色。

12. 维生素 B_{12}

维生素 B_{12}是唯一含有金属元素钴的维生素。维生素 B_{12}与叶酸为猪造血过程中所必需的维生素，它参与核酸的形成或氨基酸的代谢。在维生素中它的需要量最低，但作用最强。维生素 B_{12}是正常血细胞生成，促进生长和各种代谢过程所必需的。当缺乏维生素 B_{12}时，猪表现出正常红细胞性贫血，嗜中性粒细胞数增加和淋巴细胞数减少，巨红细胞性贫血，消瘦，神经极为敏感，骨髓增生，肝脏和甲状腺增大；母猪胚胎异常、产仔少、活力差、育成率低。

13. 维生素 B_6

维生素 B_6在猪的中枢神经系统的功能中起关键作用。除此之外，它还对脂肪和碳水化合物的代谢、色氨酸的分解和各种矿物质无机盐的代谢也有一定作用。当缺乏维生素 B_6 时，则猪表现出食欲减退，生长缓慢；特别是感觉神经元外周髓脂质和轴突退化明显，引起皮炎、小细胞低色素性贫血、脂肪肝。当缺乏严重时，猪眼周围出现褐色渗出液，或猪抽搐、昏迷和死亡。

14. 维生素 C

维生素 C 有能增加生物体对疾病感染的抵抗力及降低机体的应激反应的功能。它可促进肠道对铁的吸收，是治疗贫血时常使用的辅助药物。维生素 C 还具有解毒及减轻维生素 A、维生素 E、硫胺素、核黄素、泛酸等不足时产生的症状的功能。此外，它还有抗氧化作用，通过自身被氧化保护其他化合物。在一般情况下，猪体内合成的维生素 C 就可以满足自身的需要。当猪缺乏维生素 C 时，则表现出为皮肤、口腔黏膜、齿龈等处出现出血或溃疡，心内膜出血、有杂音；公猪睾丸上皮变性。一般青绿多汁饲料中含有大量丰富的维生素 C，重症时可内服松叶煎液，有显著的疗效。

五、猪对水的需要

水是猪维持生命、生产必不可少的营养物质。事实上，动物没有水就没有生命。长期绝食的动物，只要不缺水，即便体内所有脂肪都损失，蛋白质损失 50%，体重减轻 40%，仍能生存。但如果机体失水 10%，猪就会表现异常；如果丧失 20% 的体水，猪就面临着死亡的危险。

（一）水在猪体中的功能

猪体中 1/3 ~ 1/2 是水。其主要功能：一是水分直接参与有机体细胞和组织的构成，是重要的溶剂，能溶解和运输营养物质，排泄代谢产物。二是水分是代谢产物的媒介，参加体内水解、氧化还原等反应。三是水分是润滑剂，能使关节运动时减少摩擦。四是水分有调节体温、保持体液及体内渗透压平衡的作用；同时水具有贮热能力，可避免机体体温的突然变化。五是水作为脑液，对神经系统起支撑作用。六是水在猪的耳朵里，具有传声作用。七是水在猪眼睛里，可调节视力。

（二）猪体中的水含量

猪的体水含量，在总体上看，出生仔猪的体水含量最高，1.5 千克体重的空腹仔猪含水量达 82%；成年猪体水含量为 50% ~ 70%。随着猪的体重增加，体水含量逐渐减少。一般情况下，瘦肉型猪的体水含量高于脂肪型猪，猪体组织间的水分含量也各有差异。血液、肌肉和内脏器官中的水分含量较高，可达 70% ~90%；而脂肪等组织中的水分含量较少；猪乳汁中的水分含量为 70% ~80%。

（三）猪的正常需水量

一般情况下，哺乳仔猪每千克体重每天需水量：第一周为 200 克，第二周为 150 克，第三周为 120 克，第四周为 110 克，第五至第八周为 100 克；生长育肥猪在 70 ~150 日龄时，水料比平均为 2. 56∶1；非妊娠青年母猪日饮水约 11. 5 千克；妊娠母猪日饮水约 20 千克；哺乳母猪日饮水 20 多千克，供水不足，则会影响其乳汁的分泌量。

第二节　猪常用的饲料种类

用于养猪的常用饲料很多，按其饲料的来源、特性和营养价值可分为：能量饲料、蛋白质饲料、青饲料、青贮饲料、粗饲料、维生素饲料、矿物质饲料及添加剂。

一、能量饲料

能量饲料是指自然含水量低于 45%，每千克饲料绝干物质中所含的消化能在 10 兆焦，粗蛋白质含量低于 20%，粗纤维含量低于 18% 的所有禾本科饲料、作物秸秆及谷实类和粮食加工后的副产品糠麸类，以及来源于动物或植物的油脂类和糖蜜类富含淀粉和糖的饲料。常见的能量饲料有玉米、高粱、大麦、小麦、荞麦、稻谷、麸皮、米糠，根茎瓜果类，如胡萝卜、红薯、木薯、芭蕉芋、马铃薯、南瓜以及油脂（动、植物脂肪）等。其共同的优点是含有的淀粉较多，利用的能值高；其缺点是蛋白质含量低，且氨基酸不平衡，尤其是赖氨酸和色氨酸含量较低。

二、蛋白质饲料

蛋白质饲料是指干物质中粗纤维含量低于 18%，粗蛋白含量高于 20% 的饲料，包括植物性蛋白饲料、动物性蛋白饲料、单细胞蛋白饲料和非蛋白氮饲料。其优点是：这类饲料的粗纤维含量低，可消化的养分多，是配合饲料的基本成分，它是配合饲料生产过程中，补充能量饲料中蛋白不足的必不可少的饲料原料。常用的蛋白质饲料分为植物性蛋白饲料和动物性蛋白饲料两大类。

（1）植物性蛋白饲料。植物性蛋白饲料主要有大豆、绿豆、蚕豆、豌豆、赤豆和菜饼、豆饼、粉糟、豆腐渣等所有豆科作物籽实及饼渣类。

（2）动物性蛋白饲料。动物性蛋白饲料主要有鱼粉、虾粉、血粉、肠膜蛋白、肉骨粉、羽毛粉、蚕蛹粉、蚯蚓、蜗牛等。

三、青饲料

青饲料包括人工栽培的各种牧草，如紫花苜蓿、聚合草、鲁梅克斯、红三叶、白三叶、黑麦草、串叶松香草等；种植的蔬菜类及可饲用的野菜类，如马齿苋、苦马菜、猪毛菜、黄花菜、灰灰菜、青菜、白菜、洋花菜、红薯藤、芥蓝菜等；水生类的水葫芦、水浮莲、水花生及绿萍等。

由于青饲料具有含蛋白质较多，品质优良，富含多种维生素和矿物质元素，粗纤维含量少，适口性好，容易消化，来源广泛，成本低廉等特点，因此，它在养猪生产中具有很重要的意义。在不采用配合饲料喂猪的条件下，利用青饲料中所含的多种氨基酸、矿物质和维生素来补充饲料营养不足是十分必要的；对于规模化养猪场而言，青饲料又是一种很重要的保健饲料。

四、青贮饲料

青贮饲料就是将青饲料置于厌氧的条件下，利用乳酸发酵产生乳酸，抑制青贮物中微生物的活动而得到的一种粗饲料，青贮的作用是使青饲料的 pH 值下降到 4.2 ~ 3.8，从而达到保存青饲料的目的。

青贮饲料的主要优点：一是可保证猪全年青饲料的供给。在夏秋季节，植物生长茂盛，青绿饲料的供应有余，将旺季多余的青饲料贮存起来，供冬季、早春季节青饲料缺乏时饲用，保证了猪全年青饲料供应不断；二是营养丰富，适口性好；三是充分开发利用本地饲料资源优势，降低了成本；四是节省燃料，减少营养损失；五是有助于生猪的健康生长。青饲料在青贮过程中，所产生的乳酸能杀死饲料中的病菌及产生的虫卵，从而减少对生猪的危害，在一定程度上降低了生猪的发病率。

五、粗饲料

粗饲料主要包括青干草、稿秕类、干稻草、糟渣类和树叶类。其一般特点是体积大，粗纤维含量高，质地粗硬，不易消化，可利用的营养较少。粗饲料干物质中的粗纤维含量通常都在20%以上，但也因粗饲料的种类不同而各有差异。粗饲料一般都含钙较多，含磷较少。在常用的粗饲料中，一般是豆科优于禾本科，嫩的优于老的，绿色的优于枯黄的，叶片多的优于叶片少的。

总之，粗饲料在猪的日粮中只能作为一种辅助性饲料，必须与精饲料和青饲料合理搭配使用。在育肥猪和仔猪饲粮中粗纤维的含量不得超过4%；在妊娠母猪的全价配合饲料中，添加比例不得超过7%。

六、饲料添加剂

（一）饲料添加剂的概念

饲料添加剂是指基础日粮的添加成分。在养殖业中，人们为了补充日粮营养成分的不足，防止和延缓饲料变质，改善饲料的适口性，提高饲料利用率，预防猪受病原微生物的侵扰，促进猪的正常发育和加速其生长增重，提高产品质量，降低饲料成本，需在饲料中加入各种有效的微量成分，这种微量成分即称为饲料添加剂。

根据饲料添加剂的作用和功能，将饲料添加剂分为营养性添加剂（如氨基酸添加剂、维生素添加剂和矿物质微量元素添加剂等）和非营养性添加剂（如抑菌促生长剂和驱虫保健剂、抗氧化剂和防霉剂、着色剂和调味剂、保健及生长促进剂等）。

（二）营养性添加剂的用途

营养性添加剂的用途是平衡猪日粮的营养成分。添加的品种和数量取决于猪基础日粮的状况和猪的营养状况（缺什么补什么，缺多少补多少）。在正常情况下，饲养者要根据猪的不同生长阶段和生产目标，按照饲养标准确定添加剂的种类和数量。

（三）非营养性添加剂的用途

非营养性添加剂主要用于促进猪的生长，保持猪稳定的生产能力和防止猪感染疾病；保证饲料的贮存质量，防止饲料发霉变质，保护饲料中的维生素、脂肪酸等养分不受氧化破坏；提高畜产品的可观性和商品价值，增加猪的采食量，提高猪的饲料利用率，从而提高养猪的经济效益。因此，必须在猪的日粮中适当使用一定的非营养性添加剂。

（四）使用添加剂应注意的事项

第一，要掌握（或清楚）各种饲料添加剂的特点、功效、协同或拮抗作用、剂量和用法等。然后，根据猪的日龄、生产用途（种用或育肥等）、体重及健康状况等做到有目的地使用，切勿滥用。

第二，必须要按说明书严格控制剂量，遵守注意事项，不要随意加以改变。

第三，在使用添加剂时，务必要搅拌均匀。

第四，带有维生素的添加剂不能与发酵饲料掺水拌后贮存，不能煮沸食用。

第五，添加剂应存放在干燥、阴凉、避光、通风的地方，不能暴晒、受潮，一般贮存期不能超过 6 个月，最好是现买现用。

第六，维生素添加剂无论是水剂还是粉剂，加水搅拌时，水的温度不得超过 60℃，以免高温破坏维生素中的有效成分。

第七，注意配伍禁忌。使用添加剂时应注意他们之间的互补与拮抗作用。如矿物质添加剂最好不与维生素添加剂配在一起使用，以免维生素氧化失效。

第八，各种抗生素添加剂应交替使用，避免单一长期固定使用，以防猪体产生抗药性。

第九，注意添加剂在饲料中的具体添加和搅拌方法。因添加剂在饲料中占的比例极小，若搅拌不均匀，浓度小的部分就发挥不了添加剂的作用，而浓度大的部分，则易导致猪中毒。

第三节　猪的配合饲料

一、猪的配合饲料的概念

猪的配合饲料就是根据猪的饲养标准（猪的营养需要），再参照猪常用饲料的成分及营养价值表，饲养者科学地将几种饲料按一定比例混合在一起，生产出的营养全面、安全的饲料。

二、猪的饲养标准

猪的饲养标准是指饲养者根据猪的不同品种、性别、年龄、体重、生产目的和生产水平，以生产实际中积累的经验为基础，结合能量和物质代谢试验和饲养试验的结果，对每天应该给予一头猪的能量、蛋白质和各种营养物质的数量做出的科学规定，猪的饲养标准也即猪的营养需要。

三、猪饲养标准在实际生产中的重要意义

科学合理的饲养标准实际上是饲养工作的技术标准，是迅速提高我国养猪生产经济效益及科学合理利用饲料的依据，是保证和发展养猪生产的重要技术措施，是科学技术应用于实践的具体化。它对猪饲料配方设计的科学性、合理性及安全性具有很重要的指导作用，也是指导猪群饲养的重要依据，它能促进实际饲养工作的标准化和科学化。实践证明，饲养标准对于提高猪的饲料利用效率和生产性能有着极大的促进作用。

在实际生产中，猪群的生产性能是受多方面因素影响的，如猪的遗传、当地的自然环境气候、饲养管理水平高低、原料来源和不同地区原料中养分含量的差异、养分的生物学效价、饲料中所含的毒素和抗营养因子、饲料配制和加工手段、储存中的养分损失等因素，这些因素使得同样的饲养标准在不同的猪群则表现出不同的饲养效果。这就要求我们要严格以国家最新颁布的“猪饲养标准、常用饲料一般推荐量”及“猪常用饲料成分及营养价值表”为基础，再根据饲养者的生产实际，

因地制宜，因猪而异地对饲养标准做出适当调整，尽量做到能满足自己猪群的需要量，从而提高养猪的生产效益。

四、猪饲料配制应遵循的基本原则

1. 选用适宜的饲养标准、饲料成分及营养价值表，同时确定猪的营养需要量

猪饲料的选用要参照我国颁布的饲养标准，同时饲养者应结合饲料成分及营养价值表（最新版本），然后再根据猪的品种、年龄、生长发育的不同阶段及生产的目的和水平，选择适宜的饲养标准，进行酌情修正，灵活使用，最终确定猪的营养需要量。

2. 营养水平要适宜

由于现在普遍饲养的猪为瘦肉型猪，其生长快、瘦肉率高，因此，要求的营养水平也较高。所以饲养者在具体配制猪饲料时，要力求各营养成分之间达到平衡，特别要注意必需氨基酸的平衡。

3. 注意日粮体积和控制粗纤维含量

要注意饲料的干物质量，饲料的体积要与猪的消化道容积相适应，保证猪吃得下，吃得饱，又能满足营养需要。饲养者应根据猪的消化生理特点，按饲养标准的限量，有区别地控制饲料中的粗纤维含量，仔猪不超过4%；生长育肥猪不超过6%～8%；种公猪、种母猪不超过10%～12%。

4. 要考虑饲料的适口性

饲料适口性好的可多用些，适口性差的饲料少用些。

5. 保证饲料原料的品质

要求所采用的原料无毒、无害，不霉烂变质，无苦涩味，无污染，无砂石杂质等，且适口性好。

6. 饲料搭配要合理，要求饲料要多样化

饲养者应充分利用当地饲料资源，力求饲料品种多样化，至少用4～5种，精、青、粗饲料要合理搭配，以发挥饲料相互促进、协作、互补、制约的生物学作用，提高饲粮的利用率并满足猪的营养需要。

7. 饲料要相对稳定，配合要均匀

改变饲料种类或饲料比例要缓慢进行，骤变会增加猪的应激，造成猪的消化不良，影响其生长和增重。饲料配合要均匀，特别是微量元素和维生素在饲料配制中所占的比例甚微，必须经过粉碎与少量辅料混合均匀后，才能与更多辅料混合，最后才能混入到混合料中。

8. 既要注重主要饲料中的消化率，又要注重饲料用量的限制因素

饲养者在配制饲料时，既要考虑饲料原料的消化率，又要考虑各种饲料原料在饲粮中的一般用量及限制因素，尽量配制出高质量、低成本的优质饲料。如血粉，由于适口性差，不易消化吸收，用量不宜过多；燕麦、糟渣类饲料，由于其粗纤维含量高，用量过多会影响其他养分的消化吸收；鱼粉、豆饼（粕）、骨粉等饲料，用量过多会增加成本，造成浪费；棉籽饼、菜籽饼等饲料，用量过多会导致中毒等。

9. 饲料要质优价廉，考虑经济原则

在满足猪营养需要的前提下，不要盲目追求高营养指标，配料要考虑当地生产实际，应尽量选用价格低廉、来源广泛的饲料，要坚持因时、因地制宜，就地取材，充分利用当地饲料品种资源，节省运费，降低饲料成本，提高经济效益。

五、配合饲料的配制方法

配合饲料的设计方法有很多种，一般大型规模养猪场均有自己的饲料加工厂，现在通常采用较先进的电脑软件进行设计，使用的配方软件有 Format（英国）、Brill（美国）、Mixit（美国）；资源配方师、CMIX 配方软件、三新智能配方系统、SF－450 和金牧配方软件以及“牧笛”等。就手工设计而言，比较常用的为试差法（凑数法），此法适用于小型猪场的自配饲料。现将试差法简要介绍如下：

试差法是先按各类猪各个生长阶段的饲养标准，根据饲料营养价值表，粗略地把选用的饲料原料进行试配，计算其中的各种营养成分，然后与饲养标准相比较，对过多和不足的营养成分进行增减调整，并计算其中的营养成分，再与饲养标准做比较，再调整，再计算，直至最后完全符合营养需要规定为止。

（一）配合饲料的配制步骤

（1）查出饲养标准，列出猪的营养物质需要量。

（2）根据当地饲料资源，确定所用的饲料种类，查询饲料营养成分及营养价值表，列出所用各种饲料的营养成分及含量。

（3）初步确定所用各种饲料的大致比例，并进行计算，得出初配饲料的计算结果。

（4）将计算结果与饲养标准比较，依其差异程度调整配方比例，再进行计算、调整，直至与饲养标准一致或基本接近为止。一般配方中的营养计算种类和顺序为：能量→粗蛋白质→磷→钙→食盐→氨基酸→矿物质→维生素。

（二）常用于饲料配合的几种添加方式

1. 饲料添加剂

饲料添加剂是一类在猪饲料中添加量较少，用以纠正由于饲料中某些成分的缺乏而导致的营养缺乏症或者在猪的生长中起特殊作用的物质。一般饲料添加剂可分为四类：维生素、微量元素、氨基酸和生长或效益促进剂。

2. 预混料

预混料是用载体将一种或多种不同的微量原料，如维生素、氨基酸、微量元素或药物混合在一起的混合物，它们不含有蛋白质饲料。预混料在饲料中的使用量通常为1%或略低于1%。

3. 预混料精

预混料精是由上述预混料加上常量矿物质元素钙、磷而组成的，其用量一般高于1%，用量变动范围在1%～12%之间。

4. 蛋白浓缩料

蛋白浓缩料含有比例平衡的蛋白质、微量元素和其他添加剂，其蛋白质含量一般为25%～40%，通常和谷物以及其他原料一起加入饲料中，其加入量为10%～40%，以满足全价平衡饲料的要求。

5. 全价饲料

全价饲料是包含比例平衡的所有营养物，并满足猪不同生长阶段对各种营养成分的需要的饲料。

（三）配合饲料的种类

1. 按饲养的对象分类

配合饲料可分为乳猪料、仔猪料、生长育肥猪料、妊娠母猪料、哺乳母猪料、公猪料等。

2. 按饲料的形状分类

配合饲料可分为粉料、颗粒料、破碎料（将颗粒料再进行破碎）、压扁料、膨化漂浮料、液体料等。

3. 按饲料的营养分类

配合饲料可分为全日粮全价配合料、浓缩饲料（也叫平衡用混合料）、添加剂预混料、精料混合料等。

（四）饲养场（户）自配饲料应注意的事项

1. 要合理选择原料

一是原料品种要多样化，以 6 种以上为宜，以达到营养成分互相补充的目的。二是原料的适口性要好，并注意因地制宜，就地取材，选用营养成分高、价格便宜、来源有保障的原料。三是所选原料的体积应与生猪消化道容积相适应。体积过大，生猪消化道的负担过重，影响饲料的消化吸收；体积过小，虽然营养得到满足，但生猪仍有饥饿感，容易急躁不安，影响其生长发育和增重。

2. 加工调制要合理

一是对玉米、豆类、稻谷等籽实原料要粉碎。二是豆类、棉籽饼均要煮沸，破坏其中的胰蛋白酶抑制素和棉酚毒，菜籽饼要去掉芥酸等，以提高饲料的消化率。

3. 混合要均匀

各种原料按照配比称好后，先把玉米、麸糠、饼类等数量多的基础料混合均匀，再加入用量少的其他原料混合均匀。

4. 要求科学存放管理

饲养场（户）自配饲料要遵循随配随用的原则，不宜长期保存，以防饲料霉败变质。一般夏季存放 20 天左右，冬春季节可稍长一些。

存放时要注意室内通风透光、干燥，做到无毒、无鼠害、无污染。

（五）饲养场（户）用酒糟喂猪应注意的事项

酒糟是酿酒的下脚料，其营养价值因原料的不同而有差异。由于原料中的淀粉已变成酒，因而无氮浸出物含量低，而蛋白质含量相对提高，但蛋白质品质差。酒糟中含维生素 B 族较多，但缺乏胡萝卜素和维生素 D 及钙质，并残留部分酒精。因此，用酒糟喂猪时必须注意以下几点：

（1）仔猪、妊娠后期的母猪和哺乳母猪不宜多喂，以免引起母猪流产、死胎、怪胎、弱胎和仔猪下痢等不良后果。

（2）要严格控制酒糟的喂量，因酒糟属火性饲料，一般新鲜酒糟不宜超过 25%，干酒糟应控制在 10% 以下，以免猪出现便秘。

（3）酒糟不能直接用来喂猪，喂前一定要加热，使酒精蒸发。

（4）酒糟饲喂一段时间后，要停喂 7～10 天后再喂，以防猪酒精慢性中毒。

（5）一次喂不完的酒糟应在窖中或缸中彻底踩实保存，表层发霉结块变质的部分不能喂猪。

（六）饲养场（户）用豆腐渣喂猪应注意的事项

1. 不能生喂

由于生豆腐渣中含有胰蛋白酶抑制因子，易阻碍猪体对蛋白质的消化吸收，引起猪拉稀，因此不能生喂，应煮熟后再喂。

2. 喂量不宜过大

豆腐渣内含有丰富的蛋白质，如果喂量过大，易引起生猪消化不良，一般以不超过饲料总量的 1/3 为宜。

3. 应搭配其他饲料混喂

豆腐渣中缺乏维生素和矿物质，所以饲喂豆腐渣时必须搭配一定量的大麦、玉米等精饲料。

4. 冰冻豆腐渣不能直接喂猪

用冰冻豆腐渣喂猪，易引起猪的消化机能紊乱，一般以解冻后再饲喂为宜。

5. 严禁饲喂酸败的豆腐渣

由于鲜豆腐渣内含水量超过80%，易酸败变质。所以在使用新鲜的豆腐渣喂猪时，一定要注意豆腐渣的质量。

（七）饲养场（户）利用甘薯喂猪应注意的事项

甘薯又名红薯、番薯、甜薯等，既是一种高产的粮食作物，又是一种优质多汁的高能量饲料。每公顷（15亩）约产甘薯块22.5～30吨。每千克甘薯干物质（主要为淀粉）含量为25%～30%，它还含有多种维生素和矿物质，消化能13.84兆焦。甘薯味甜多汁，含粗纤维少，猪适口性好，并能提高猪的肉质，产生洁白而硬实的脂肪，但甘薯中蛋白质和矿物质含量较少，每千克干品中精蛋白质含量为2.6%。如饲喂方法和用量不当，后期猪只容易出现减食、拒食，生长缓慢等现象。因此，必须做到合理科学饲喂，利用甘薯喂猪应注意以下事项：

1. 合理搭配日粮

适量添加配合饲料饲喂，一般体重35千克以下的小猪，每天喂甘薯（鲜品，下同）和青饲料各1.5～2.5千克，配合饲料0.8千克；35～60千克的中猪，每头每天喂甘薯和青饲料3.5～4.5千克，配合饲料0.9～1.0千克；60千克以上的大猪，每头每天喂甘薯和青饲料各5.0～7.5千克，配合饲料1.0～1.25千克。也可按猪只体重计算喂量标准，即每千克体重日喂配合饲料0.1千克，甘薯和青饲料各0.35～0.40千克。

2. 科学合理的饲喂方法

一是先将青饲料与配合饲料混合，拌匀后生喂，然后喂煮熟的甘薯；二是先将青饲料让猪只自由采食，待其吃净后，再将煮熟的甘薯与配合饲料混合调匀喂猪。要求先吃料，后饮水，让猪吃饱。三是严禁用生甘薯、烂甘薯喂猪，以免引起猪消化不良或中毒。四是仔猪、母猪和后备公猪不宜多喂。五是长期饲喂甘薯，一定要合理搭配蛋白质饲料和青绿料，否则会导致不良后果。

（八）饲养场（户）怎样充分合理利用自己手中的原料喂猪

（1）按照配合饲料的配方设计要求，根据手中的原料数量和种类，适当补充某些原料的不足，再结合不同猪品种及其生长阶段的营养需要量（饲养标准），配制营养全面、安全的配合饲料喂猪。

（2）正确使用浓缩料，再结合自己手中的能量饲料如玉米、米糠等配合成全价饲料喂猪。浓缩料又称蛋白质补充饲料，是由蛋白质饲料（鱼粉、饼粕等）、常量矿物质饲料（食盐、骨粉、石粉、贝壳粉等）和添加剂预混料配制而成的配合饲料半成品。浓缩料不能直接用于饲喂生猪，必须加入一定比例的能量饲料，才能成为满足生猪营养需要的全价配合饲料。

（3）使用浓缩料的好处。一是浓缩饲料的蛋白质含量可高达30%～45%，且含有丰富的矿物质微量元素、维生素、氨基酸等营养成分，能满足猪生长的需要。二是适量浓缩饲料与适量能量饲料混合而成的全价饲料，饲养效果好，既能充分利用饲养场（户）自产的能量饲料如玉米、米糠等，又能减轻饲料交通运输的压力，降低养猪成本。三是浓缩料具有用量少、使用方便等特点。在常规的能量饲料中只需加入10%左右的浓缩料即可达到营养标准，不需煮熟，使用方便，有利于广大农村散养户在家中使用。四是适当使用预混料，结合饲养场（户）自己手中的原料喂猪。预混料是全价配合饲料的核心部分，内含各种氨基酸、矿物质、维生素、防病保健药品、营养改良剂等成分，又被称为添加剂预混料。饲养场（户）充分利用自产的稻谷（或玉米）、米糠、菜籽饼（或橡胶籽饼）、青绿饲料等即可获得与全价配合饲料同样的养猪效果。

（4）使用预混料应注意的事项。一是预混料不能直接用于喂猪，需要与其他饲料配合在一起拌匀后才能进行饲喂。二是必须严格按产品说明使用，只需添加适当的玉米、菜籽饼、豆粕等，而不需再添加其他的药物和饲料添加剂。三是严禁将预混料加入40℃以上的热水中或放入锅内煮沸后喂猪，否则会降低饲料营养，使其失去饲用价值。

第三章 猪的科学饲养与管理

◎ 种母猪的科学饲养与管理

◎ 仔猪的科学培育与管理

◎ 种公猪的科学饲养与管理

◎ 育肥猪的科学饲养与管理

第一节 种母猪的科学饲养与管理

饲养种母猪的目的，即充分利用其繁殖机能，用较少的种母猪，生产繁殖出更多数量的仔猪以提供市场，最大限度地发挥种用母猪的繁殖潜力，提高母猪年生产力。

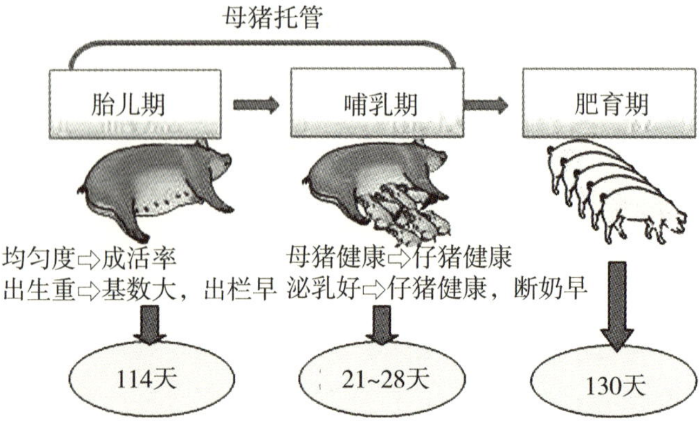

图 3－1 猪的前半生靠母猪活着

一、后备母猪的科学饲养与管理

（一）后备母猪的概念

后备母猪也称青年母猪，是指从仔猪 70 日龄保育结束后，严格按种用标准进行选育后留用的一类种母猪，年龄为 2 月龄开始至 8 月龄初配前这个阶段的种母猪称为后备母猪。

（二）后备母猪的管理

1. 合理分群，防止打斗

第一，猪属多胎动物，自幼共同生活，有合群性，同时猪又有强欺弱、大欺小、好打斗攻击的特性。因此，在分群时应将品种相同、体重相近、体况（肥瘦）相同的后备母猪归为一群，饲养密度按每头母猪占猪栏面积1.5~2.0平方米计算，以每栏4~6头的小群饲养为宜。

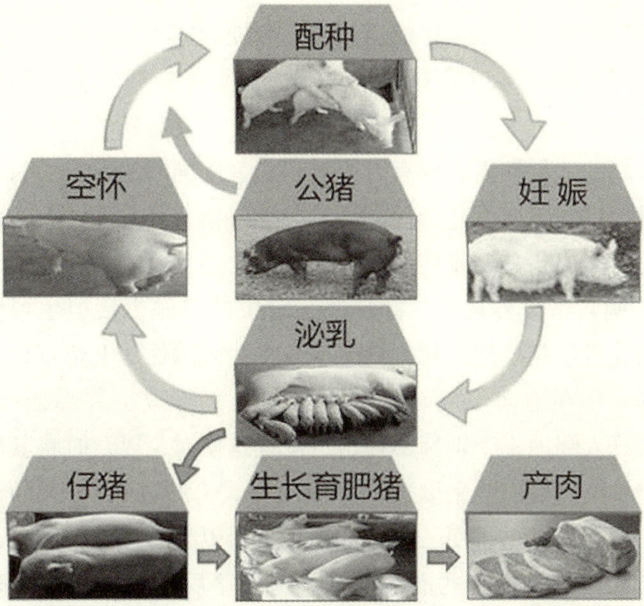

图3-2　生猪的生产期

第二，猪具有视觉弱、嗅觉发达等特点，同窝同群的猪是靠嗅觉来辨别气味和互相熟悉的。因此，在分群前，可喷洒来苏儿等药物使其气味一致。在分群时，应在猪未吃食的晚上合并，应本着留弱不留强，拆多不拆少，夜并昼不并的原则进行，以减轻猪群咬斗的强度，降低猪群由环境群体改变而产生的应激，保证猪群健康。种猪分群后要有专人看管，干涉猪群咬斗行为，控制并制止强者对弱者的攻击，直到猪群和睦相处为止。

2. 调　教

后备母猪在新组群或转入新圈时，要及时调教，使其养成吃、睡、便三定位的良好卫生习惯，避免猪群间强夺弱食，促进猪群健康生长。

调教时应遵循的原则：一是根据猪的生活习惯进行调教。猪喜欢卧睡，在适宜的圈养密度下，猪一般喜欢在高处、木板上、垫草上卧睡。二是根据猪热天喜睡于风凉处，冷天喜睡于温暖处的特点进行调教。三是根据猪排便的规律进行调教，猪一般多在洞口、门口、低处、湿处及圈角等处排便，在喂食前或睡觉刚起来时排便，在进入新的环境或受惊吓时排便较频繁。要根据猪的这些习性因地制宜进行调教。

（1）调教猪群养成良好的采食习惯，防止强夺弱食。调教成败的关键是要在猪群进入新圈时立即开始调教，建立起新的群居秩序。猪在进入新猪圈的一星期内，要有专人守护，为使同圈的所有猪只均能充分采食，对抢食的猪要勤赶，使之不敢接近料槽，经过一段时间的调教看管后，就能养成猪分开排列采食，各就各位的良好采食习惯。

（2）调教猪群养成吃、睡、便三定位的良好生活卫生习惯。猪入圈前，饲养者事先要把猪栏打扫干净，将猪卧睡处铺上垫草，并在指定排便处（一般在地面坡度较低的排污口处）堆放少许粪便、泼点水，然后将猪赶入圈内，个别猪不在指定位置排便时，要及时将其所排粪便铲到指定排便位置，并采取守候看管的方式，经过 5 ~ 7 天的调教，就会养成采食、睡觉、排便三定位的良好生活卫生习惯。

（3）做好后备母猪的圈舍设计。为便于后备母猪配种和防止怀孕母猪流产，要求后备母猪的圈舍地面要设有防滑层；圈舍内三个角的坡度不得低于 4 度，有利于排污；饲槽形状为筒瓦形（槽底为弧形），有利于猪群舔食干净，避免饲料浪费；后备母猪圈舍必须设有运动场，有利于猪群运动；圈舍要宽敞，光照充足，通风良好。圈舍设计能使后备母猪从小锻炼体质，增强身体机能，保持体质健壮，为其产仔做准备。

（4）做好后备母猪的疾病防治，确保猪群的健康体况。根据本场或饲养户的养猪实际，制定猪群主要疫病监测检疫制度；制定猪场严格的消毒制度；制定严格的猪群预防和免疫程序，严防疾病、疫病的发生，确保猪群的健康体况。

3. 后备母猪的饲养

（1）后备母猪的营养需要。因为后备母猪阶段是其正处于长骨骼和肌肉的时期，脂肪的沉积量较少，因此后备母猪的营养除满足一定的能量外，还要补充蛋白质和矿物质元素。此外，还需供给足够而全面的维生素及微量元素营养，以保持其旺盛的代谢活动和正常的生理机能。根据后备母猪不同的生长发育阶段及营养需要，饲粮营养水平为：每千克饲粮含消化能 12.76 ~ 13.1 兆焦耳，粗蛋白含量 16% ~18%，赖氨酸含量 0.7% ~0.85%，钙含量 0.8% ~0.95%，总磷含量 0.6% ~0.7%。推荐配方（%）为：玉米 61，麦麸 15，鱼粉 1，豆粕 19，正规厂家的预混料 4。体重 60 千克以后，每千克饲粮含消化能 12.1 ~ 12.5 兆焦耳，粗蛋白含量 14% ~15%，要求钙磷平衡或用后备母猪专用料饲喂。

（2）后备母猪的饲喂方法。后备母猪的饲喂方法一般分前期（体重 60 千克以前）和后期（体重 60 千克以后）两个阶段进行。前期自由采食，后期适当限饲的饲喂方法。

①体重 60 千克以前自由采食。由于体重 60 千克以前的后备母猪生长较快，处在长骨骼、器官阶段，因此，此时采取自由采食，充分发挥仔猪生长潜能，随时添加，吃完再给，以免饲料浪费，总之以不要让食槽无食为原则。

②体重 60 千克以后适当限饲。待后备母猪体重达 60 千克以后，一定要严格控制其采食量，采取适当限饲的方法，体况只能控制在 6 ~ 7 成膘的情况，不能超过 7 成膘，确保后备母猪良好的配种体况，否则，会导致母猪过肥，影响其发情和配种。日喂 3 次，日喂量 1.8 ~ 2.2 千克，按早占日喂量 35%、午占 25%、晚占 40% 的投给量饲喂。同时需适当投喂青粗饲料。后备母猪选留初期，由于消化机能还不十分完善，所以要求粗饲料的比例一般不超过 5%。随着年龄的增长，为了锻炼其消化吸收功能，应逐渐增加粗饲料的比例，粗纤维可由初期的 4% ~ 5% 提高到 7% ~8%。

③后备母猪配种前的短期优饲。根据后备母猪的生理特点和营养需要，在母猪配种前 10 ~ 14 天开始到配种结束为止，采取短期优饲。短期优饲是促使母猪多排卵和排健康卵的关键。优饲的办法是在原日喂量 1.8 ~ 2.2 千克的基础上增加到日喂量 2.2 ~ 2.6 千克，饲料营养水平要求粗蛋白含量在 16% 左右，矿物质和维生素要充足。从配种结束的第二天起，立即降低营养水平，特别是能量的摄入量不能太高，使日喂量降到 2.0 ~ 2.4 千克，否则会导致母猪腹围太大，造成胚胎的早期死亡，以及母猪分娩后失重太快而导致乳汁分泌减少和母猪断奶后不易发情等不良后果。

（3）后备母猪的合理利用。后备母猪利用过早则影响生长发育及缩短母猪的使用年限；利用过晚，会造成母猪体内及生殖器官周围蓄积脂肪过多，从而导致母猪内分泌失调而出现一系列繁殖障碍疾病，所以合理利用母猪是保证母猪具有旺盛繁殖力的关键。

后备母猪的适宜配种年龄，早熟的地方品种为 6～8 月龄，体重 60～80 千克时配种较适宜；培育品种及引进的外种猪为 8～9 月龄，体重 100～110 千克时配种较适宜。

4. 母猪的发情与配种

图 3－3　优良的后备母猪

（1）母猪的发情周期。母猪的发情呈周期性的变化，而且规律非常明显。一般初情期过后，每隔 17～25 天就要重复发情一次，规律性很强。因此，母猪的一个性周期（两次发情之间的间隔期）一般为 17～25 天，平均为 21 天。母猪发情周期的长短与品种、年龄及饲料营养水平等因素有关。

（2）母猪的发情持续期。母猪的发情持续期通常为 2～3 天，但成年母猪发情持续期要比青年母猪长。一般情况下，母猪断奶后第一次发情持续期比以后出现的发情持续期长些。排卵时间为发情开始后的20～36 小时之间。

（3）母猪的发情特点。在母猪整个发情过程中，人们通常根据其精神状态及母猪卵巢和生殖道的生理变化等方面进行综合判断，可将母猪的整个发情周期分为 4 个阶段，即发情前期、发情期、发情后期和间情期（也叫休情期）。

①发情前期。发情前期是母猪性周期的准备过程，也是其性机能活动的开始。从外阴部开始肿胀到接受公猪爬跨时为止。

②发情期。从母猪接受公猪爬跨开始到拒绝公猪爬跨为止。母猪外部表现为，外阴部肿胀，充血明显，流出黏液，性欲表现强烈，阴户内壁颜色将出现一系列变化，母猪接受公猪爬跨并允许交配。发情期是母猪配种的最佳时期，可在此阶段配种。

③发情后期。从拒绝公猪爬跨开始到发情症状完全消失为止，此时的母猪由性欲激动逐渐转为安静状态。

④间情期（也叫休情期）。间情期是指从这次发情症状消失到下次发情症状出现前的这段时期。此时的母猪性欲完全停止。

（4）母猪适宜的配种年龄。母猪的初情期（第一次发情）一般为3～6月龄，视猪的品种不同而有所差异，本地品种和培育品种发情较早，而外种猪发情较晚。虽然此时母猪有配种的欲望及受胎的可能性，但此时母猪只是性成熟而机体未成熟，若此时配种，则会因配种过早，而导致产仔数少，体重小，体质差，仔猪成活率低，从而降低母猪种用价值，母猪的使用年限也将随之缩短。因此，母猪的最佳配种适龄，一般认为，地方品种或培育品种的初配年龄为出生后的6～8月龄，引入品种的初配年龄在出生后的8～10月龄。但无论是外种猪还是本地猪或培育品种，母猪的第一、第二个发情期不宜配种，因为此时只表明母猪性成熟，而机体未成熟。应以母猪第三个情期配种为宜，这样可提高产仔数、仔猪成活率和母猪的使用年限。

（5）正确判断配种适期，提高母猪配种受胎率。一看阴户颜色。当发情母猪的阴户由充血红肿变为紫红黯淡时，肿胀开始消退，出现皱纹。二看阴户内的分泌液。将手指洗净后，用拇指和食指，放入阴户内取出少许黏液，然后将拇指和食指的黏液拉开后有透明黏稠的丝状物出现。三看发情母猪的表情和行为反应。母猪表情呆滞，喜伏卧，用手触摸（或按压）其背腰部时，母猪呆立不动，双耳直竖，用手推按臂部，不拒绝，反而向人靠拢。四用穴位辅助检查。用细枝条刺激交巢穴（肛门与尾根之间凹陷的地方）时，尾巴轻轻举起，并出现接受公猪交配的举动。

根据以上综合表现，我们可将此时判断为母猪配种的最佳适期，若在此时配种，受胎率最高。但也有极少母猪，由于发情不明显，常常会错过配种机会，因此饲养者一定要认真细心观察。

另外，可根据实践经验，一般如发现母猪当天早上开始发情，那么于当天下晚配第一次，于次日上午配第二次。一般采用一次发情，两次配种的方式，两次配种间隔时间为 8～12 小时，如果饲养者对母猪发情掌握不准，也可进行最多第三次配种。

（6）配种时应注意的事项。一是避开公、母猪血缘，防止近亲交配，降低近交衰退。二是采本交时应注意，与配公、母猪体重不能相差太大，以免影响配种效果。三是公猪采食后半小时内不宜配种，以免影响配种质量。四是选择适宜的配种时间。夏天太热，尽量在早晚进行，冬天太冷，应在早上 9 点以后进行，但两次配种间隔时间不得低于 8 小时。五是配种场地不宜太滑。由于太滑的地面，再加上交配时流出的黏液等洒在地上，容易使公、母猪滑倒，造成伤害。公、母猪交配的地点，以母猪舍附近为宜，绝对禁止在公猪舍附近的场地配种，以免引起其他公猪的骚动不安，造成公猪的性欲下降。

5. 对迟迟不发情母猪的原因分析与处理

原因分析：母猪迟迟不发情，在饲养管理上多数是由于日粮过于单纯，蛋白质不足或品质低劣，或母猪缺乏维生素、矿物质，母猪过肥或过瘦，母猪长期缺乏运动等原因引起的。除此之外，还有极少的是由于疾病（如子宫炎、阴道炎等）或先天性生殖系统（如子宫、卵巢等）发育不良等因素引起。

（1）对断奶 10 天后仍迟迟不发情的母猪和到发情年龄而迟迟不发情的青年母猪的处理。①诱情。每天早、晚用公猪追逐或爬跨母猪，或把不发情母猪放在公猪圈内混养，或采取换圈等办法处理。②按摩母猪乳房。按摩方法分表层按摩与深层按摩两种。表层按摩方法，在每排乳房的两侧及前后反复抚摩（不许碰乳头），可促使母猪发情。深层按摩方法，在每个乳房周围用 5 个手指捏摩（不捏乳头），可促使母猪排卵。一般每天早饲后，表层按摩 10 分钟，母猪发情后，表层按摩与深层按摩各5分钟，交配前的那天早晨，改为深层按摩10分钟。③调圈。将发情母猪圈和不发情母猪圈互相调换，从而利用发情母猪的气味刺激不发情的母猪发情。④药物催情。不发情或屡配不孕的母猪可对症使用PG600、氯前列烯醇等外源性激素（如海博莱产“喜娩康”）。或采用中药淫羊藿50~80克，对叶草50~80克，水煎后内服，每天一剂，连服2~3剂即可。

（2）对因患子宫炎或阴道炎不发情母猪的处理。母猪是否患子宫炎或阴道炎，可从其阴道是否流出恶臭的分泌物来判断。为清除母猪子宫内的渗出物，用0.1%的高锰酸钾溶液和0.05%新洁尔灭等配成的消毒液冲洗子宫，或用“宫炎净”（植物提取物），每天一次，连续3~5天，倒出冲洗液后，向母猪子宫腔内注入抗生素消炎，土霉素或青霉素均可。

（3）对母猪不孕症的原因分析及处理。若已采取了以上措施仍不见发情的母猪，但健康状况良好，则应考虑可能为先天性生殖系统发育不良，那就应考虑淘汰处理，否则将导致养殖成本的提高和养猪生产效益的下降。

①对母猪不孕症的原因分析。

母猪不孕症是母猪生殖机能发生障碍，引起的暂时或永久不能繁殖的疾病。究其原因，一是母猪营养不良，导致性机能减退，发情失常或不发情；二是母猪过肥造成内分泌活动失调。三是母猪年龄偏大，卵巢萎缩，导致性机能减退或消失。四是患慢性子宫内膜炎或卵巢囊肿及阴道炎等疾病所致。

母猪不孕症主要表现为母猪发情无规律，或是长时间不发情，性欲缺乏或显著减退，无明显的发情征候。有的虽然发情正常，但屡配不孕。

②处理措施。

对母猪必须建立合理的科学饲养管理制度；防止母猪过肥或过瘦；对三岁以上且繁殖力低下的母猪不宜作种用，应及时淘汰育肥；对有生殖器官疾病的母猪，除采用消毒液对子宫进行冲洗消毒外，还可用青霉素及早进行治疗，对久治不愈者，坚决淘汰。

对不发情或发情不正常的母猪，按不发情母猪的办法处理。若采取以上措施后仍不能受孕的母猪应作淘汰育肥处理，否则将增加养殖成本和降低养猪生产效益。

6. 常见的母猪怀孕判定方法

（1）仪器测定法。用妊娠诊断仪（A 超或 B 超）测定。

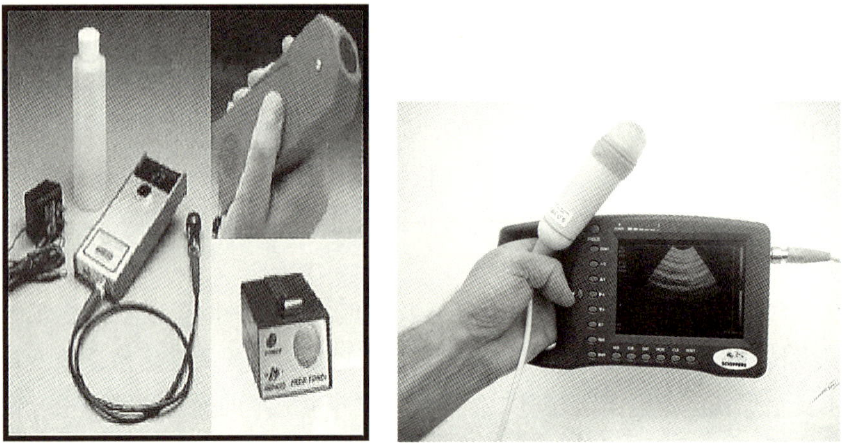

图 3－4　妊娠诊断仪

（2）观察母猪是否返情。母猪的发情周期一般为 17～25 天，平均为 21 天。若母猪在配种后 17～25 天未见返情，说明可能已经怀孕。

（3）根据母猪的体征表现来判定。若母猪发情配种后采食量增加，性情温驯，喜欢安静，膘情好转，皮毛变得光亮并紧贴身躯，行动谨慎，腹围逐渐增大，阴户下联合紧闭或收缩，并有明显上翘，说明可能已经怀孕。

（4）阴道检查法。配种后的母猪阴道内黏膜变白，黏液浓稠，用手触摸时涩而不润，说明可能已经怀孕。

（5）根据乳头基部乳晕的变化来判断（只适用于约克夏母猪）。约克夏（大约克）母猪配种 30 天后，乳头会变黑。轻轻拉长乳头，如果乳头基部呈现黑紫色的晕轮时，则可判断为已经怀孕。

（6）尿液检查法。用注射器抽取配种后 24 天未返情的母猪尿液 10 毫升，置于干净的试管内，加入少许碘酒，然后在火上慢慢加热，当尿液接近沸点时，看其颜色变化。如果试管内尿液颜色由上至下逐渐变红，说明母猪已经怀孕。如果试管内尿液呈淡黄色或褐绿色，而且尿液冷却后颜色会消失，说明母猪没有怀孕。

7. 妊娠母猪预产期的简便推算方法

母猪妊娠期平均为 114 天，推算的简便方法有两种。

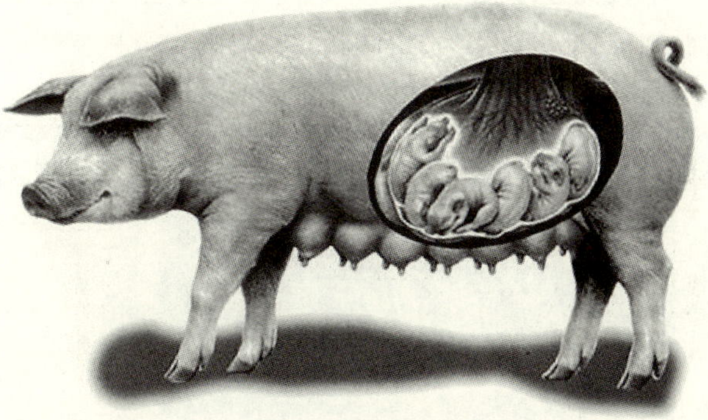

图 3－5　怀孕母猪示意图

（1）“三三三”制推算法。即配种月份加 3，配种日数加 3 个星期零 3 天。例如，某母猪 5 月 9 日配种，其预产期则为 9 月 3 日，具体推算方法为：5 +3 =8 月，9 + （3 ×7） +3 =33 日，一个月按 30 天计，33 天为 1 个月零 3 天。因此，预产期则为 8 月 +1 个月零 3 天 =9 月 3 日。

（2）“进四去六”推算法。即配种月份加 4，配种日数减 6（若日数不够减时，可从月份上减 1，在日数上加 30 后再计算）。仍以上述的为例，某母猪 5 月 9 日配种，具体推算方法为：5 +4 =9 月，9 －6 =3 日，其预产期仍为 9 月 3 日。

二、妊娠母猪的科学饲养与管理

妊娠母猪科学饲养管理的目标是保证受精卵、胚胎与胎儿在母体内的正常发育，减少胚胎早期死亡，防止化胎、死胎与流产现象的发生，从而获得数量多、初生窝重大、均匀度好而健壮的仔猪，并保持母猪在妊娠后期有良好的膘情、良好的乳房发育，确保母猪哺乳期乳汁的正常分泌及下一胎的正常繁殖和配种。同时，对初产青年母猪还要保证其身体组织的正常生长发育。

（一）妊娠母猪的科学饲养

严格实行妊娠母猪的分阶段饲养，整个妊娠期母猪的营养水平应随着胎儿体重的增长而逐步提高，到分娩前一个月达到最高峰。因此，须做好妊娠前期和后期两个最关键时期的饲养管理。

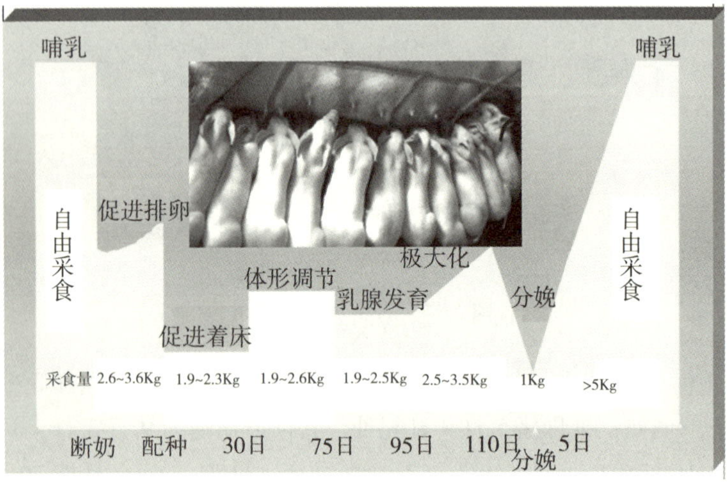

图 3-6 母猪七阶段饲养程序

妊娠母猪的科学饲养，应根据胎儿在母体内各阶段生长发育需要，再结合妊娠母猪体况，科学地将妊娠母猪分为妊娠前期（配种结束的第2天~30天）、妊娠中期（妊娠30~80天）和妊娠后期（妊娠81~110天）三个阶段进行饲养，这是养好妊娠母猪的关键。

1. 妊娠母猪饲养的第一个关键时期

妊娠母猪饲养的第一个关键时期（母猪妊娠前期，也即母猪配种妊娠的30天内）是受精卵附植（附植是从妊娠后12天开始到24天结束）到子宫角不同部位着床的关键时期，也是逐渐形成胎盘的时期。在胎盘未形成前，胚胎很容易受环境、腹内压等因素的影响而导致胚胎早期死亡、流产，所以要给予妊娠母猪特殊照顾。须给予妊娠母猪营养全面的日粮，严禁喂霉烂变质、有毒饲料以及冰水或冰冻饲料，不随意变换饲料品种，而且在此时要严格控制其能量的过多摄入，并防止踢、打、挤压、咬斗等刺激。

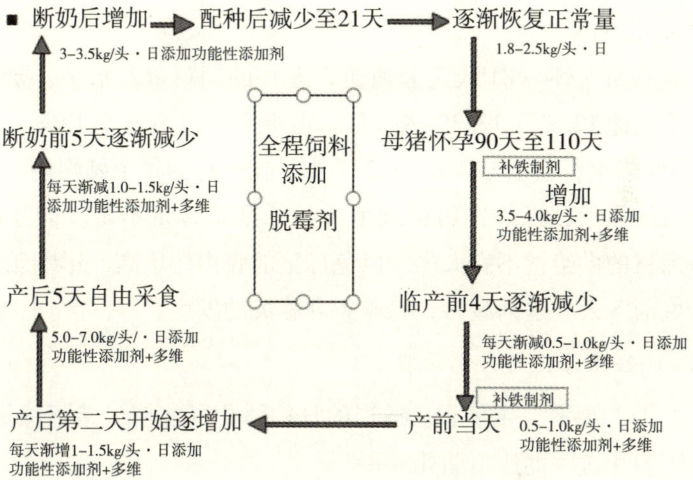

图 3-7 高效母猪“三增三减”料饲喂法

2. 妊娠母猪饲养的第二个关键时期

妊娠母猪饲养的第二个关键时期是在母猪妊娠后期，即母猪怀孕81 天至分娩前 5 天。由于此时是胎儿在母体内生长速度最快的时期，约占胎儿整个体重的60%，也是胎儿长肌肉的最佳时期。因此，胎儿要求的营养水平也最高，此阶段给母猪提供营养水平的高低，直接可影响到仔猪初生重大小和仔猪产后的成活率。对此阶段的妊娠母猪一定要供给高营养水平的饲料，才能满足母猪及胎儿对营养的需要。

3. 妊娠前期的营养供给

母猪妊娠前期的营养供给，经产母猪日喂量 1.5 ~ 2.5 千克，青年母猪日喂量 2 ~ 3 千克，要求每千克饲粮消化能 12.13 ~ 12.56 兆焦耳，粗蛋白含量 14% ~ 16%，日喂量 1.8 ~ 2.2 千克，日喂 2 次。视母猪体况酌情增减。此阶段若摄入能量太多，不但有可能导致胚胎早期死亡，而且还可能造成母猪产后无乳及体重失重太快，从而影响母猪断奶后的正常发情及下一胎的繁殖配种。

4. 妊娠中期和后期的营养供给

妊娠中期（配种后4周至怀孕80天）的饲料营养水平，要求每千克饲粮消化能12.13～12.56兆焦耳，粗蛋白含量14%～15%，日喂量2.0～2.4千克。

妊娠后期（怀孕81天至分娩前5天）的饲料营养水平，要求每千克饲粮消化能12.97～13.39兆焦耳，粗蛋白含量16%～17%，赖氨酸含量0.8%以上，日喂量2.8～3.2千克。在母猪的整个妊娠期，要保证青绿饲料的供给，以防饲料中维生素和纤维素含量不足。但在怀孕后期，青绿料的供给量不宜太多，以免母猪的腹内压增高，影响胎儿的发育。分娩前5天，逐渐减料，以避免乳腺炎的发生。

（二）妊娠母猪的科学管理

（1）日粮要有一定体积。适当的日粮体积既能使母猪不感觉饥饿，也不会因容积过大而压迫胎儿。

（2）日粮应带有适量的轻泻剂，以防母猪便秘。

（3）圈舍地面要设有防滑层，以防母猪滑倒或便秘引起流产。

（4）适量运动（妊娠第一个月和分娩前10天应减少运动）。母猪进出栏舍不得拥挤，避免母猪有急转弯或跳越壕沟等动作。

（5）猪舍和猪体要保持清洁卫生，严格免疫，防止疫病传播。

（6）妊娠后期应单栏饲养，避免相互打架和践踏；不追赶，不鞭打，不惊吓，保持环境安静；做好冬春防寒保暖和夏季防暑降温工作。

（7）产前7～10天进入产房。产前1～2天，应用肥皂水将其乳房及阴户周围清洗干净，做好产前准备工作。

（8）按摩乳房。在预产期前20天左右，由饲养员每天按摩母猪乳房10分钟，这样既可提高母猪产后的泌乳量，又可减少母猪对分娩的恐惧心理，还能促进母猪的正常分娩。

（三）妊娠母猪的分娩、接产与仔猪护理

分娩是母猪妊娠期的结束。做好母猪分娩的护理，是确保母猪顺利

生产，保持仔猪健壮，提高仔猪成活率的关键。妊娠母猪预产期又随母猪品种、圈舍形式、所处环境及运动时间的不同而有所差异。

1. 母猪临产前的判断

随着胎儿的发育成熟，母猪在生理上也会发生一系列的变化，如乳房膨大、产道松弛、阴户红肿、行动异常等，这些都是快要分娩的征兆，具体可根据以下表现来判断。

（1）分娩前两周的体征表现。母猪乳房从后向前逐渐膨大，乳房基部与腹部之间呈现出明显的界限。

（2）分娩前一周的体征表现。母猪的乳房呈“八”字形向两侧分开。

（3）分娩前 4 至 5 天的体征表现。母猪的乳房显著膨大，两侧乳房外涨明显，乳房表面皮肤呈潮红色发亮，用手挤压乳头有少量稀薄乳汁流出。

（4）分娩前 3 天的体征表现。母猪起卧行动稳重谨慎，最后面一对乳房膨大成“儿”形，表面光亮，用手触摸乳头有热感。

（5）分娩前 1 天的体征表现。挤出的乳汁呈黄色，较浓稠，母猪的阴门肿大、松弛，颜色呈紫红色，并有黏液从阴门流出。

（6）分娩前 6 至 10 小时的体征表现。母猪表现为卧立不安，外阴肿胀、松弛厉害且颜色变紫红，并用肢蹄频频刨地。

（7）分娩前 1 至 2 小时的体征表现。母猪表现为精神极度不安，呼吸急促，挥尾、流泪，时而来回走动，时而呈犬坐式，并频频排尿，阵痛加剧，阴门中有更多的黏液流出，从最后的一对乳头中可以挤出乳汁。母猪躺卧，呼吸急促，四肢伸直，说明子宫阵缩间隔时间缩短，全身用力努责，胎盘羊水破裂并从阴户流出，这时说明母猪很快就要产仔了。

2. 接产前的准备工作

（1）做好母猪的产前消毒与保健。在母猪产前 10 天，产房的地面、圈栏要用 2% 来苏儿、氢氧化钠或其他消毒液进行彻底消毒，并及时晾干。同时对母猪进行体外皮肤及寄生虫检查，发现后及时治疗，以防传染给仔猪。产前 7 天，妊娠母猪提前进入产房，熟悉环境，减少母猪分娩时的紧张情绪。

（2）做好接产准备。准备好毛巾、抹布、台称、耳号钳、断尾钳，保温灯等仔猪保温设备（每窝一套），5% 的碘酒、75% 的药用酒精、来苏儿、凡士林、肥皂，催产素、葡萄糖、消炎注射液等，分娩记录本及其他。

3. 母猪的接产及仔猪护理

母猪分娩时，舍内要保持安静，禁止喧哗和大声说笑，以免影响母猪分娩。母猪分娩一般可分为四个阶段，即准备阶段、排出胎儿阶段、排出胎衣阶段和子宫复原阶段。饲养者的具体操作如下：

（1）消毒。用湿毛巾擦净母猪外阴部周围、腹部及乳房后，待产。

（2）擦净仔猪口鼻及全身黏液。胎儿产出后，用左手托住胎儿，右手将连接胎盘的脐带轻轻拉出，然后迅速将仔猪鼻孔和口腔中的黏液清除干净，以防仔猪阻塞窒息。接着用抹布顺着仔猪毛的方向，由前向后，从上到下擦净仔猪全身的黏液，动作越快越好，产下一头，擦净一头。

（3）断脐。擦净口鼻及全身黏液后立即断脐。断脐时，先用左手的拇指和食指在距仔猪脐带基部 5 厘米处捏紧固定好，迅速用右手的拇指和食指将脐带中的血液反复向仔猪的腹部方向挤捏，直到脐带被挤捏部分看似无血为止，这时用剪刀从左手指固定处把脐带剪断，并在断口处用 5% 碘酒涂抹消毒，以防感染。

（4）断齿。为防止仔猪吸乳时咬坏母猪乳头，影响哺乳，所以在仔猪出生后即把 8 颗尖锐小牙的尖锐部分剪平，即断齿。

（5）断尾。为减少种猪配种时的人为扶助，提高配种效果，降低因粪便对猪尾污染而导致猪被疫病感染的发病率，仔猪出生后需要断尾。公猪断尾长度：将公猪尾拉直到该公猪睾丸的末端处断尾；母猪断尾长度：将母猪尾拉直到该母猪阴户的顶端处断尾。断尾后，立即用 5% 碘酒棉球涂擦伤口，以免感染发炎。

（6）打耳号（对育种场而言，若是商品场则不用打耳号）。打耳号是为了给仔猪个体编号。打耳号常用的方法是“大排号”法。这种方法需要记住左耳和右耳及两耳上下边缺口及中间圆洞代表的数字，两耳各缺口数之和，就是该头猪的耳号；要求各头仔猪的耳号不得重复，各世代核心群耳号也应严格区别。

例如，陆良种猪场的耳号，右耳上缘一个缺口为30，下缘一个缺口为10，耳尖的缺口为200，耳中间打一个圆孔为800，近耳尖的一个圆孔为2000。左耳上缘一个缺口为3，下缘一个缺口为1，耳尖的缺口为100，耳中间打一个圆孔为400，近耳尖的一个孔为1000。

（7）称重和记录。将打好耳号的每头仔猪进行称重，所得重量即为仔猪的初生个体重。按事先设计的记录表格内容填写，记录父母亲耳号、产仔日期、配种日期，仔猪出生年月日、初生个体重、初生窝重等。

（8）教仔猪吃初乳，固定母猪乳头。仔猪编号称重后，先挤出母猪2～3滴积乳后（以防仔猪拉肚子）教仔猪吃初乳，让先产下的仔猪先吃乳，以防“僵口”，同时还可促使母猪分娩。仔猪全部产下后，固定母猪乳头，弱仔在前，强仔在后，有利于缩小仔猪体重差异。

（9）仔猪保温。在擦干口鼻和全身黏液及断脐后，要立即放进保温箱里保温，以防仔猪受凉后导致黄白痢疾病的发生。

（10）严禁母猪吃到胎衣。母猪的正常分娩过程大约为2～4小时，因母猪品种及胎次不同而有差异。一般母猪在产仔结束30分钟左右排出胎衣，也有个别母猪，仔猪与胎衣交替产出。一旦确认胎衣全部排出后，应及时将胎衣及污物彻底清除，严禁母猪吃到胎衣，以防其染上吃仔猪的恶癖，从而导致被迫将该母猪作淘汰处理，造成猪场不必要的损失。但可将拿走的新鲜胎衣用高压锅煮熟捣碎后拌在饲料里喂母猪，这是最好的催乳办法，对提高母猪的泌乳量大有好处。

4. 假死仔猪的判断与抢救

（1）假死仔猪的判断。胎儿出生后，若出现全身松软，停止呼吸，但心脏和脐带基部还在跳动，这样的仔猪被判断为假死猪，假死猪是完全有可能被抢救活的。

造成仔猪假死的原因很多，如胎儿在子宫内胎位不正，或胎儿脐带受压或扭转，或脐带在产道里过早拉断，或胎儿在体内时间太长等因素，均会导致胎儿受憋而造成仔猪假死。

（2）假死仔猪的抢救。一是倒提拍打法。左手提起仔猪两只后腿，使之头向下，让黏液从口腔及鼻孔流出，右手有节奏地拍打仔猪的臀部和背部，直至仔猪发出叫声为止。二是呼吸畅通法。迅速擦净口鼻黏液，再对准鼻孔吹气，使之呼吸畅通。三是涂抹刺激法。可在仔猪鼻盘部涂擦酒精，刺激仔猪打喷嚏，以促进呼吸，或用针刺激方法抢救均可。四是温水浸泡法。用手抓住仔猪双耳或两前肢，把仔猪放入38℃～40℃的温水里，使其头部露出水面，浸泡3～5分钟，以此激活仔猪。但脐带部位不能放入水中，以免发生感染。五是人工呼吸法。将假死仔猪仰卧在垫草上，把鼻孔和口腔内黏液清除干净，再将仔猪两前肢做前后伸展，一伸一屈压迫仔猪胸部，每分钟10～20次，持续4～5分钟，直至仔猪发出叫声为止。

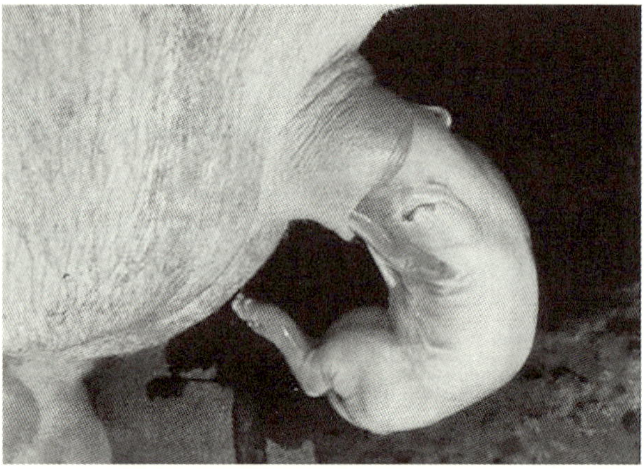

图3－8 母猪产仔

5. 母猪难产的处理及预防

（1）母猪难产的原因分析。母猪骨盆发育不全，产道狭窄，胎儿过大，老龄，过肥，饲喂了变质的饲料，营养不良和妊娠期运动量过少等原因，均会导致母猪分娩时难产。

（2）母猪难产的症状及判断标准。母猪难产常表现为两种情况：一种是母猪阵缩、努责和呻吟不断增多，母猪烦躁，卧立不安，羊水破后4小时以上仍不见仔猪产出。这种情况可以判断为母猪难产。另一种情况是母猪顺利娩出一个或几个胎儿后停了下来，阵缩、努责次数频繁，但相隔几个小时仍然不见胎儿产出或胎儿产出的间隔时间长达45分钟以上，这种情况也被判断为母猪难产。

（3）母猪难产的处理。一是可注射催产素和强心剂。视母猪体重肌注脑垂体后叶激素制剂15~25单位（或麦角制剂3~5毫升）和强心剂2~3毫升，一般注射后30分钟左右母猪即可产出胎儿。二是用手按摩或用毛巾热敷母猪的乳房，促使其努责，再适当用力（力不能太大）压其腹部，协助仔猪生产。三是让仔猪吮吸母乳。当部分仔猪产出后出现难产时，让先产出的仔猪吮吸母猪乳汁也可起到促使胎儿娩出的作用。四是人工助产。其处理步骤如下：

第一步：助产人员将两手指甲剪平磨滑，再用2%来苏儿溶液将两手和手臂洗净后，用75%药用酒精消毒擦净，涂上凡士林待用。

第二步：将难产母猪外阴部洗净消毒后，用已经消毒后的一只手的手指合拢呈圆锥状，手心向上，助产人员位于母猪的一侧，在母猪两次努责的间歇期，将手缓慢伸入产道，慢慢向前伸入探摸。

第三步：待手指探摸到胎儿时，如果是2头仔猪堵在一起，可将其中一头推回，用中指和食指握住或钩住另一头胎儿的适当部位（口腔、耳、腿等），配合并随着母猪努责的节律慢慢往外拉，利用其母猪努责的外力轻轻将胎儿拖出。

第四步：当子宫阵缩停止时（也即母猪停止努责时），不能往外拉，以免引起子宫内膜脱落和损伤子宫及子宫颈内膜，从而导致子宫内膜炎或宫颈炎。

第五步：如果人工助产碰上异常情况，如拖、拉都不动，这时就只有舍弃胎儿，用肢解胎儿的办法，分块拖出。但一定要轻、慢和小心谨慎，防止损伤产道。

凡是施行过人工助产的母猪，一旦分娩结束，立即给难产母猪注射大剂量的抗生素，以防其产道、子宫感染发炎而影响下一胎的繁殖。

（4）母猪难产的预防。一是严格控制后备母猪的配种年龄和体重。配种早了会影响母猪的发育，产仔时容易因骨盆狭窄而发生难产。二是对于年龄大、胎次多、体质弱及产道狭窄的母猪，应予及时淘汰。三是妊娠母猪必须适量运动，特别是在妊娠30天后至产仔前10天的这段时间，一定要运动。运动不仅可提高母猪的体力和健康水平，还可锻炼其子宫肌肉的紧张性，增强和促进母猪分娩时的子宫收缩力，有利于胎儿的娩出，可减少难产的发生。四是妊娠期科学合理饲养。在整个妊娠期内，母猪摄入的营养，一方面是用来维持本身生长代谢的需要，另一个方面是用来供给胎儿生长发育的需要。因此，对妊娠母猪要使用营养全面的全价配合料饲喂，以确保妊娠期母仔猪的营养需要和饲料质量。再配以科学合理的分阶段（妊娠前期、中期和后期）饲养方法，使妊娠母猪始终维持中等膘情，不至于过肥，以减少母猪难产的发生概率。

6. 母猪产后胎衣不下的原因分析及处理

（1）母猪产后胎衣不下的临床表现及判断标准。母猪分娩后胎衣在1小时内不排出，就叫胎衣不下或胎衣滞留。猪的胎衣不下多数表现为部分不下，也有个别表现为整体不下。胎衣不下的母猪表现不安，体温升高，食欲下降，泌乳分泌减少，喜喝水；阴门内流出红褐色液体，内含胎衣碎片及残留物。

（2）母猪产后胎衣不下的原因分析。多数是由于猪体虚弱，产后子宫收缩无力，以及怀孕期间子宫受细菌感染等原因，导致胎盘发生炎症，结缔组织增生，胎盘粘连，导致胎衣不下。

（3）处理措施。一是立即肌注催产素，促进母猪子宫收缩。母猪产后1～2小时仍不排出胎衣时，应及时进行治疗。为促进子宫收缩，可肌肉注射脑垂体后叶激素2～4毫升；或肌肉或皮下注射催产素5～10单位，间隔24小时后再重复注射一次。二是药物治疗。投服益母草流浸膏4～8毫升，每天2次，连续5～7天。三是若胎盘在子宫内腐败（从阴门内流出胎衣的残留物，并有恶臭）时，可用0.1%高锰酸钾溶液冲洗子宫，待消毒液全部排出后1～2小时，向里注入土霉素1克，加100毫升蒸馏水消炎。四是为促进腐烂胎儿、胎盘与母体胎盘尽快分离，可向子宫内注入5%～10%盐水1～2升，注入后应注意使盐水尽可能完全排出母猪体外，不要继续残留在子宫内。待消毒后，再用上述方法处理。

三、哺乳母猪的科学饲养与管理

哺乳母猪饲养的关键是合理供给营养，满足母猪的营养需要和确保母猪的健康体况，达到提高母猪整个泌乳期乳汁的正常分泌和提高哺乳期仔猪的成活率及离乳个体重的目的。

图 3－9　母猪哺乳

1. 重视哺乳母猪产后的护理

哺乳母猪因分娩时，生殖器官发生了急剧的变化，所消耗的体液太多，机体的抵抗力明显下降，所以母猪产后一定要进行精心护理，促使乳汁正常分泌，保证初生仔猪的健康生长。

（1）母猪产后的营养供给。母猪产仔当天不给料，只给麦麸水或清洁的饮用水，同时加喂温热的 1% 葡萄糖生理盐水，连喂 3～5 天。这是因为母猪分娩时体力消耗很大，体液损失多，母猪表现出疲劳和口渴，所以要给予母猪补充足够的水分。从母猪产后的第二天开始给料，采用逐步添加的办法，7～10 天内饲料可加到正常的饲喂标准，以防母猪产后消化不良和乳腺炎的发生。

（2）应保持产房的安静、清洁和卫生。母猪产后，体质较弱，严禁各种噪音的干扰，保持产房的安静，适宜的温度、湿度、清洁和卫生程度，并保持圈舍干燥。要保证母猪的充分休息，确保母猪产后体况的恢复及促进乳汁的分泌。同时，每天还必须清洗饲槽和圈舍，要训练母猪养成两侧交替躺卧的习惯，便于仔猪哺乳。

（3）保护好泌乳期母猪的乳房和乳头。母猪乳腺的发育与仔猪的吮吸有密切关系，特别是头胎母猪，一定要使所有乳头得到充分均匀利用，以防其乳房的变形和发育，从而影响乳汁的分泌和仔猪的哺乳，而降低仔猪成活率。同时应随时检查母猪乳头有无损伤情况，一旦发现要及时治疗，否则会影响母猪乳汁的分泌和仔猪的哺乳，导致仔猪成活率的下降。

（4）严禁母猪产后吃到胎衣，防止其染上吃仔猪的恶癖。当胎衣排出后，应及时将胎衣及污染物一起清除。

2. 了解和掌握哺乳母猪的泌乳特点

（1）母猪乳房的结构特点。猪的乳房没有乳池，各乳头间没有直接的联系。因为没有存贮乳汁的乳池，所以不能随时挤出乳汁。只有分娩时，由于受胎儿和母体共同作用的结果，母猪体内的雌激素分泌增加，随时有乳汁排出，而分娩后又逐渐改为控制排乳。

（2）母猪的放乳特点。母猪每次放乳量不等，平均300多克。分娩后15～25天泌乳量达到高峰，以后逐渐降低，而7对乳房的泌乳量也不尽相同，前3～5对乳房所排出的乳量最高，最后一对最低，泌乳次数随产后天数的增多而逐渐减少。

（3）母猪放乳一般须经过的三个过程。一是先由仔猪发出叫声并拱揉母猪乳房，向母猪发出要求吃奶的信号。二是随着母猪侧卧身体躺下，让乳头露出来表示同意。三是经过仔猪1～2分钟的按摩后，母猪才开始放乳，仔猪停止骚乱，安静用力吸吮并发出啧啧响声，母猪也随之发出哼哼放乳声。母猪每次放乳时间为10～40秒左右。放乳结束后，仔猪仍继续对乳房进行2～3分钟的按摩，这时才表明哺乳到此全部结束。

3. 掌握影响母猪泌乳量的因素

母猪泌乳的正常分泌与以下因素有关：

（1）与饲养管理水平有关。饲养管理水平是提高母猪泌乳量的关键因素。母猪的乳汁所需要的营养物质来源于饲料，如果饲料营养全面，饲喂量充足，母猪的泌乳量就高，反之泌乳量就低。如果突然更换饲料配方或突然减少饲喂次数，均会降低母猪泌乳量。

（2）与母猪的年龄和胎次有关。一般来讲，初产母猪所分泌的乳汁比经产母猪要少，高胎母猪的泌乳量要少于低胎母猪的泌乳量。母猪3胎后的泌乳量会逐渐增多，到第6胎时达到高峰，6胎后则会逐步降低。

（3）与母猪哺育母猪的仔猪头数有关。一般情况下，哺育的仔猪多，起到按摩刺激母猪乳房的作用就大，泌乳量就高；反之，仔猪少，泌乳量就少。

（4）与母猪品种有关。在相同的饲养管理条件下，品种不同，母猪的泌乳量也各不相同。

（5）与分娩季节有关。春、秋两季，天气温和凉爽，青饲料相对较多，母猪的泌乳量就高；冬、夏两季气候恶劣，母猪的泌乳量随之减少。

（6）与环境有关。清洁、卫生、干燥、安静舒适的环境可以增加母猪的泌乳量，反之，则会降低母猪的泌乳量。

4. 进行科学合理的饲养管理，确保母猪乳汁的正常分泌

（1）哺乳期母猪应单栏饲养。产房内应设仔猪保温箱、保温灯和补饲槽。无产床的产房还应设母猪护仔栏和防压桩，以免母猪睡卧时压伤仔猪，提高仔猪的成活率。

（2）适当运动。有条件的猪场，在母猪分娩3天后，可以放其到运动场每天自由活动1次，每次1小时，产后10天，每天运动两次，每次1小时。适当运动的目的是让母猪接触阳光，尽快恢复体力，促进其消化和泌乳，提高其泌乳量。但母猪的活动时间不宜太长，防止其受凉和受到惊吓，母猪活动时间要逐步增加。

（3）保证哺乳期母猪合理的营养供给。根据母猪的哺乳阶段对各种营养物质的需求，设计科学合理的饲料配方，确保母猪营养的全面供给，促进其乳汁的分泌。

（4）控制母猪产后的过量失重。母猪在哺乳期出现失重现象是正

常的，但不能失重太多，否则将会影响母猪下一个发情期的发情配种。母猪的失重以控制在原体重的15% ~20%为宜。母猪的失重与其摄入的饲料营养水平有密切关系。哺乳母猪日平均采食量为：初产母猪约3.5 ~4.0千克混合料，经产母猪约5.0 ~5.5千克混合料，视品种不同而略有差异。

（5）根据母猪泌乳曲线，科学、合理地供给饲料。母猪的泌乳曲线因母猪品种不同而有所差异。所以对哺乳期母猪饲料的供给，也应视母猪品种不同而酌情增减。当母猪处于泌乳高峰期时，要增加饲料的供给；当其泌乳处于低谷时，要适当减少饲料的供给。这样科学地控制母猪泌乳期的饲料供给，既可保证母猪乳汁的正常分泌，又不至于造成饲料的浪费。

（6）增加饲喂次数和保持饲料的稳定。母猪在哺乳期间，对饲料的需求量大，易加重母猪胃、肠的负担，所以在投给饲料时，应采取逐步添加的办法，遵循“少给勤添”的原则。此阶段应在晚上10点左右增加一次夜餐，将每天的日喂量分成4次投喂，同时，严禁饲喂霉变及有毒、有害、劣质饲料，并保持饲料的稳定，不随意更换饲料配方，以保证母猪乳汁的正常分泌及质量，以防哺乳期仔猪腹泻的发生。

（7）保证供给足够的青饲料和青绿多汁饲料。在基础日粮不变的情况下，可充分利用当地饲料资源，尽量为哺乳阶段的母猪提供一些青绿料和青绿多汁饲料，以补充饲料中维生素和矿物质的不足，这不仅可以提高母猪泌乳量，同时还可保证哺乳母猪得到充分休息，从而减少母猪夜间因饥饿走动而踩压到仔猪的危险，提高仔猪育的成活率。

（8）提供充足的洁净饮水。一是因母乳的含水量高达81% ~83%，需要大量的水分供给。若因水分不足，母猪的乳汁太浓，则会影响仔猪的消化，易造成仔猪因消化不良而腹泻。二是因猪的消化、吸收、新陈代谢等过程都离不开水，因此，必须给母猪保证供应充足的清洁饮水，这是养好哺乳母猪和提高仔猪健康水平的重要条件。

（9）严格控制母猪断乳前的饲料供给，降低其乳腺炎的发病概率。母猪断乳前3 ~5天，要逐步减少饲料的投给量，特别是多汁饲料的供给。断奶当天不给料，少给水，以防母猪断乳后乳腺炎的发生。

5. 母猪产后不食或食欲不振的病因分析及处理

（1）病因分析。一是母猪妊娠期饲料单纯、营养不良，导致了母猪产后不食或食欲不振。二是在母猪妊娠期没有严格分阶段饲养，特别是妊娠前、中期摄入的能量太高，导致了母猪产后不食或食欲不振。三是母猪产仔时间过长，过度疲劳，而导致了母猪产后不食或食欲不振。四是母猪产后喂料太多，缺乏必要的护理，引起母猪出现顶食，导致了母猪产后不食或食欲不振。五是个别母猪由于产后吞食了胎衣，引起了消化不良，导致了母猪产后不食或食欲不振。六是由于母猪产后发生产道感染，出现体温升高，内分泌失调，而导致了母猪产后不食或食欲不振，等等。

（2）预防及治疗措施。①预防措施：母猪妊娠后期应保持良好的膘情。在母猪哺乳期的第一个月要加强营养，使母猪不能掉膘或失重太快。②治疗措施：一是药物治疗。选用复合维生素 B，按每千克体重 1 毫克的剂量进行肌肉注射，每天一次，连续注射 3 天即可。二是在母猪病症进入初期时可用催产素和氢化可的松进行肌肉注射，同时内服十全大补汤。三是在母猪发病后期可用25%的葡萄糖注射液500 毫升、三磷酸腺苷 40 毫克及辅酶 A 100 单位进行静脉注射。也可用猪苦胆 1 个，醋 100 毫升，先将苦胆用水和匀，再加入醋调匀后，灌服；或用中药的补中益气汤，外加炒麻仁 30 克、大黄 10 克及芒硝 30 ~ 50 克，煎汤灌服。

四、空怀母猪的科学饲养与管理

空怀母猪是指产仔母猪断乳后到下一次配种之前这段时期的母猪。对空怀期母猪饲养管理的主要任务就是要使其尽快恢复种用体况，能正常及时发情配种，缩短空怀时间，提高母猪年繁殖生产能力。一般情况下，母猪断奶后 7 ~ 10 天即可再次发情配种。

1. 合理分群，进行群饲

母猪断乳后，为尽快使母猪忘记哺乳，一般采用群饲，每栏 3 ~ 4 头为宜。饲养密度视品种而定，每头猪占猪栏面积按 2. 0 ~ 2. 5 平方米计算即可。

2. 空怀母猪的营养供给

由于空怀母猪的主要任务是尽快恢复种用体况，所以营养供给比其他母猪要稍低些。每千克饲料中只需含消化能 12.1～12.3 兆焦耳，粗蛋白质含量在 12.5%～13.5% 即可。这段时期空怀母猪的粗饲料供给可占饲料比例的 20%～25%。但空怀母猪应注意矿物质、维生素的补充，尤其要多喂一些青绿饲料，以补充空怀母猪在泌乳期对矿物质的消耗，尽快恢复空怀母猪繁殖机能的正常，使其能及时发情和配种。

3. 注重空怀母猪的饲喂技术，以确保空怀母猪的正常发情与配种

空怀母猪一天可饲喂 3 次，最好饲喂用水拌匀的潮湿料，促使母猪采食。但要视空怀母猪的膘情酌情增减饲料喂量，对过于肥胖的母猪要适当减少或控制饲喂量，有利于其掉膘减肥；对过于瘦弱的母猪要适当增加饲喂量，以达到尽快恢复种用体况的目的。

4. 重视空怀母猪的疾病防治

在精心饲喂的条件下，若仍不见空怀母猪体况的恢复和正常的发情，这种情况就有可能是疾病造成的。一种可能是因营养物质失衡而造成母猪食欲不振、消化不良等消化系统疾病以及一些代谢性疾病或因寄生虫引起的疾病；另一种可能是因母猪感染了生殖道疾病，如细菌感染而导致的子宫内膜炎或宫颈炎等。因此，一定要认真细致地检查和积极采取对症治疗，使其尽快恢复正常的种用体况，及时发情与配种。

5. 认真进行选择淘汰，提高母猪群体质量和年生产水平

母猪空怀期也是我们选择淘汰，提高母猪群体生产水平的有利时期。选择淘汰的主要对象为：产仔 3 胎以上（含 3 胎）出现产仔量明显下降的母猪；泌乳力明显降低及仔猪成活率低的母猪；体质较弱而无力恢复体况以及年龄过于老化而繁殖性能较低的母猪。

6. 实行短期优饲促进母猪排卵，提高母猪卵子受精率

短期优饲是指生产上为了提高种母猪的排卵数，对空怀母猪从仔猪断奶到再次配种这段时期内进行短期内加料，给母猪提供较高能量水平和营养水平的饲料。其目的是促进母猪发情，增加母猪的排卵数和排健康卵的数量，提高母猪卵子受精率。

7. 认真观察母猪发情，做到及时配种

空怀母猪的发情一般不太明显，很容易错过较佳的配种机会。在正常情况下，母猪断奶后 7～10 天就会发情。这要求饲养人员要加强责任意识，认真细致观察，以便及时发现、及时配种。观察时间最好是早饲前和晚饲后，每天必须认真观察至少 2 次。观察母猪发情的方法，可以是直接观察，也可用公猪试情的方法。在采用公猪试情的方法时一定要注意严格守候，最好是用应配公猪试情，否则达不到选种、选配的目的。

第二节　仔猪的科学培育与管理

仔猪是发展养猪生产的基础。在猪的一生中，仔猪阶段是猪生长发育最快、可塑性最大、饲料利用率最高的阶段。仔猪培育的好坏直接影响到猪群质量的好坏和经济效益的高低。因此，我们要根据仔猪不同的生长发育阶段的特点及其对饲料的特殊要求，加强对仔猪的科学饲养和培育，达到提高仔猪成活率、断乳个体重、保育窝重及经济效益的目的。对仔猪的培育与管理主要采用两阶段（乳猪阶段、仔猪阶段）、两早（早诱食、早补饲）、两料（乳猪料、仔猪料）的培育方法。

图 3－10　仔　猪

一、哺乳仔猪的培育与管理

（一）哺乳仔猪的培育管理目标

1. 提高哺乳仔猪成活率

哺乳阶段的仔猪称为乳猪。此阶段的仔猪精神饱满，健康活泼，我们要力争哺乳期仔猪的哺育率越85%，不能低于80%。

2. 提高哺乳仔猪的断乳个体重和离乳窝重

根据仔猪的生长发育特点，通过哺乳期的精心培育，我们要力争使仔猪断乳个体重达初生重的7～8倍，每窝仔猪个体的生长发育整齐、均匀度好，努力降低弱仔数。

（二）哺乳仔猪的生长与生理特点

1. 仔猪具有生长发育快，物质代谢旺盛的特点

按仔猪月龄的生长强度计算，仔猪第一个月比出生时增长5～6倍，第二个月比第一个月增长2～3倍，可见仔猪第一个月增长最突出。仔猪增重速度的快慢又与初生个体重大小，母猪泌乳力高低，窝仔数的多少及开食的早迟和补料的好坏有关。

2. 仔猪具有消化器官不发达，消化腺机能不完善的特点

因初生仔猪胃内仅有凝乳酶，缺乏游离的盐酸，而且其唾液和胃蛋白酶很少，胃蛋白酶没有活性，胃底腺不发达，不能消化蛋白质，特别是植物性蛋白质。因此，仔猪的消化器官不能抵制或杀死有害细菌，容易使仔猪患上消化道疾病，特别是胃肠疾病。由于仔猪消化机能不完善，食物通过消化道的速度太快，不能得到很好的消化，导致了仔猪对饲料的质量、形态、饲喂方法及饲喂次数等有特殊的要求。

3. 初生仔猪缺乏先天免疫力，容易得病

由于仔猪在母体中，母猪不能通过胎盘给仔猪提供免疫球蛋白，但在母猪的初乳中含有大量的免疫球蛋白。因此，仔猪在出生时没有先天免疫力，主要靠母猪初乳来获得免疫球蛋白，但3天后则母乳中的免疫球蛋白量迅速降低，所以，吃足母猪初乳是增加初生仔猪抗体的关键。

4. 仔猪调节体温的机能发育不全，对寒冷的应激调节能力差

猪是一种恒温动物，无论在什么环境下生存，它都要在神经系统的调节下，发生一系列的应激反应，维持体温的恒定。但由于初生仔猪体内贮备的能量少，能量代谢的调节功能不全，加之初生仔猪体型小，单位体重的体表面积相对较大，被毛稀薄，皮下脂肪又不发达，故一旦处于低温环境中，仔猪体温的散失也较快，不能维持体温正常，故有“小

猪怕冷”之说。

（三）哺乳仔猪的培育技术措施

1. 做好仔猪出生时的护理，减少因环境、温度变化而导致的仔猪应激

初生仔猪易产生应激的原因：一是仔猪由原来靠母体胎盘进行气体交换、摄取养料、排除废物而转变为自行呼吸、采食和排泄。二是仔猪由处在母体子宫内的稳定环境转为与复杂的外界环境直接接触，而且仔猪调节体温的机能不健全，对寒冷的应激抵抗能力差，加之机体内能源的贮备有限，脂肪和血糖的含量很低。因此，对仔猪应及时保温，否则将会发生冻僵、冻昏和冻死。三是仔猪所在外部环境由母体子宫内的无菌环境变为有菌环境。四是仔猪若不能从母体获得足够的抗体，易得病死亡。

（2）擦净全身黏液和断脐。胎儿产出后，用左手托住胎儿，右手将连于胎盘的脐带轻轻扯出，然后迅速将仔猪鼻孔和口腔中的黏液清除干净，以防其阻塞窒息。接着用柔软清洁抹布顺着仔猪毛的方向，由前向后，从上到下擦净仔猪全身黏液。擦净口鼻及全身黏液后立即断脐，断脐时，先用左手的拇指和食指在距仔猪脐带基部 5 厘米处捏紧固定好，迅速用右手的拇指和食指将脐带中的血液反复向仔猪的腹部方向挤捏，直到脐带被挤捏部分看似无血为止，这时从左手指固定处用剪刀把脐带剪断，断口处用 5% 碘酒涂抹消毒，以防感染。

（3）断齿。为使乳猪乳头固定方便，防止因仔猪抢乳头咬坏乳房，影响哺乳，所以在仔猪出生后要把 8 颗尖锐小牙的尖锐部分剪平，以确保哺乳母、仔猪的正常放乳和哺乳。

2. 吃足初乳，固定乳头，弱仔在前，强仔在后，增强仔猪免疫力

母猪产后 3 天内的乳汁叫初乳，3 天后的乳汁叫常乳。由于母猪的胎盘构造特殊，大分子免疫球蛋白不能通过母猪血液循环进入胎儿体内，因而初生仔猪不具备先天免疫能力，它只有通过母猪初乳才能获得免疫能力。因此，在仔猪出生 1 小时内，要尽快帮助新生仔猪吃到初乳以获得母源抗体，增加仔猪免疫力。新生仔猪在出生 48 小时内对初乳

摄取量的多少，会直接影响其在 28 日龄内的生长与健康状况。仔猪出生后，为防仔猪拉肚子，先挤出母猪 2 ~ 3 滴积乳后，然后教仔猪吃初乳，这样既可促使母猪快速分娩，又可避免仔猪产下时间太长而引起“僵口”。待母猪全窝仔猪产仔结束，充分利用母猪前面乳头乳汁多，后面乳头乳汁少的特点，尽量缩小同窝仔猪个体间的体重差异，提高仔猪成活率和均匀度。方法：母猪分娩结束后，将仔猪放在躺卧的母猪身边，让仔猪自己寻找乳头，待大多数仔猪找到乳头后，对个别弱小或强壮争夺乳头的仔猪进行调整，弱仔在前，强仔在后，经反复几次训练后，即可建立起仔猪吸乳的位次。如遇仔猪太少时，在不具备仔猪并窝或寄养条件下，可调教每头仔猪吸食两个乳头，不留空乳头，以免导致母猪乳房变形和乳汁分泌下降，从而影响下一胎仔猪的哺乳。

3. 做好仔猪防寒保温，降低仔猪黄白痢的发生概率

要做好仔猪的防寒保温。一是因为仔猪出生后脱离母体，环境发生了很大变化，温度骤降，加之仔猪的大脑皮层发育不完善，对寒冷的应激调节能力较差；二是因为新生仔猪体内贮备的能量少，能量代谢的调节功能不全，仔猪体型小，单位体重的体表面积相对较大，猪的被毛稀薄，皮下脂肪又不发达，故一旦处于低温环境中，体温的散失也较快，不能维持体温正常。因此，必须为新生仔猪创造一个适宜的环境温度，增设仔猪保温栏、保温箱、电热板或保温灯，待擦干仔猪口鼻和全身黏液及断脐后，要立即放进保温箱里保温，以防仔猪受凉后导致仔猪黄白痢的发生。仔猪圈舍的适宜温度：产后 1 ~ 3 日龄 32 ~ 35℃，4 ~ 7 日龄适宜温度为 28 ~ 30℃，15 ~ 30 日龄适宜温度为 22 ~ 25℃，2 ~ 3 月龄适宜温度为 20 ~ 22℃。

4. 重视仔猪的寄养或并窝

在实际生产中，往往会碰到产仔母猪产后突然生病无乳，或产后母猪虽无病但无乳，或仔猪太多而乳头不够，或仔猪拉痢或机械性死亡后只剩下少量几头仔猪等情况。若遇到这些情况，为提高母猪的年生产力，就必须采取多仔寄养、少仔并窝的办法来提高哺乳期仔猪成活率和母猪利用率。但并窝必须注意以下几点：

一是选择的代哺母猪分娩日期要基本相同，最多不能超过 3 天。二

是并窝或寄养的仔猪必须吃到初乳。三是选择的代哺母猪必须性情温驯、泌乳量大。四是要注意后产的仔猪往先产的窝里寄养时，要选体大的仔猪；先产的仔猪往后产的窝里寄养时要选体小的仔猪，以尽量缩小仔猪个体间差异。五是利用母猪晚上视力弱的特点，采取夜并、夜寄而昼不并、昼不寄的办法；六是为防止代哺母猪拒绝外来仔猪吃奶，可将并窝或寄养的仔猪避开母猪，全部喷上2%来苏儿液，1小时后，趁母猪不注意时把仔猪放入母猪身边让其吸乳；或者用白酒喷洒在仔猪身体上和代哺母猪的鼻盘上，让母猪难以分辨是自产仔猪还是他窝仔猪。要确保被并窝或寄养的仔猪吸过1～2次代哺母猪的乳汁，提高并窝或寄养仔猪的存活率。

5. 加强仔猪出生3日龄内的守护，减少新生仔猪被踩、被压的概率，降低其死亡率

在实际生产中，往往会碰到因母猪产后疲惫，反应迟钝，或母猪体大笨重行动迟缓（特别是外种母猪），或因母猪母性不强，护仔性差而导致母猪因起卧不及时等原因压伤、踩伤仔猪。因此，必须加强仔猪出生3天内的值班守护，一旦发现母猪踩倒或压倒仔猪，或听到仔猪被压求救声时，饲养人员应立即救出仔猪，尽量减少初生仔猪被踩压的概率，降低其死亡率。

6. 补充矿物质，预防疾病的发生

哺乳仔猪最易缺乏的矿物质微量元素是铁和硒。铁是造血的原料。初生仔猪出生时体内铁的贮备量只有30～50毫克，仔猪每天生长约需7～10毫克，而实际母乳中的含铁量很低，每头仔猪每天从母乳中获得的铁一般还不足1毫克，即便给母猪补铁也不能提高母乳中的含铁量。因此，必须在仔猪生后3天内尽快给仔猪补铁。若不补铁，其体内铁的贮备量将在一周内耗完，仔猪就会患贫血症，出现食欲减退，被毛散乱，皮肤苍白，生长停滞和患白痢等疾病，严重者将会导致死亡。补充矿物质铁和硒的最佳时间，根据母猪产后铁的消耗量及仔猪对铁的需求量，一般在仔猪生后3日龄，必须给每头仔猪肌注右旋糖酐铁注射液如爱尔达（揭达产）1毫升或牲血素（国产）1毫升即可。如果是外种猪，因为生长速度较快，那么还应待仔猪20日龄时每头再重复注射

1毫升即可，以防初生仔猪缺铁性贫血。

猪缺硒时，会导致微血管病变，心脏、肝脏机能受损，肝坏死，繁殖机能障碍，睾丸退化，免疫力和抗病力下降，甚至突然死亡。因此，在仔猪生后5天和15天，分别各肌注0.1%亚硒酸钠0.5毫升，以防仔猪缺硒后疾病的发生，但一定要控制使用剂量，否则会引起中毒。

7. 供给充足的清洁饮水

仔猪出生后生长迅速，代谢旺盛，需水量较多。3~5日龄开始补充饮水，加之母乳较浓（母乳中脂肪含量高达7%~11%），仔猪常感口渴，如不及时供给清水，仔猪就会喝脏水或尿液，容易引起下痢。因此，在仔猪出生后3~5日龄起，即可补给清洁的饮水。一般安装仔猪自动饮水器，随时保持水的新鲜和清洁，如果能给仔猪补饮含电解质的水就更好，可以有防病和促进增重的效果。

8. 早诱食、早补饲，乳猪阶段饲喂乳猪料，为断乳顺利过渡做准备

哺乳仔猪体重的迅速增长，对营养物质的需求量与日俱增，母猪的泌乳高峰期一般为15~25天，平均为21天（随品种不同而略有差异），之后会逐渐下降。因此，在仔猪出生3周龄后，单靠母乳不能满足其快速生长的需要。因此，必须在仔猪出生后7~8日龄开始，就要提前用教槽料给仔猪诱食，可采用少量多次的方法，约需一周时间，在仔猪15日龄时正式补饲营养全面且易消化的全价乳猪料。对泌乳量大的母猪所产仔猪，在其不愿吃食的情况下，要将教槽料用少许糖水调成糊状，涂抹于哺乳仔猪嘴唇上，让其舔食，采取强制诱食。经2~3次强制舔食后，便能自行吃料，其目的是尽早训练仔猪的消化系统，刺激仔猪胃酸的分泌，促进仔猪消化器官的发育，为其断乳后顺利采食饲料打下良好基础。

乳猪料为营养较全面的全价乳猪颗粒料。乳猪料不但具有香、甜、脆等良好的适口性，而且基本接近母乳的营养水平，要求每千克饲粮含消化能不低于13.79兆焦耳，粗蛋白质含量不低于18%，赖氨酸含量占粗蛋白质的4%~5%。采取自由采食，每天5~6次，其中晚上10点加料一次，应少吃多餐，少给勤添，每次吃的不宜太多，控制好仔猪的饥

饱状态。

9. 哺乳期仔猪的去势

凡不留作种用的仔猪，小公猪可在20日龄，小母猪在30～40日龄去势。早期去势，伤口流血少，愈合快，手术简便。切忌在断奶前后一周内进行去势或预防注射，以免增加仔猪应激而影响其正常生长。

10. 实施仔猪早期断乳。

（1）仔猪适宜的早期断乳日龄。仔猪的适宜断奶日龄应根据猪场仔猪的健康状况、母猪的利用强度和饲养管理水平高低等具体情况而定。根据云南省规模养猪场的生产实际和管理水平，云南省养猪场仔猪的适宜断乳日龄应在28～35日龄较好。低于28日龄，将会增加母猪、仔猪的应激，降低仔猪成活率，高于35日龄，将会影响猪场的整体养殖效益。

（2）仔猪实施早期断乳的好处。一是可提高母猪年窝产胎次。如果仔猪采用28天断乳，那么一头母猪的繁殖周期就为156天（即妊娠期114天、哺乳期28天、空怀期为10天），一年以365天计，则母猪年可产2.34胎。如果采用35天断乳，则母猪繁殖周期就为159天，那么一头母猪年可产2.3胎。因此，实行仔猪早期断乳和缩短母猪空怀期是提高母猪年产胎次数的关键。二是可提高仔猪对饲料的利用率。仔猪在哺乳阶段，对饲料的利用率仅为20%～30%，断乳后，可将饲料利用率提高到50%～60%。据试验测定结果，30日龄与60日龄断乳相比，每千克增重可节省31%～39%的饲料和20%～32%的可消化粗蛋白质。三是可提高仔猪双月龄个体重和个体均匀度。一般情况下，仔猪出生21日龄后，母猪的泌乳量就不能满足其对营养的需要。实施早期断乳，可根据仔猪对营养的需要配制全价平衡日粮，即仔猪料。早期断乳有利于促进仔猪生长潜力的发挥，减少弱猪、僵猪比例，从而获得体重大且生长均匀的仔猪。研究表明，分别在28、35、42日龄断乳仔猪的日增重均高于60日龄断乳仔猪的日增重。四是可减少母猪的饲料消耗。仔猪实行早期断乳，可减轻母猪失重，节省饲料用量。据试验测定结果，仔猪实行35日龄断乳，母猪每个繁殖周期要比60日龄断乳节省饲料70～90千克；仔猪28日龄断乳，母猪失重9.65千克；60日龄断乳，母猪失重44.75千克。母猪哺乳期间的失重，无疑要靠采食更多的饲料来维持。若母猪在哺乳期失重太多，不但会增加饲料消耗，还会延长母猪空怀时间，从而影响下一胎的繁殖。

（3）仔猪的断乳方法。断乳应激对仔猪的影响很大，在实际生产中无论采取何种断乳方式，都应本着尽量减少仔猪应激和便于管理的原则，以提高仔猪的成活率。一般大型规模猪场均采用一次性断乳方法，即当仔猪达到预定的断乳日期时，断然将母猪与仔猪分开，具体操作方法是：赶母留仔，即把母猪赶走，将仔猪留原圈再饲养一个星期，其目的是尽量减少因仔猪应激而导致疾病的发生，提高仔猪成活率和保育窝重。

二、断乳仔猪的培育与管理

仔猪断乳是仔猪离开母猪独立生活的开始，是仔猪生活条件发生的第二次巨大改变，仔猪由依靠母乳和采食部分饲料过渡到完全依靠自己采食饲料的独立生活时期。如饲养管理不当，则会造成仔猪体重迅速下降，甚至引发其他疫病。因此，哺乳仔猪的顺利断乳是提高断乳仔猪成活率的关键，尽量减少仔猪断乳应激，降低其发病和死亡率。仔猪断乳后，饲喂仔猪料。

（一）断乳仔猪的培育

做好断乳仔猪的三个稳定和三个过渡，减少断乳应激，提高断乳仔猪成活率。

1. 三个稳定

（1）保持断乳仔猪的猪群稳定。仔猪断乳时，采取原窝仔猪不要拆散，要维持一段时间的同窝饲养。

（2）做到断乳仔猪的圈舍稳定。仔猪断乳时，采取赶母留仔的办法，即把母猪赶走，仔猪仍留在原圈再饲养一周，使它们在熟悉的环境中生活。

（3）做到饲养人员的相对稳定。原来饲养哺乳母猪的饲养员继续喂养断乳仔猪，保持饲喂习惯不变。

2. 三个过渡

（1）做好断乳仔猪饲料的逐步过渡。仔猪断乳后饲喂仔猪料，但从断乳前饲喂的乳猪料到断乳后饲喂的仔猪料要逐步过渡，过渡时间须两周左右。过渡的办法：把将要改换的仔猪料分别按10%、30%、50%、70%、90%、100%的比例逐渐增加，将原喂的乳猪料按90%、70%、50%、30%和10%的比例逐步减少，每次增减饲料比例时须过渡稳定2~3天。在变换饲料过程中，饲养人员还要注意观察仔猪采食和排便情况，如发现有异常情况则需及时进行调整。避免因饲料的突然改变，引起仔猪断乳后腹泻及消化不良等疾病的发生。

（2）做好断乳仔猪饲料量的逐步过渡。仔猪断乳后5~7天内仍保持断乳前供给的饲料量，之后，可根据仔猪生长的具体情况酌情逐渐增加饲料量。因为仔猪断乳前供给的饲料量实际是仔猪断乳前的补料量。断乳前仔猪的饲料量应为补料量加哺乳量，所以断乳后仍按断乳前的补料量供给饲料，不要让仔猪吃得太饱，保持仔猪七至八成饱，否则吃得太饱会导致因仔猪消化不良引起的腹泻拉稀等疾病，严重影响断乳仔猪后期的生长发育。

（3）做好断乳仔猪饲喂次数的逐步过渡。仔猪断乳后，仍维持断乳前的饲喂次数，每天4~5次，每次喂七八成饱为宜，以使其保持旺盛的食欲。夜间9~10点可加喂一次，这样可促使仔猪多吃料，有利于其生长发育。在饲养正常的情况下，断乳后2~3周可适当减少饲喂次数，但3周龄前的饲喂不得低于4次。

（二）断乳仔猪的管理

1. 合理分群

仔猪断乳后仍在原圈饲养一周，再根据仔猪性别、体重大小、体况肥瘦、吃食快慢等进行合理分群，进入保育舍饲养，以每栏10头为宜，每群个体重差异不超过3千克。对体重小、体弱的仔猪宜单独组群，细心护理，特殊照顾。

2. 为断乳仔猪创造舒适的小环境。

断乳仔猪的圈舍必须阳光充足，温度应保持在18℃~22℃之间，相对湿度不超过75%，圈舍保持清洁干燥。仔猪进入圈舍前，应对保育舍彻底消毒，为断乳仔猪创造一个舒适的小环境。

3. 有足够的占地面积和饲槽

仔猪群体过大或每头仔猪占地面积太小，以及饲槽太小，容易引起仔猪群争斗，导致仔猪休息不足，采食不够，从而影响仔猪的生长发育。密度过大会出现咬尾、咬耳等异常行为，密度太小会造成圈舍的浪费。同时要设有足够的食槽与水槽，尽量让每头仔猪都能吃饱、饮足，不发生争食等现象。

4. 重视断乳仔猪的防寒保温

重视断乳仔猪的防寒保温，尤其是要做好冬天或早春季节的保温工作。

5. 细心调教，做到吃、睡、便三定位

要调教训练仔猪排便、采食、睡卧三点定位。重点训练仔猪定点排粪尿，使之养成良好的卫生习惯。

6. 供给充足、新鲜、清洁的饮水

仔猪快速生长发育需大量水分。如仔猪饮水不足，则会影响其食欲、增重并可能会导致疾病的发生。因此，供水要充足、新鲜、清洁、全天不断饮水。仔猪的饮水量，冬天一般为饲料量的 2 ~3 倍，春、秋季为饲料量的 4 倍，夏季为饲料量的 5 倍。

7. 重视断乳仔猪的预防与保健

为防疫病感染，在仔猪 30 日龄后，按照各养殖场（户）制定的免疫程序进行猪瘟、猪丹毒、猪肺疫及仔猪副伤寒疫苗的预防注射，做好仔猪保健，降低断乳仔猪的死亡率，提高双月仔猪的育成率。严禁在仔猪断乳前后一周内，进行各种疫苗免疫注射，以减少仔猪断乳应激。同时，严禁在疫苗注射后一周内使用各种抗生素，否则，将会降低疫苗的保护效果。

第三节　种公猪的科学饲养与管理

饲养种公猪的目的是要及时完成配种任务，使母猪能够及时配种、妊娠、产仔、完成生产繁殖仔猪的任务。种公猪在整个种猪生产中的作用很大，俗话说：“母猪好，好一窝；公猪好，好一坡。”种公猪饲养管理的好坏直接影响到公猪精液的多少和质量的高低。因此，加强对种公猪的选择、培育和科学饲养管理是提高种公猪配种效率、增加母猪产仔数、改进猪群品质及提高养猪生产水平的关键。

一、种公猪的科学饲养

种公猪与其他品种的公畜相比，具有射精量大，总精子数目多及交配时间长等特点，公猪在配种时的射精量要比牛、羊的射精量高 50 ~ 250 倍。因此，保证种公猪充足全面的营养，是保持种公猪体质健壮、性机能旺盛和其精液品质良好的基础。

1. 满足种公猪的营养需要，确保公猪的精液品质

为种公猪饲料提供优质蛋白质营养，要求每千克饲料含消化能 12.97 兆焦耳，含粗蛋白质 14% ~ 15%，赖氨酸 0.68%，蛋氨酸 + 胱氨酸 0.44%，并重视多种维生素的补充及钙磷平衡和补充较高的锌。配种旺季可增加 10% ~20% 的喂量，日粮中应加喂鱼粉或新鲜鸡蛋 2 ~ 3 个等动物蛋白饲料，使饲料中的粗蛋白质含量不低于 16%，以保证种公猪精子的活力和睾丸的正常发育。采取粉料干喂，自动饮水，切忌喂稀汤料。适当添加青绿料，但青绿多汁饲料的给量不应过大，以免形成“草腹”而影响配种。

2. 科学合理饲喂，保持种公猪的正常配种或采精体况

种公猪的日喂量取决于公猪体况、配种任务的多少和气温等。要严格控制公猪的采食量，既要防止其采食不足，又要防止其采食过量。在非配种阶段，一般日喂量为 2.0 ~2.4 千克，外加青料 1 ~2 千克，日喂 2 ~3 次；在配种旺季，日喂量 3 千克。公猪显肥适当减量，显瘦适当加量。每次只能喂八至九成饱，以防种公猪过肥而影响配种。冬天寒冷时，须增加日喂量的 5% ~10%，日粮中的粗饲料应控制在 10% 以下。

二、种公猪的科学管理

1. 单栏饲养，远离母猪舍，保持种公猪旺盛的性精力

由于种公猪具有好斗性，因此，以单栏饲养为宜，以免种公猪相互

打斗造成伤害，同时还可减少种公猪相互间的干扰，保持安静，杜绝互相爬跨和自淫的恶习，有利于公猪的健康和提高公猪的精液品质。

2. 公猪舍要求干燥、清洁、宽阔及光照充足

一般情况下，公猪舍应远离母猪舍，防止因母猪气味和声响，造成公猪经常性的性冲动而得不到交配，从而导致了公猪的性麻痹或自淫恶习，这会严重影响公母猪的配种效果和使用年限。经常用硬刷子刷拭猪体，使其血液循环加强，增强体质，以减少其皮肤病和寄生虫病的发生，保持种公猪的性欲旺盛。

3. 适当运动，增强公猪体质

适量运动、单栏饲养和夏天防暑降温是种公猪科学管理的三要素。公猪适量运动，可以锻炼体质，增进健康，帮助消化，减少疾病，提高繁殖机能。运动方式有两种，一种是公猪在运动场内自由活动，另一种是驱赶公猪进行强制运动。运动时间一般每天两次，早、晚各 1 ~2 个小时。夏天应在早晨和傍晚时进行；冬季在早上 10 点和下午进行。配种前一个月应加大种公猪运动量，以提高精子的活力。雨雪天停止运动，以免种公猪受凉。

图 3 – 11　优良种公猪

4. 做好种公猪的防暑降温，保证精液品质

种公猪最适宜的圈舍温度为 18℃ ~20℃。冬季要防寒保暖，可减少种公猪饲料的消耗和疾病的发生。一般认为低温对公猪繁殖力无不利

影响，而高温会导致公猪精子活力降低，采精量减少，精子的畸形率增加。因此，在炎热的夏天，须做好公猪的防暑降温工作，以避免种公猪因热应激对精液的影响。降温措施有增加室内通风，用水管冲洗圈舍及猪体等办法。

5. 种公猪的适宜配种年龄

公猪的初配年龄随品种、气候和饲养管理条件的不同而有所差异。云南省地方猪种和培育品种一般性成熟较早，一般为4~5月龄，而外种猪性成熟较晚，一般为6月龄。地方早熟品种应在6~7月龄，体重60~70千克时配种为宜；培育品种应在8月龄，体重90~100千克为宜；外种猪应在9~10月龄，体重100~120千克时配种为宜。配种过早或过晚，均会影响种公猪寿命和繁殖性能的发挥。

6. 采精用后备公猪的调教

（1）公猪调教的最佳月龄。准备留作采精用的公猪，选择调教的最佳月龄，地方品种和培育品种为5~6月龄，外种猪为7月龄。

（2）调教公猪的选择。调教时，首先选择性欲旺盛的公猪。公猪的性欲旺盛与否，一般可通过其咀嚼唾液的多少来衡量，唾液越多，性欲越旺盛。

（3）公猪每次调教的时间。公猪每次调教的时间一般不超过15~20分钟，时间太长，易引起公猪厌烦。每天训练一次，一周不少于3次，直至爬跨成功。成功后，连续三天，每天采精一次，以建立条件反射，加强记忆。之后，每周采精一次，至12月龄时，再每周采精二次，一般不超过三次。对于难以调教的公猪，可实行多次短暂训练，每周4~5次，每次不超过15~20分钟为宜。

（4）公猪调教采精时应注意的事项。一是无论采用哪种调教方法，公猪爬跨后，饲养人员一定要进行采精，否则，公猪很容易对爬跨母猪失去兴趣。二是调教时，不能让两头或两头以上公猪同时在一起，以免引起公猪打架而导致对公猪产生伤害，从而影响调教效果和造成不必要的经济损失。

7. 种公猪的合理利用

种公猪的合理利用是充分发挥其种用价值，延长其使用年限的关键。种公猪的利用强度要视公猪体况、配种任务及年龄等因素合理安排。利用过度或长期不用均会降低种公猪精液品质及公猪的性欲和寿命，影响受胎率及公猪的繁殖成绩。一般情况下，1 ~2 岁的青年公猪每周配种或采精 2 ~3 次，2 岁以上的公猪因性机能旺盛，每周可配种 4 ~6 次（如每日配种 2 次，应早、晚各配 1 次，两次配种的间隔时间不得低于 8 小时），连配 4 ~5 天后休息 1 天。

8. 坚持定期检查种公猪精液品质和称测体重

实行人工授精的公猪，每次采精都要坚持检查其精液品质。采用本交的公猪，每月也要检查其精液品质 1 ~2 次。特别是后备公猪在开始配种前和成年公猪由非配种期进入配种期之前，都必须检查精液品质 2 ~3 次。

种公猪定期称量体重的目的是检测后备公猪的生长发育和成年公猪的体况，根据种公猪的精液品质和体重变化来调整公猪日粮的营养水平和饲料喂量。

9. 对种公猪性欲低下的原因分析及处理

（1）临床表现及原因分析。公猪性欲低下的表现为，见到发情母猪仍无动于衷，不爬跨，性欲迟钝，厌配或拒配，即使爬跨母猪也阳痿不举，或交配时间短而射精量不足等。

引起种公猪性欲低下的原因很多，最常见的原因是由于使用过度，使种公猪出现性迟钝或性麻痹；或种公猪运动不足，其饲料中长期缺乏维生素 E 或维生素 A 等，导致了性腺不同程度的退化；或是因睾丸炎、肾炎、膀胱炎等疾病所致。

（2）对性欲低下公猪的处理措施。一是饲喂种公猪专门的全价配合饲料，建立适宜的配种制度，合理使用，最好采用人工授精的方法。二是适当加强种公猪运动，每天早、晚各运动 1 ~2 个小时。三是对因疾病引发的种公猪性欲低下，则应针对疾病类型对症治疗。四是对性欲不强、射精量不足的种公猪精液严禁使用。

除针对病因采取相应治疗措施外，还可根据病情，肌肉或皮下注射甲基睾丸酮 30 ~50 毫克，或中草药淫羊藿 90 克、补骨脂 9 克、熟附子 9 克、钟乳石 30 克、五味子 15 克、菟丝子 30 克，水煎后一次喂服，连用2~3次即可收到良好效果。对几经治疗仍不见好转的性欲低、精液品质不好的种公猪予以淘汰处理。

第四节 育肥猪的科学饲养与管理

饲养商品育肥猪的目的就是希望它长得快，使其的饲料利用率高，胴体品质好，产肉量高，能卖个好价钱。因此，商品育肥仔猪选购的好坏就显得尤为重要，直接影响育肥期增重的多少、饲料转化效率的好坏和经济效益的高低。

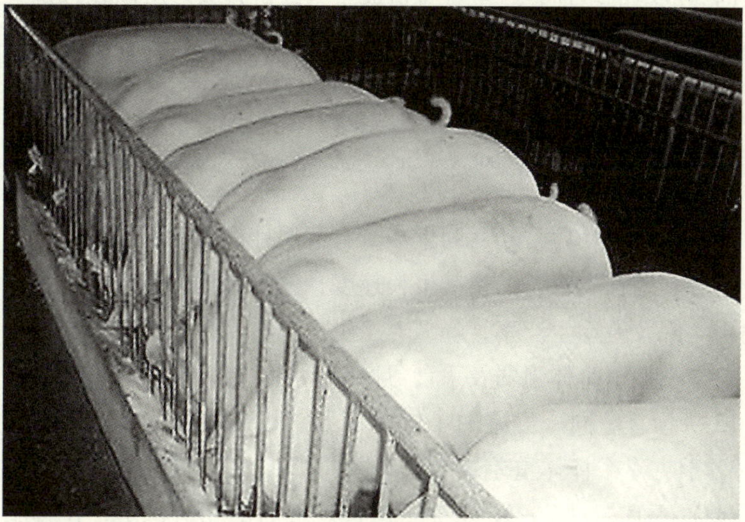

图3-12 优良育肥猪

一、商品育肥仔猪的选购原则

（一）要选购优良杂交组合的仔猪育肥

由于猪的品种和杂交类型不同，其生长速度、饲料报酬及养殖效益也就各不相同。一是可首选DLY、LY、DYL、YL等洋三元或洋二元杂交仔猪；二是可选择约滇陆、长滇陆、约长滇陆、杜长滇陆、约长撒、长撒、杜长撒仔猪；三是可选择洋土二元杂交或洋洋土三元杂交等优质杂交商品仔猪育肥，可获得理想的养殖效果。

（二）要选购体大强壮的仔猪育肥

选购体重大、活力强的仔猪，这样的猪在育肥期增重快，饲料利用率高，发病和死亡率低。俗话说“初生多1两，断奶就多1斤，出栏就多十斤”。

（三）要选购健康、被毛有光泽的仔猪育肥

严禁到疫病发病地区的猪场选购仔猪，因为猪的某些慢性病会严重干扰和阻碍猪的生长发育，影响增重效果，使饲养期延长，导致饲料消耗和饲养成本的增加，严重者将造成重大经济损失。所以在选购育肥仔猪时，饲养者应尽量挑选未感染慢性疾病的仔猪进行育肥饲养。

二、育肥猪的科学饲养技术

（一）合理分群饲养

猪是多胎动物，自幼共同生活，有群居性。群饲可以提高猪的采食量，促进其生长发育，加快其生长速度，便于管理，有效地提高猪舍设备利用年限及劳动生产率，降低养猪生产成本。育肥猪可根据品种、体重、杂交类型、个体强弱及采食习性的不同进行合理的分群饲养。每栏10～15头为宜。同一群猪的个体体重不宜相差太大，小猪阶段（体重20～35千克）个体体重差异不宜超过4～5千克，中猪阶段（体重35～60千克）不宜超过7～10千克。保持定群后的相对稳定，在育肥过程中，确因疾病或生长发育过程中拉大差别者，或因强弱、体况过于悬殊的，应给予适当调整外，一般情况下，不应频繁调动。

1. 分群原则

（1）按杂交组合分群。不同杂交组合的杂种猪因为采食习性不同，所以对饲粮组成的要求也就不同（即对饲料营养水平的需求量不同），导致了这些猪上市的适宜体重也各不相同。例如，云南省的地方品种猪的杂交后代，其特点是采食量大，不挑食，食后少活动，贪睡，胆子小，稍有干扰就会影响其正常的采食和休息。而杜洛克、大约克的杂种猪，则表现出强悍、好斗、食后活动时间较多等特点。如果把这两类杂种猪分到同一舍内育肥，则会出现前者抢不着食吃，其采食量大及长得快的优势就发挥不出来；后者霸槽，吃得过多，长得过肥，也影响了胴体的质量（肥肉多、瘦肉率下降）。因此，肉猪饲养时要按杂交组合分群，把同一杂交组合的仔猪分到同一舍内饲养。这样，可避免因生活习性不同而相互干扰采食和休息。投给饲料时营养水平要相对合理，使同一群内肉猪生长整齐，大体可同期出栏，便于管理。

（2）按体重大小、体质强弱分群。在一群猪中，体大强壮的个体一般在群内居高位次，体小体弱的个体居低位次，采食、饮水、躺卧都受欺侮。这样一来，体大强壮的个体就有可能越长越肥，体小瘦弱的个体就有可能生长滞后，甚至变为僵猪。为避免这种强夺弱食的现象，饲养肉猪一开始就要求按仔猪体重大小、体质强弱合理分群，病弱猪要单独编群。

2. 具体方法

留弱不留强，拆多不拆少，夜并昼不并。就是把处于不利争斗地位或较弱小的个体留在原圈，把较强的猪拉出去；或者把较少的群留在原圈，把猪多的群拉出去；或者把两群猪合并后赶到另一圈，并在夜间并群。必要时还可结合圈舍消毒，利用带有较强气味的药液（如溴药水、菌毒灭等）喷洒猪圈与猪的体表，同时要配合值班守护，目的是避免或减少猪群咬斗。

按以上原则和方法进行分群后的仔猪，在最初 2 ~ 3 天内会发生频繁的相互咬斗较量，大约要持续一个星期，才能排定群内的位次关系，建立起比较安定的群居秩序，采食、饮水、活动、卧睡各自按所处位次行事，群内个体间相互干扰和冲突明显减少，基本能和睦相处。一般来说，猪群每重组一次，都要经过重新咬斗较量及建立新的位次关系和群居秩序，大体要一周内的时间，而且在此期间很少增重。所以，一旦组群后就要一竿子养到底，除淘汰个别病残猪或另圈优厚饲养外，要尽量保持猪群的相对稳定。

（二）育肥猪的饲养密度

保持合理的饲养密度和猪群数量，是养好生长育肥猪的重要环节。

饲养密度过大或群养数量过多，均会导致猪的增重和饲料报酬下降，影响育肥效果。饲养密度的大小应视猪的体格大小、猪舍设备、气候条件及饲养方式等因素而定。一般情况下，以每栏饲养 10 ~ 15 头为宜。饲养密度的大小以既不造成圈舍面积的浪费，又不影响猪的生产性能发挥为原则。一般认为，若圈舍地面为部分漏缝地板形式，仔猪 60 千克以前，按每头仔猪占栏面积 0.5 ~ 0.7 平方米计算；60 千克以后，按每头猪占栏面积 0.8 ~ 1.0 平方米计算。如果圈舍为实体地面，仔猪 60 千克以前，按每头仔猪占栏面积 0.8 ~ 1.0 平方米计算；60 千克以后，按每头猪占栏面积 1.0 ~ 1.2 平方米计算。

（三）育肥猪的饲料调制与育肥饲喂方法

1. 育肥猪的饲料调制

饲粮是育肥猪的营养来源，是育肥猪生长发育的物质基础。因此，合理配制饲粮是提高育肥猪增重速度和饲料转化率以及经济效益的关键。生产实践证明，育肥猪的饲粮不能采取有啥喂啥，必须多种饲料配合，饲喂效果才好，养猪效益才高。为此，育肥猪的饲粮必须采取以下措施来进行调制。

（1）掌握好饲粮的能量水平。能量过高会导致育肥猪的胴体过肥，降低胴体品质；过低则导致育肥猪增重缓慢，饲料利用率低。因此饲养人员必须正确掌握饲粮的能量水平。在实际生产中，要求每千克饲粮中含消化能 11.93 ~ 12.50 兆焦耳，最少不能低于 10.88 兆焦耳。在具体配制饲粮中，根据育肥肉猪前期（即 60 千克以前）主要长骨、长肉，后期（即 60 千克以后）主要长脂肪的生长发育特点，肉猪体重 60 千克以前的每千克饲粮要求含消化能 12.50 ~ 12.97 兆焦耳，不能低于 12.50 兆焦耳；体重 60 千克以后的每千克饲粮要求含消化能 11.93 ~ 12.50 兆焦耳，不能低于 11.50 兆焦耳。

（2）保证饲粮中蛋白质和必需氨基酸的供给。一般育肥猪饲粮中粗蛋白质水平应为 13% ~ 16%。饲粮中的蛋白质和必需氨基酸水平决定着育肥猪体内蛋白质的沉积量。因此，育肥猪前期（体重 60 千克以前）的饲料粗蛋白质应高些，要求每千克饲料中含粗蛋白质 15% ~

16%。育肥猪后期（体重60千克以后）的饲料粗蛋白质要低些，要求每千克饲料中含粗蛋白质13%～14%。但在饲粮中要求赖氨酸的供给水平必须占风干饲粮的0.9%～1.0%，或每千克饲粮中要占蛋白质的6.2%。

（3）重视矿物质、维生素的供给水平。育肥猪必需的矿物质有几十种，但在配制饲粮时，主要考虑钙、磷的供给水平和平衡以及食盐的供给。实践证明，饲粮中矿物质的含量虽不多，但对猪的生长发育的确起着极其重要的作用，特别是小猪阶段的作用要多于大猪阶段。

育肥猪对维生素的需要量，一般按每头育肥猪每天供给1～1.25千克的青饲料，基本上可满足。若缺乏青饲料时，可按说明添加育肥猪用的多种维生素添加剂来补充。

（4）严格控制粗纤维的含量。饲粮中粗纤维的含量是影响饲粮消化率和适口性的重要因素。饲粮中粗纤维的含量过低，则易导致育肥猪消化不良而引起拉稀；含量过高，则影响适口性和饲料利用率而导致增重效果不好。因此，育肥猪饲粮中的粗纤维含量以6%～8%为宜。最多不能超过10%～12%。

值得注意的是，在配制育肥猪饲粮时，不能用大量的稻壳粉、花生壳粉、玉米秸粉、高粱壳粉和含稻壳较多的酒糟等高纤维含量的劣质粗饲料，而应适当使用花生叶、豆叶、甘薯块、豆科草粉等品质较好的粗饲料或使用大量的青绿多汁饲料。

（5）注意某些饲料对肉质的影响。试验结果表明，饲粮中若玉米、糠、大豆、花生饼等比例过大，则育肥猪脂肪过于松软并呈淡黄色，易酸败，不易贮存；用大麦、小麦、白薯、马铃薯配制饲料喂猪，则其肉脂坚实、洁白，易保存。饲粮中含过多的鱼粉、鱼油、蚕蛹等异味的饲料，易使猪肉带上腥臭味，脂肪易变黄，会严重降低肉脂品质。因此，在配制饲料时，一定要注重此类饲料的比例含量。同时，应按《云南省无公害养殖综合标准》的有关要求，在宰前一个月内停喂此类饲料。

（6）严禁饲喂霉变、腐烂及有毒有害的劣质饲料。在配制育肥猪饲粮时，除不能使用霉烂变质、有毒有害的饲料之外，也不能添加任何激素及饲料法规禁用的添加剂，否则会导致猪肉药物残留，危害人体健康。另外，喂猪常用的大多数饲料，都应当粉碎，并配制成全价饲料生喂。为了有利于肉猪采食，增加采食量，饲喂时，可将干粉料和水按一定比例拌湿生喂，料水比例以 1∶1 ~1∶1.5 为宜，饲料含水率控制在 60% ~70% 以内，提高肉猪对饲料的利用率。

青绿饲料和块根块茎类、青贮料及青绿瓜果类饲料，可切碎或打浆拌入配合饲料中一起喂猪，起到减少咀嚼，缩小体积，增加采食量，提高育肥增重效果。

2. 育肥猪常用的育肥饲喂方法

由于瘦肉型生长育肥猪具有生长速度快、饲料转化率高的特点，饲喂时就要充分利用这个特点，在保证获取满意育肥效果的前提下，让其充分采食，快速生长。

目前，在进行现代规模产业化生产中，常采用的育肥方法为直线育肥法，也叫“一条龙”育肥法或快速育肥法。此育肥方法就是在整个育肥期内，根据育肥猪的生长发育特点和规律，给予相应的营养和足够的青绿料，全期实行均衡的丰富饲养和“一竿子插到底”的育肥方式。采用分两阶段饲养法，即前期（体重 60 千克以前）自由采食，后期（体重 60 千克以后至屠宰）限量饲喂。在体重达 60 千克以前采用自由采食，不限量，日喂 4 次，充分发挥其生长潜力，使猪得到充分发育；在体重达 60 千克以后，采用限量饲喂，日喂 3 次，日喂量为 2.2 ~2.4 千克，以早晨占日喂量的 30%、中午 30%、晚上 40% 为宜，以限制脂肪的沉积。这样的全期饲喂既可以提高育肥猪日增重量和饲料利用率，又可以控制育肥猪脂肪的沉积，获得满意的育肥效果。

直线育肥方法的优点是，比较充分地满足了育肥猪各阶段生长发育对营养的需要，发挥了育肥猪的增重潜力，使其长得快，缩短了育肥期，节省了由于延长育肥期所消耗的这部分饲料，提高了饲料转化率、出栏率和商品率。

（四）供给育肥猪充足的清洁饮水

育肥猪的饮水量随环境温度、体重及饲料采食量的多少而有所差异。在春、秋两季，其正常饮水量为其采食饲料干重的 4 倍，约占体重的16%；夏季正常饮水量约为采食饲料干重的6倍或体重的23%，冬季则可减半。供水方式宜采用自动饮水器或设置饮水槽。

（五）给育肥猪创造适宜的环境条件

育肥猪舍的环境应保持清洁、干燥、空气新鲜，温度和湿度适宜。圈舍的温度和湿度直接影响到猪的增重速度、饲料利用率和养猪的经济效益。

不同体重阶段的生长育肥猪，需要的适宜温度不同。一般情况下，体重20～45千克的猪适宜温度为21℃，体重45～100千克的猪适宜温度为18℃。适宜的温度不仅能获得最高日增重，还能获得最好的饲料转化率。群养的猪比单养的猪需要的温度低，这是由于群居和辐射的作用，所以失热较少。但如果舍内温度低于4.4℃时，猪的采食量则增加，体力消耗增多，直接影响到增重效果。若高达25～30℃时，猪为了散热，呼吸频率和肛门温度增高，导致其食欲下降，采食量减少。总之，温度过高或过低均会降低增重速度，影响猪的育肥效果，所以，保证育肥猪舍在冬暖夏凉适宜的饲养环境温度条件下，对提高育肥效果是极其重要的。

（六）及时调教，使其养成吃、睡、便三定位的良好卫生习惯

猪在新编群或转入新圈时，要及时调教，使其养成在固定位置排便、睡觉、采食和饮水的习惯，这样既可减轻相关人员的劳动强度，又可保持圈舍干燥卫生。调教要根据猪的生活习性进行。猪喜欢卧睡，在适宜的圈养密度下，约有60%的时间都在躺卧或睡觉。猪一般喜欢在高处、木板上、垫草上睡觉。调教的目的，一是要防止强夺弱食；二是使其养成采食、睡觉和排便三定位的良好卫生习惯（调教方法详见第三章有关章节）。

（七）重视育肥仔猪的去势、驱虫和防疫

1. 仔猪的去势

育肥仔猪是否去势，要视育肥杂交猪的类型而定。含有地方猪种血缘的杂交商品育肥猪，由于性成熟较早，饲养期相对较长，所以供育肥的公、母仔猪都要求去势，否则会影响育肥增重效果。经去势的育肥仔

猪，性情安静，食欲好，增重快（无发情干扰），肉脂无异味。自繁仔猪的养猪场（户），供育肥的仔猪可于 15 ~21 日龄左右去势，到 28 或 35 日龄断奶时伤口已基本愈合了。待仔猪断奶后再去势，因仔猪体重大，难于保定，加之伤口流血过多，易造成感染，从而影响育肥猪的生长和增重。

没有地方猪种血缘参与的两品种（或两品系）和三品种（或三品系）杂交生产的瘦肉型商品育肥猪，由于外种猪性成熟较晚，在高水平饲养条件下 5 ~6 个月体重即可达 90 ~100 千克，在性成熟前即可出栏上市。因此，对于外种猪的杂交育肥仔猪，育肥时只需去势公猪而不需去势母猪，仍然可获得较好的育肥效果。

2. 育肥仔猪的驱虫

猪体的内外寄生虫，不但会影响育肥猪的生长增重，还会摄取猪所获得的营养和传播疾病。育肥猪患寄生虫后，生长缓慢，消瘦，被毛蓬乱、无光泽。试验结果显示，严重的可使育肥猪增重降低 30% 左右，甚至变为僵猪。肉猪常见的寄生虫有蛔虫和疥螨虫等，通常在仔猪 90 日龄时进行第一次驱虫，必要时在 135 日龄左右再进行第二次驱虫。驱虫，常选用伊维菌素 + 阿（芬）苯达唑或左旋咪唑等药物。也可在猪饲料中拌入伊维菌素 + 阿（芬）苯达唑一次喂服，可同时驱除体内线虫及体表疥螨、猪虱，既方便，又有效果，一举两得。

3. 育肥仔猪的防疫

自繁仔猪应按各场或各地兽医防疫规程进行常见病的预防，如猪瘟、仔猪副寒等疫苗的预防接种。外购仔猪，必须清楚原产地的预防情况，未打疫苗的在进场后必须全部一次性地进行免疫注射，以免暴发传染病而造成大的经济损失。

三、育肥猪适宜的屠宰体重

育肥猪的适宜屠宰期通常以体重来表示。以多大体重来确定肥猪的出栏和屠宰的适期，要根据市场及消费者的需求、经济效益、育肥猪的杂交类型、品种、饲养条件和育肥方式等来具体确定。

（一）根据市场及消费者需求来确定适宜屠宰期

随着人们物质生活水平的不断提高，人们的肉食结构发生了改变，对瘦肉的需求量越来越大，特别是城市居民消费和出口外销都要求瘦肉多、背膘薄、脂肪少的猪肉。在这样的市场需求下，育肥猪的适宜出栏和屠宰体重可控制在90～110千克范围内。

而在云南省广大农村，特别是山区，人们仍然需要肥瘦适量的猪肉，以其背膘稍厚，花油、板油较多和屠宰率较高为衡量出栏屠宰的标准。在这样的情况下，育肥猪的出栏和屠宰体重可达160～200千克。

（二）以经济效益和胴体品质来确定适宜屠宰期

当瘦肉型育肥猪体重超过110千克时，维持其体重需要增加饲料量，饲料消耗增多，饲料转化率降低，生长增重减慢，饲养成本增大，脂肪增多，瘦肉比例降低，销售价格明显下降，很不划算。

瘦肉型育肥猪体重小于90千克时出售，售价降低，投入产出低，不能获取最佳的经济效益。因此，瘦肉型杂交育肥猪的适宜出栏（或屠宰）体重为90～110千克。

在广大农村以地方猪为母本与引进的外种公猪杂交生产的二元或三元杂交商品育肥猪的适宜出栏（或屠宰）体重可控制在80～90千克的范围内。一般早熟品种以体重75千克，晚熟品种以体重90～100千克时屠宰为宜。

（三）品种和育肥类型以及饲养条件和育肥方式不同，适宜的屠宰期也不同

云南省地方猪种资源丰富，各地多采用本地优良母猪与引进的外种公猪杂交，生产所得的杂交猪用来育肥。但因其杂交组合和饲养管理的条件的不同，所以难以确定一个统一的适宜屠宰期和屠宰体重。饲养者主要根据不同杂交育肥猪的饲养条件和育肥方式，以及增重速度、饲料消耗和产品生产成本等，进行全面综合性的评定分析，最后确定某一品种或某一杂交类型的育肥猪的适宜屠宰体重、屠宰期。

一般小型早熟的地方猪种和杂交育肥猪，如果饲养条件较好，或采用一贯育肥方法育肥的，适宜屠宰期可早一点，屠宰体重相对小一些，

在体重 70～80 千克时屠宰较为适宜。晚熟品种或采用阶段育肥的猪，其育肥期较长，屠宰体重就相对较大，屠宰适宜体重在 100 千克左右。在饲养条件较好的地区或规模养猪场育肥的杂交猪，体重可放宽到90～100 千克时屠宰。

值得注意的是，各个品种或组合的育肥猪的屠宰适宜期也并非固定不变，而且它在很大程度上受消费市场的制约，因为养猪商品生产同其他商品生产一样，以追求最大的经济利益为目的，饲养者必须随时把握好市场行情和机遇，在条件允许的情况下，以最理想的市场价格来确定肉猪的出栏体重。

第四章 猪场的规划设计

◎ 猪场规划设计的首要问题
◎ 猪场场址选择
◎ 猪场的合理布局
◎ 粪尿的处理与利用
◎ 猪场规划设计方案

第一节 猪场规划设计的首要问题

一、气候分区特点

不同地区有不同的气候特点，饲养者设计猪舍时应根据气候特点选择适宜的形式。畜用建筑气候分区有5个：Ⅰ区为严寒区，1月份平均气温在－15℃以下，猪舍应据防严寒的要求设计，采用保暖墙和保暖屋顶、有窗或无窗密闭式猪舍。Ⅱ区是寒冷区，1月份平均气温在－15℃～－5℃，猪舍设计应以防寒为主，兼顾防暑，采用保暖墙和保暖屋顶、有窗密闭式猪舍，种猪和后期育肥猪也可采取半开放式。Ⅲ区为冬冷夏凉区（云南属此类，立体气候，昼夜温差大），1月份平均气温在－5℃～0℃，7月份平均气温在25℃左右，猪舍设计既要注意防寒，又要注意防暑，宜采用普通砖墙、保温或隔热屋顶，除分娩舍和保育舍采用有窗密闭式外，其他猪舍可采用半开放式或开放式。Ⅳ区为冬冷夏热区，1月份平均气温在0℃～5℃，7月份平均气温在27℃～29℃左右，全年空气湿度大，猪舍设计应以防暑为主，兼顾防寒，宜采用普通墙体和隔热屋顶，加大开窗面积，除分娩舍和保育舍外，其他猪舍可采用半开放式或开放式。Ⅴ区为炎热区，1月份平均气温在5℃以上，7月份平均气温在28℃～30℃，空气湿度大，猪舍设计应据防暑要求设计，一般均可采取开放式或凉棚式，屋顶隔热，加长出檐。

图4－1 规模化猪场

二、猪舍形式

1. 按屋顶形式分

猪舍有单坡式、双坡式、联合式、平顶式、拱顶式、钟楼式和半钟楼式等。单坡式一般跨度小，结构简单，造价低，光照和通风好，适合小规模猪场。双坡式一般跨度大，保温效果好，但投资较多，双列猪舍和多列猪舍常用该形式。联合式的特点介于单坡式、双坡式之间。平顶式适合于各种跨度，若能做好保温和防水，则使用较好，但造价较高。钟楼式是在双坡式屋顶上安装天窗，如仅安于阳面即为半钟楼式，舍内空间大，有利于采光和通风，缺点是不利于保温，适于炎热地区。

2. 按墙的结构和有无窗户分

猪舍有开放式、半开放式和密闭式。开放式是三面有墙，一面无墙，通风和透光好，不保温，造价低。半开放式是三面有墙，一面半截墙，保温稍优于开放式。封闭式是四面有墙，又可分为有窗和无窗两种。

3. 按猪栏排列分

猪舍有单列式、双列式和多列式。

4. 按猪舍的用途分

猪舍有配种舍、妊娠舍、分娩舍、保育舍和生长育肥舍等。

三、猪舍朝向

猪舍的朝向与猪舍的自然采光和防寒防暑有关，饲养者应周密考虑。朝向因各地具体情况的不同而不同。

1. 基 础

基础是猪舍的地下部分，要求有足够的强度和稳定性以承受负荷。砂、碎石、岩性土层、沙质土层是良好的天然地基，黏土、黄土和富含有机质的土层不宜做地基。基础的宽度应比墙宽 10 ~ 15 厘米，其深度视具体情况而定，注意设防潮层。

2. 地 面

地板要求坚固、耐用，保温、不透水，便于清扫消毒。比较理想的地板是水泥勾缝平砖式，其次为夯实的三合土地板。三合土要混合均匀，湿度适中，切实夯实。注意地面要有 3% ~4% 的地面面积有坡度，以利排水。不同部位也可采用不同材料，如睡卧处采用木板，等等。

3. 墙 壁

墙壁要求坚固、耐用，保温性好。比较理想的墙壁为砖砌墙，要求用水泥勾缝，离地 1.0 ~1.5 米应设水泥墙裙。

4. 屋 顶

屋顶要求坚固、耐用，不透风，不漏雨，保温隔热。比较理想的屋顶为水泥预制板平板式，并加 15 ~20 厘米厚的土以利保温、防暑。目前有新技术产品，采用进口新型材料，做成钢架结构支撑系统、瓦楞钢房顶板，并夹有玻璃纤维保温棉，保温效果良好。

5. 门 窗

门可供人员、猪只及物品的出入，一般宽 1.0 ~1.5 米，高 2.0 ~2.4 米。外门的设计应避开冬季主风向。窗用于采光和通风，其面积大小和数量关系到猪群饲养的保温、防暑及采光效果，应据当地气候酌情而定。一般窗户大小用采光面积和地面面积之比计算，种猪舍要求1∶8～1∶10，育肥舍1∶15～1∶20，距地面1.1～1.3米，距屋檐40厘米。

6. 猪　栏

除通栏猪舍外，在一般密闭猪舍内均需建隔栏。隔栏材料基本上是两种，砖砌墙水泥抹面及钢栅栏。纵隔栏应为固定栅栏，横隔栏可为活动栅栏，以便进行舍内面积的调节。各猪占栏面积：母猪1.26平方米/头，公猪6.48平方米/头，生长中猪0.5平方米/头，育成中猪0.7平方米/头，育成大猪0.9平方米/头。

7. 粪尿沟

粪尿沟，开放式猪舍要求设在前墙外面；全封闭、半封闭猪舍可设在距南墙40厘米处，并加盖漏缝地板。粪尿沟的宽度应根据舍内面积设计，至少有30厘米宽。漏缝地板的缝隙宽度要求不得大于1.5厘米。粪污水沟与雨水必须分流，否则再大的污物处理池也难以容纳和处理。

四、各类猪舍的建设

1. 配种舍

配种舍包括公猪栏和待配母猪栏，小规模的猪场常分别建公猪舍和母猪舍，采用带运动场的单列开放式。大规模猪场的配种舍可设计为双列式和多列式。

2. 妊娠舍

妊娠母猪舍可设计为双列和多列式。小规模的猪场可采用带运动场的单列开放式。

3. 分娩舍

分娩舍常为有窗密闭式，配置产床，面积大小为2.2米×1.8米。布置多为两列三走道或三列四走道，需要配备供暖设备。

4. 保育舍

保育舍常为有窗密闭式，配置保育网，每网的面积3平方米，可容10头猪，两列三走道或三列四走道设置，配供暖设备。

5. 生长育肥舍

生长育肥舍可设计为单列式和双列式。小规模的猪场可采用单列开放式。大规模猪场常为两列一走道设置。

第二节　猪场场址选择

猪场场址的选择，应根据猪场的生产特点、生产规模、饲养管理方式及生产集约化程度等方面的实际情况，对地形地势、水源水质、土壤特性、场地面积、周围环境、电力和能源的供应、附近城镇的发展等进行全面考虑。

一、地形地势

猪场场址的地形要开阔平坦，有足够的生产经营用土面积，面积不足会给饲养管理、防疫防火等造成不便；地势要较高，干燥，背风向阳，有缓坡（坡度以不大于25°为宜）。地势低洼易集水潮湿，夏季通风不良，空气闷热，易滋生蚊蝇和微生物；冬季阴冷。

二、水源水质

猪场的水源要求水量充足，水质较好，便于取用和有卫生防护措施。水源水量要满足猪场生活用水、猪只饮用及饲养管理用水。水质符合卫生要求。

三、土壤特性

猪场的土壤要求透气性好，易渗水，热容量大，这样可抑制微生物、寄生虫和蚊蝇的滋生，也可降低场区昼夜温差。土壤化学成分也会影响猪的代谢和健康，某些化学元素过多过少都会造成地方病，如缺碘造成甲状腺肿大，碘含量多会造成斑齿和大骨节病。虽然土壤有净化作用，但是许多微生物在土壤里可存活多年，应避免在旧猪场的场址或其他畜牧场的场地上建造。

四、场地面积

猪场占地面积依据猪场生产的任务、性质、规模和场地的总体情况而定。生产区面积一般可按每头繁殖母猪 40～50 平方米或每头上市商品猪 3～4 平方米计划。

五、周围环境

养猪场的饲料、产品、粪污、废弃物等运输量很大，交通方便才能降低生产成本；而且出于防疫卫生安全和环境保护的考虑，又要求猪场应建在较安静偏僻的地方。因此场址既要交通方便又要与交通干线保持距离。根据实践经验，距铁道和国道不少于 2000～3000 米，距省道不少于 2000 米，距县乡和村道不少于 500～1000 米。与居民点的距离不少于 1000 米，与其他畜禽场的距离不少于 3000～5000 米。周围要有便于生产污水进行处理以后（达到排放标准）排放的水系。

六、电力和能源的供应

现代化程度较高的规模化养猪场，规模化设备较为完善，需要有足够的电力，才能确保养猪生产正常运转。因此猪场要建在靠近电源，供电有保障的地方。

七、附近城镇的发展

中国目前的城市化发展正在加速，各大小城市的面积逐渐扩大，所以猪场场址要距城市 30 公里以上。

猪场场址的选择要考虑多方面的因素，在现实情况下有些因素之间存在矛盾，所以，出于环境卫生要求的诸多方面条件无法同时满足时，应当考虑以下两个问题：一是哪一个因素更重要；二是是否能用可以接受的投资对不利因素加以改善。例如，一个地势低洼的地方是不宜建场的，然而该处在交通、电力、物资供应、建筑面积及与居民点的关系等诸多方面具有明显的优势时，我们应当考虑填高该地建场所花的额外投资是否可以接受。以上提出的场地选择要考虑的因素并不表示每一方面都必须满足，而是表明了场地选择时有哪些主要因素会对未来猪场的生产、管理和防疫等产生影响，从而为不同的可选场地的比较提供参考，或引起猪场建设和经营者对本场存在的不利条件加以重视、改善和防范，而对有利条件加以充分利用。

第三节　猪场的合理布局

猪场的布局应根据建设规模以及地形、水源、主导风向等自然条件来合理规划，总体原则是紧凑整齐，利于生产和防疫；各区域间方便转群联系，便于流水作业，节约水、电；缩短运输线路，便于运输；利于生活管理。一般大、中型猪场应按主导风向下的顺序划分排列四个区域：行政管理区、生产区、病猪隔离区和污物处理区。

一、行政管理区

行政管理区包括猪场的办公室、会议室、接待室和车库等。从防疫角度出发，管理区和生活区（包括职工食堂、宿舍、文化娱乐室和运动场等），另设院落，建在生产区大门外的侧风向处，与生产区隔离。不相互影响。

二、生产区

生产区是猪场的主体布局，包括各类猪舍、饲料加工间、仓库、畜牧兽医室、人工授精室等。各类猪舍排列顺序依次为：种猪舍、配种室（人工授精室）、妊娠母猪舍、哺乳母猪舍（产房）、保育舍、育成舍、育肥舍。育肥舍应设在距猪场进出口较近的地方，而种猪舍应设在距猪场出口较远的地方，以减少种猪被污染或产生疫病的机会。公猪舍与母猪舍应保持一定距离，且位于母猪舍上风向，配种室在公母猪舍之间或公猪舍一端，方便配种（采精授精）。饲料加工间及仓库宜设在生产区一侧（靠近行政管理区一侧），方便进料。水塔等供水设施应配套。

生产区设在进出口处，进出生产区须通过卫生消毒室。凡进入生产区的人员须在消毒室洗手、洗澡、消毒、更衣、换胶鞋，车辆通过消毒池后方能进入生产区。生产区通道分净道和污道，净道为转降通道，污道为清粪道，两道避免交叉污染。

三、病猪隔离区

病猪隔离区设置病猪隔离舍、兽医室及尸体处理设施，设在下风向，地势较低处。病猪隔离舍距健康猪舍 200 米左右。尸体处理设施应距健康猪舍 300 米以上，病死猪尸体必须作无害化处理。

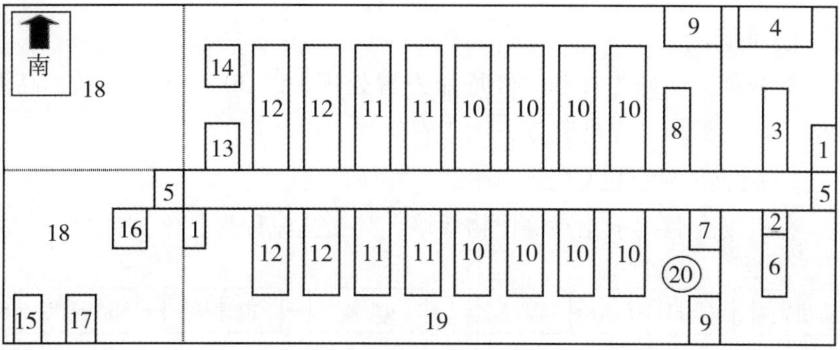

注：1. 门卫；2. 办公室；3. 宿舍；4. 食堂；5. 消毒池；6. 会议室；7. 更衣消毒室；8. 饲料加工及仓库；9. 装猪台；10. 肥育舍；11. 断奶育成舍；12. 母猪舍；13. 采料室；14. 公猪舍；15 粪池；16. 兽医室；17. 病猪隔离舍；18. 菜地；19. 绿化净化带；20. 水塔。

图 4－2　猪场平面布局示意图

四、污物处理区

污物处理区应位于下风向，并离生产区有一定距离，由围墙和绿化带隔开。

第四节　粪尿的处理与利用

猪的粪尿既是害又是宝，处理不好即为害，造成污染，处理利用好就是宝。下面介绍几种粪便的处理与利用方法供参考。

一、生产沼气

利用猪粪尿发酵产生沼气，作为能源，可代替煤油或其他燃料，供发电、照明和生活之用等。之后猪粪尿生产沼气后再肥田。

二、用作肥料

1. 堆肥法

与杂草、秸秆等拌和，经堆肥发酵处理，经 30 ~ 40 天腐熟，高温发酵、杀灭粪菌，提高肥效，用于农作物。

2. 制成颗料有机复合肥

有机复合肥用于花卉等作物栽培。其工艺流程为：

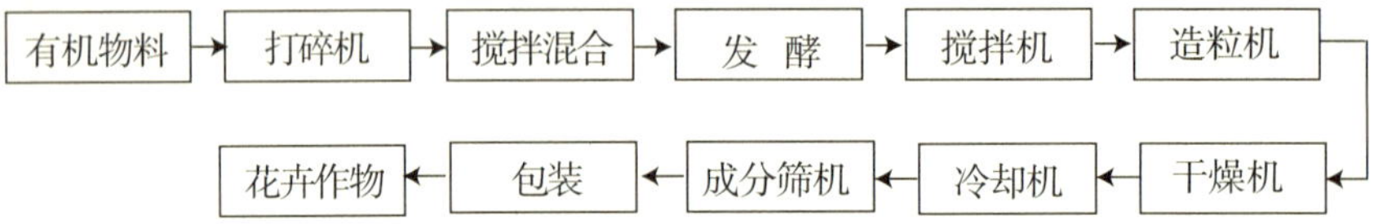

图 4 – 3　有机肥制作工艺流程图

三、用作饲料

猪粪中含有大量未消化的蛋白质、B 族维生素、矿物元素、粗脂肪和碳水化合物，经加工处理后，掺入饲料中喂牛、羊、鸡、鱼、猪。在猪日粮比例中加 10% ~30%，可获得很好的效果。可通过参与青贮、干燥处理、氧化发酵等，使饲喂达到最大效果。

第五节　猪场规划设计方案①

一、300 头基础母猪猪场设计方案实例

（一）基本设计参数的选择

根据我国目前的实际情况和现有生产水平，对年产 300 头肉猪生产线实行工厂化的生产管理方式，采用先进的饲养工艺和技术，其设计的生产性能参数选择为：平均每头母猪年生产 2.2 窝，提供 19.8 头肉猪，母猪的利用期为三年。肉猪平均日增重 700 克以上，达 90～100 千克体重的日龄为 168 天左右（24 周）。肉猪屠宰率为 75%，胴体瘦肉率为 65%。

猪群存栏 2800 头，基础母猪 300 头。其中：空怀母猪 24 头，妊娠母猪 220 头，哺乳母猪 48 头，公猪 15 头，后备母猪 36 头，后备公猪 2 头。整个生长期的成活率大于 90%。

（二）生产工艺程序

本方案的肉猪生产程序是以“周”为计算单位，工厂化流水生产作业，进行的程序化生产方式，全过程分为四个生产环节。按下列肉猪生产流程图进行。

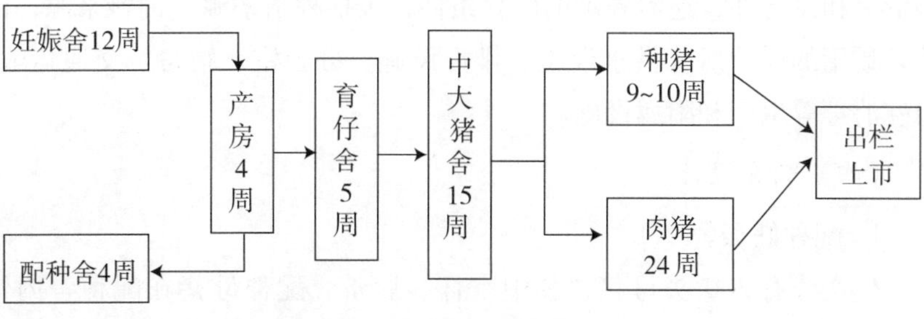

图 4－4　肉猪生产流程图

---

① 本节使用的数据仅作参考。

（1）待产母猪阶段。在配种舍内饲养空怀、后备、断奶母猪及进行公猪配种。每周参加配种的母猪 15 头，保证每周能有 12 头母猪分娩。妊娠母猪放在妊娠母猪舍内饲养，在待产前转入产房。

（2）母猪产仔阶段。母猪按预产期进产仔舍产仔，在产仔舍内 4 周，仔猪平均 3. 5 周断奶。如果有特殊情况，可将仔猪进行合并，这样不承担哺乳的母猪转回配种舍等待配种。

（3）仔猪培育阶段。断奶后的仔猪进入仔猪培育舍，培育至 9 周龄转群，仔猪在育仔舍 5 周。

（4）中猪饲养阶段。9 周龄仔猪由育仔舍转入中猪舍，饲养 7 周（至 16 周龄），预计体重可达 50 千克左右。

（5）大猪饲养阶段。将 50 千克左右的猪群转入大猪舍，饲养至 24 周龄，体重达 90 ~ 100 千克出栏上市。一般每周可出栏 100 头猪左右。

（三）猪场布局

根据实际情况，因地制宜，并在利用原有房舍的基础上进行猪舍布局。猪场生产程序分空怀母猪饲养、配种、妊娠，分娩哺乳，断奶仔猪培育，肉猪饲养四个阶段。

各区域配有专门化的猪舍和设备。猪舍力求紧凑合理，互不干扰，便于猪群周转，严格做到各生产单元全进全出；各舍的大小以及规格布局，按设计要求系统安排，形成稳定的生产流水线。猪场除各生产环节的猪舍和设备外，还需外围的配套条件，包括种猪来源、饲料来源，以及采暖用的锅炉房、供水设施、排污设施、办公室、宿舍、交通运输、防疫消毒等生产和附属设施。

（四）猪舍设计

1. 配种妊娠舍

生产线有 300 头母猪，其中空怀、后备、配种母猪在配种舍内饲养，妊娠母猪在妊娠舍内饲养。

配种舍内设配种栏，一个配种栏内养 1 头公猪，设在 4 个单体栏之后，共设 15 个配种栏。配种后的母猪在单体栏饲养，观察 4 周，确认妊娠后转妊娠舍饲养，对未妊娠或返情的母猪送回配种栏内接受第二情期配种。对连续两个情期均配不上的母猪建议淘汰处理，用后备母猪增补。单体栏成63厘米夹道，两侧隔栏用直径33毫米钢管组成，高90厘米，用于母猪饲养。猪栏前设食槽，后部有40厘米宽的横向漏缝地板，下有粪沟，便于饲养管理。围栏长2.2米，每头猪实占面积1.38平方米。共设单体栏60个，如有需要，也可增加到96个。配种舍和单体栏的地面应铺设暖气管道，以免由于冬季地面过凉而影响母猪发情。

妊娠母猪栏6头母猪一圈，小群饲养可有一定活动空间，每头妊娠母猪占地面积1.5平方米，栏前设贯通食槽，每头猪占槽0.5米，横栏两侧各设一个饮水器，猪床后部设有40厘米宽的漏缝地板，下设排污沟。妊娠16周的母猪转入产仔舍准备产仔。

2. 产仔舍设计

产仔舍共设五间，分为五个单元，每个单元内设12个产床，共有60个产仔床。产仔的母猪转入产仔舍。

产仔舍是全厂投资最高、设备最佳、保温和通风换气最好的猪舍，舍内应设有保温性能良好并能排湿的顶棚，应有排风装置。母猪产仔围栏为2.1米×1.7米，实用面积为3.5平方米，四周围栏高0.5米。围墙用铁皮板式物相隔，并紧靠床面，不用棚栏，以防仔猪相互接触。产仔栏内设有钢管拼装成的分娩护仔栏，栏宽0.6米，呈长方形，以限制母猪的活动范围，防止其踏压仔猪，便于哺乳。栏前有食槽、饮水器，供母猪采食和饮水。栏的两侧为仔猪活动区，一侧放有仔猪保温箱和仔猪补料槽。箱上设有采暖用的灯泡或红外线加热器，箱的一侧有仔猪出入口，便于仔猪出入活动。母猪舍内温度要求在16℃～22℃之间，此温度范围最适哺乳母猪的采食与泌乳。仔猪保温箱是为仔猪前期创造小气候用的。仔猪出生后的第一周要求环境温度在30℃～32℃。随着仔猪日龄的增长，根据舍内外环境气温的变化，可逐渐撤掉保温箱以扩大仔猪的活动范围。

3. 断奶仔猪舍设计

仔猪断奶后从产仔舍进入仔猪培育舍，饲养5周（达9周龄）。仔猪培育舍共建5间（6个单元），培育舍应吊顶棚，要达到保温、通风、排湿的目的。仔猪培育舍内每单元设有12个仔猪饲养高床，共60个。

高床即为高台平栏，长2.2米，宽1.25米，面积为2.75平方米。断奶仔猪原则上原窝转入，每头仔猪占0.25～0.3平方米。床为三角铁支架，四周有60厘米高的棚栏隔墙，床底全为缝隙地板，缝隙地板用8—9#盘条焊接组成，盘条间隙为1厘米。床面另设一活动木板（1.2米×0.6米）在仔猪上床前几天使用，以减少猪的应激变化。仔猪高床的高度与产床一致，便于仔猪周转。舍内温度为16～25℃，相对湿度在60%～70%。仔猪在育仔舍内达9周龄时转入中大猪舍喂养。

4. 中大猪舍设计

仔猪9周龄时进入中大猪舍饲养，一般情况下再养15周，达24周龄时，体重90千克以上时上市。中大猪舍保温设施要好，不设供暖。夏季注意通风，猪舍的散热性能应良好，舍内采用小圈饲养，每圈18头左右。圈长7.8米，宽2.2米，栏高1米，每圈实用面积17平方米，每头肉猪占用0.85平方米，圈舍后部设有40厘米宽的缝隙地板，下设排粪沟，圈内设食槽和饮水器，供猪自由采食和饮水。所有猪舍的水泥地面一律要求用高标号水泥，地面要求光平结实，为防止床面积水和猪只滑跌，要求地面向粪沟方向微斜，并在光滑的地面上以细沟作菱形切块，以达排水和防滑的目的。

5. 舍内水、电、暖的配置

猪舍内明管铺设自来水管道，除单体栏母猪利用食槽饮水外，其余猪舍均设自动饮水器，以不间断供水，保证猪群的饮水。如有条件，可在育仔舍和中猪舍安装补药水箱。自动饮水器为鸭咀式，饮水器安装高度为哺乳仔猪15厘米，断奶仔猪25厘米，中猪40厘米，大猪60厘米，基础公、母猪65厘米。饮水器安装在缝隙地板上方，以防漏水使地板潮湿。

猪舍的电线要明铺，零、火线平行分走，以防朝、防火，产仔栏上要安装插座，一切电器设备要防止猪能碰到。

暖气安装要求冬季产仔舍、育仔舍环境温度应在20℃～25℃，其他猪舍应在18℃以上。

6. 污水处理

污水处理应按当地环保要求进行。全厂污水与雨水分流，以排泄通畅为原则。

（五）猪场预算

1. 基建预算

根据当地实际情况，结合规模化猪场的设计要求，制定猪场的基建预算投资。包括房屋建设、水、暖、电的预算。

2. 设备预算

（1）配种猪舍

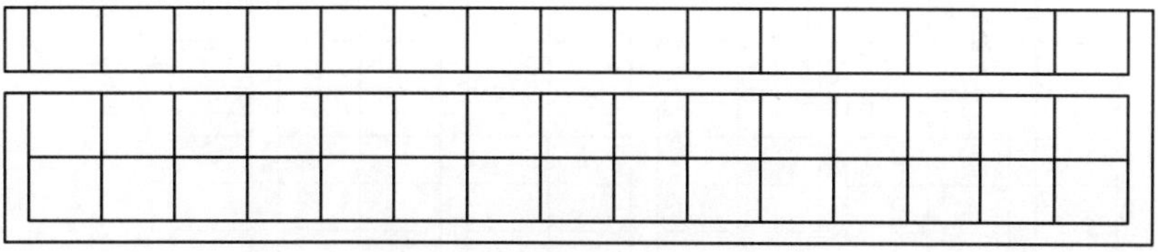

图 4－5　配种舍平面示意图

①每个公猪栏对应四个母猪单体栏，单体栏内是刚断奶的母猪及配种 1～3周的母猪。到配种后的第四周，利用妊娠诊断仪诊断母猪是否怀孕，怀孕的母猪转到妊娠母猪舍饲养，没有怀孕的母猪留在配种舍等待下次配种。

②拥有 300 头母猪的猪场至少需要 15 头种公猪，因此设计 15 个配种栏。

③后备母猪、空怀母猪放在大栏内饲喂。

④走廊的宽度是 0.9 米。单体栏标准是 2.1 米 ×0.6 米 ×0.9 米，配种栏及大栏的标准是 2.5 米 ×2.5 米。

⑤设备预算。单体栏预算为 15 个 ×4 个 ×400 元/个 =24000 元；配种栏预算为 30 个 ×800 元/个 =24000 元。

（2）妊娠母猪舍

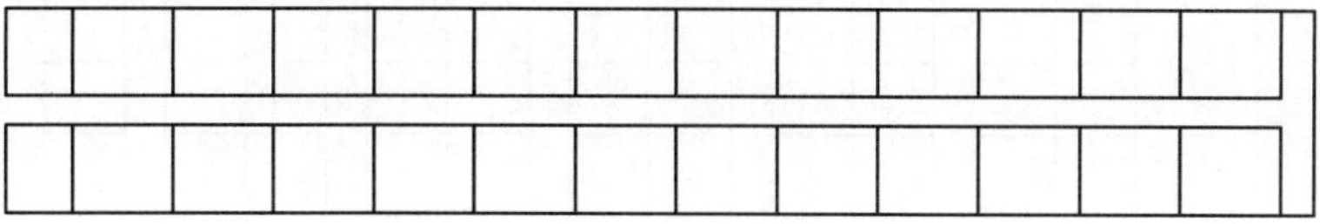

图 4－6　妊娠母猪舍平面示意图

①妊娠母猪舍共32个猪栏，每个猪栏可装5~6头怀孕母猪，猪栏标准为2.5米×3.6米。

②如果猪场有条件，可在妊娠猪栏外建运动场，这对母猪的健康有益。

③母猪在妊娠舍待12周时间，当母猪怀孕50~90日龄时，需要做两次妊娠检查，以确保每头母猪都能正常分娩。

④猪栏成本预算：32栏×1000元/栏=32000元。

（3）产　房

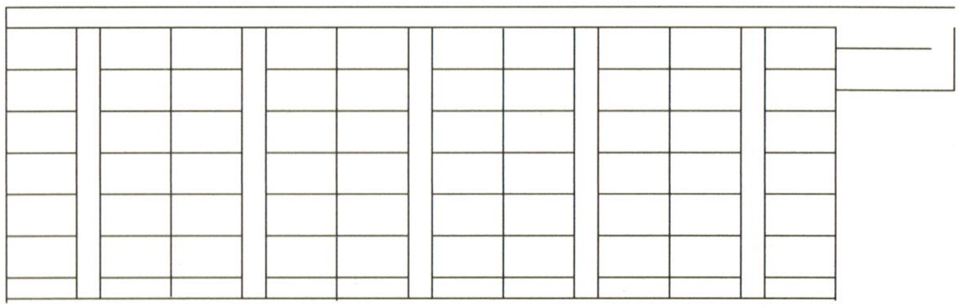

图4-7　产房平面示意图

①采用全进全出式生产，母猪在产房4周。

②哺乳仔猪28日龄断奶，因此设计5间产房，全部为封闭式，每间产房有12个产床。

③产床规格：2.1米×1.7米，栏高0.5米。

④图右上方是母猪消毒区，每头母猪都要经过清洗消毒后才可进入产房。

⑤设备预算：60个×1450元/个=87000元。

（4）断奶仔猪舍

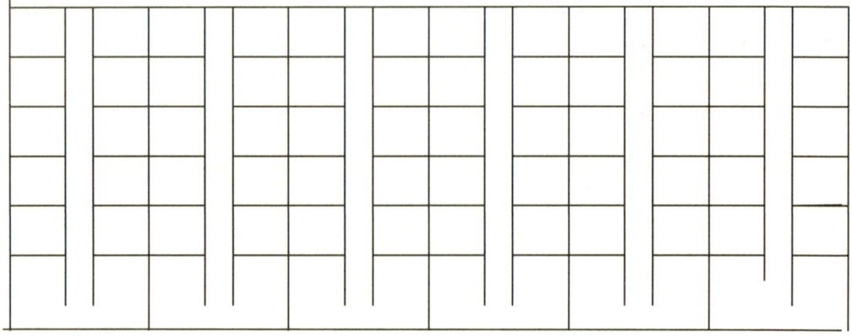

图4-8　断奶仔猪舍平面示意图

①采用全进全出式生产，育仔时间 5 周，6 个单元。

②与产房对应，每间为封闭房舍，内有 12 个育仔床。

③育仔床规格：2. 2 米 ×1. 25 米高床。

④设备预算：6 ×12 ×800 元/个 =57600 元。

（5）育成育肥舍

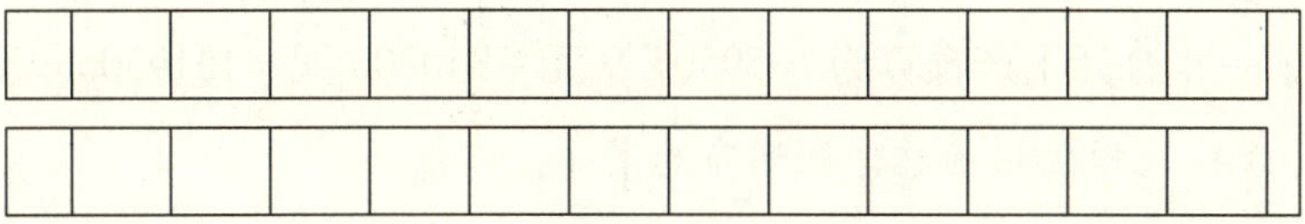

图 4 –9　育成育肥猪舍示意图

①采用全进全出式生产，育成育肥时间 22 ~23 周，5 个单元，20 栏/单元 ×5 个单元 =100 个栏。

②育成育肥栏规格：6. 4 米 ×3. 2 米 ×0. 8 米高（每栏可养 18 ~20 头）。

③设备预算：5 ×20 ×800 元/个 =100000 元

3. 养猪生产预算

（1）种猪投入：300 头 ×2000 元 +18 头 ×3000 元 =654000 元。

（2）饲料投入：991105. 9 元。

种猪：106 头 ×2. 5 千克/天 ×2. 5 元/千克 ×365 天 =241812. 5 元。

106 头 ×2. 5 千克/天 ×2. 5 元/千克 ×305 天 =202062. 5 元。

106 头 ×2. 5 千克/天 ×2. 5 元/千克 ×245 天 =162312. 5 元。

幼猪：出生 1. 4 千克，增重 7 千克。

仔猪：增重 15 千克 ×1. 74（料肉比）×2 元/千克 ×1592 头 =83102. 4 元。

肥猪：增重 68 千克 ×3（料肉比）×1. 45 元/千克 ×1020 头 =301716 元。

（3）医药投入：1900 头 ×15 元/头 =28500 元。

（4）固定资产投入：20000 元。

（5）直接人工：90000 元。

管理人员：1500 元/月 ×12 个月 =18000 元。

其他人员：8000 元/月 · 人 ×9 人 =72000 元。

（6）低值易耗品：50000 元。

（7）运输费用：500 元/月 ×12 个月 =6000 元。

（8）其他管理费用：20000 元。

产出：630 头 ×540 元/头 =340200 元（预计当年出栏 630 头）。

第一年合计生产预算为 1859505. 9 元 -340200 元 =1519305. 9 元。

（六）规模化猪场总体规划布局图

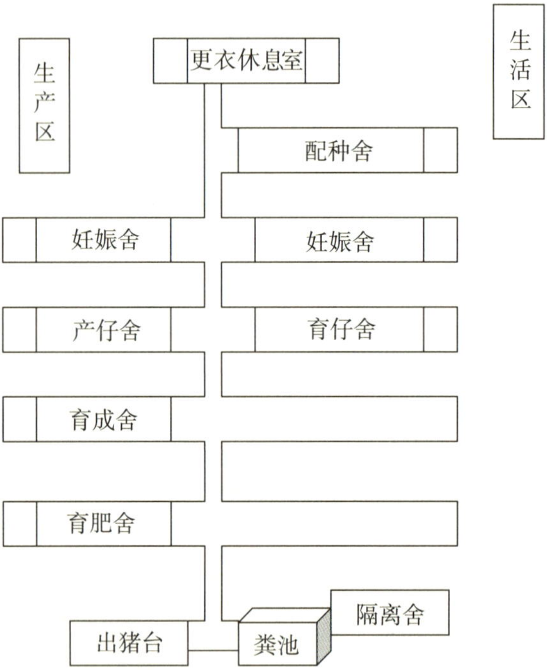

图 4-10 规模化猪场总体规划布局图

规模化猪场总体规划的注意事项：

（1）猪场选址应远离居民住宅区，便于防疫，同时避免周围用户受粪便气味的影响。

（2）在规划猪场时，生产、生活区一定要分开，便于猪场的防疫及管理。生产区应建在上风口，不受生活区的影响。

（3）生产区各生产车间要有走廊连接，便于猪场猪群周转，同时生产人员可以同外界隔开，达到真正意义上的全封闭生产。

（4）走廊可分为上、中、下三层结构，上层为水电通道，中层行走及转群，下层是主粪沟。

（5）每个猪舍的粪便都冲入主粪沟，然后流到化粪池中。这种设计的缺陷是粪便会沉淀在粪沟中，过一段时间后需要清理粪沟，否则猪舍的空气环境会受很大的影响，不利于猪只的生活。如果有劳动力，可以让饲养员把猪舍中的粪铲到圈外，而不把它冲入粪沟内，这样对猪舍的环境比较有利。

二、万头猪场设计方案实例

（一）总体目标

560 头母猪状况是：妊娠 114 天，哺乳 21 天，断奶后 2.2 胎次。年产 1232 窝，12500 头仔猪，育肥 10000 头。

各类猪舍内饲养的天数：妊娠限位栏 121 天，产房 35 天（包括消毒），保育舍 35 天（包括消毒），育肥 117 天（包括消毒）。上述数据是 7 天空舍消毒时间。后备猪群饲 120 天。

各类猪群在各类猪舍内的数量：150 头在后备猪舍，144 头泌乳母猪在产房，266 头在妊娠限位栏，12 头公猪栏，所有房宽 7.6 米。

（二）560 头母猪年育肥 1 万头肉猪生产工艺流程

本方案生产以“周”为生产节律，采用规模化流水作业均衡生产方式，全过程分为四个生产环节，按下列工艺流程图示进行。

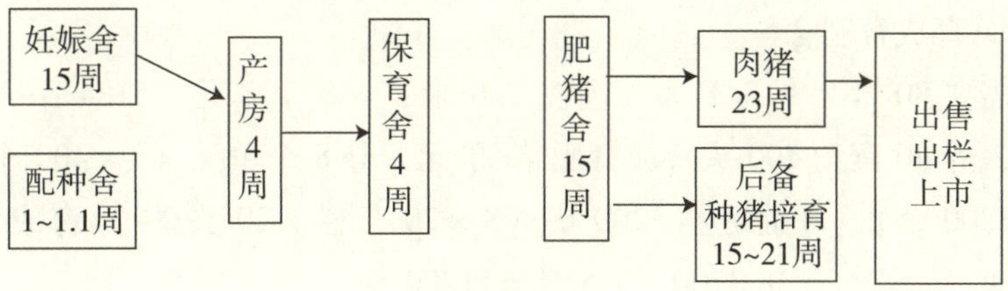

图 4-11　规模化猪场生产流程图

该方案保证每周有25－26头配种；每周有24头产仔；每周有24窝仔猪断奶进入保育；每周有24窝保育结束转入育肥育成（后备种猪）；每周有220～240头猪均衡供给市场。该方案的各类圈舍设施得到均衡、有效利用，做到全进全出，具有有利于疫病防控，有利于各阶段饲养管理等优点。

（三）猪场需要各类猪舍面积及设施

1. 公猪、空怀待配舍综合利用猪舍

需要1幢，需要长51米×宽8.1米（内宽7.6米）/幢×1幢＝413.1平方米（含人工授精室、料房、工具房）。每栏3.2米长×3米宽，双列，公猪养1头/栏，需12个；待配母猪养4～5头/栏，需16个；其他需6个，共34个。

2. 妊娠舍（单体限位栏）

盖2幢，需要51米长×宽8.1米（内宽7.6米）/幢×2幢＝826.2平方米。每栏0.63米长，双列，养1头/栏，需320个。

3. 产　房

盖4幢×2个单元，需要［24米×宽8.1米（内宽7.6米）］/单元×8个单元＝1555.2平方米。每单元24米长，双列，养24头/单元，192头哺乳母猪需分8个单元；每幢产层有96个［（4×24个/单元＝96个）/幢］。

4. 保育舍

需要长20米×宽8.1米（内宽7.6米）×8个单元＝1296平方米。双列，养24窝约240头仔猪/单元，分8个单元；每幢保育舍有192个［（8×24个/单元＝192个）/幢］。

5. 育成育肥舍

需要80米×宽8.1米（内宽7.6米）×8个单元＝5184平方米。单列，养40窝约400头育成育肥猪/单元，分8个单元（8×400个/单元＝3200个），每批可养3200头（8×20个栏×20头/栏）育成育肥猪，年可育成育肥猪3200×3.5批＝11200头。

6. 售展示猪舍 388.8 平方米

在装猪台附近建待售展示猪舍，盖 1 幢［48 米×宽 8.1 米（内宽 7.6 米)］，每个隔栏为 4.0 米×7.2 米=28.8 平方米，可安 12 个栏舍，每栏 30 头×12=360 头。年周转 8～9 批次，提供优良后备种猪 2500～3300 余头。

7. 饲料贮备房

盖 2 幢，需要长 15.0 米×宽 8.1 米幢×2 幢=243 平方米，分别在生活区和生长育成舍各建一幢，便于应用。

8. 门卫、门市、办公室、食堂、员工宿舍

需要 850 平方米，在生活区建

9. 供水设施

猪场建有供水设施，保证全场用水。万头猪场每昼夜需 224000 千克水，年常存栏猪约 5600 头×40 千克/头=224 立方米。

(四) 万头猪场设计图

1. 规划设计

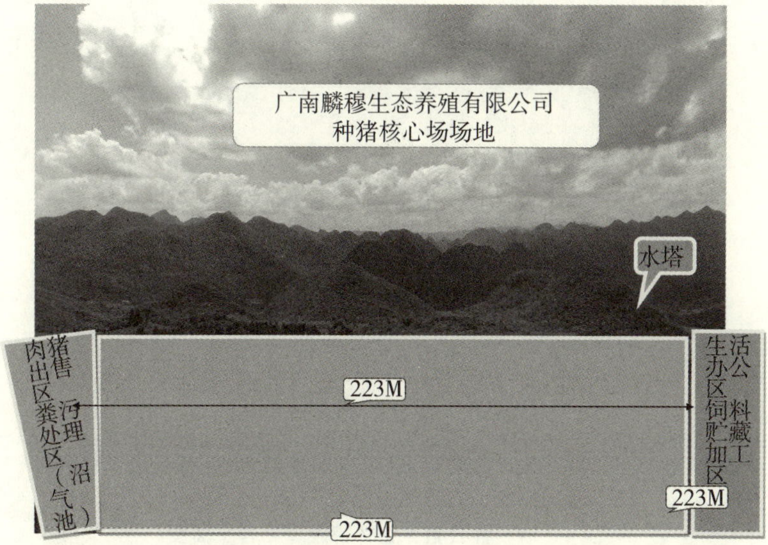

图 4－12　广南麟穆生态养殖有限公司万头种猪场总体设计示意图

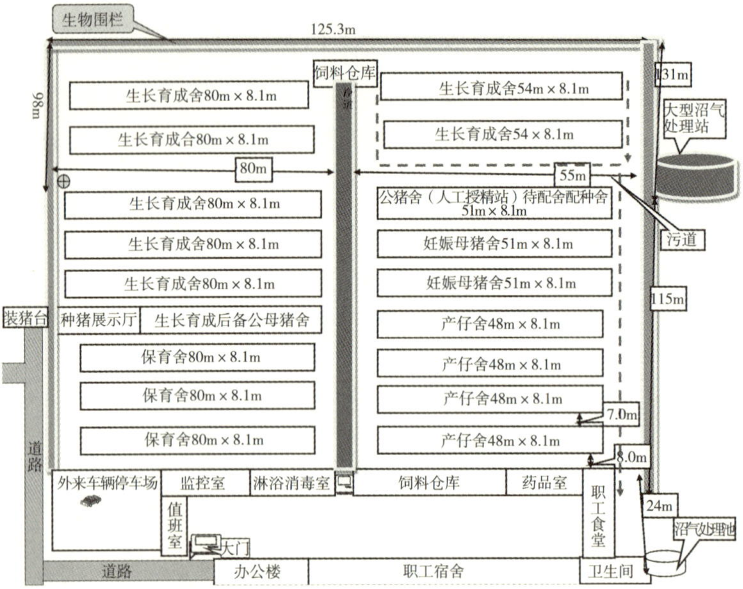

图4－13　总体布局平面图

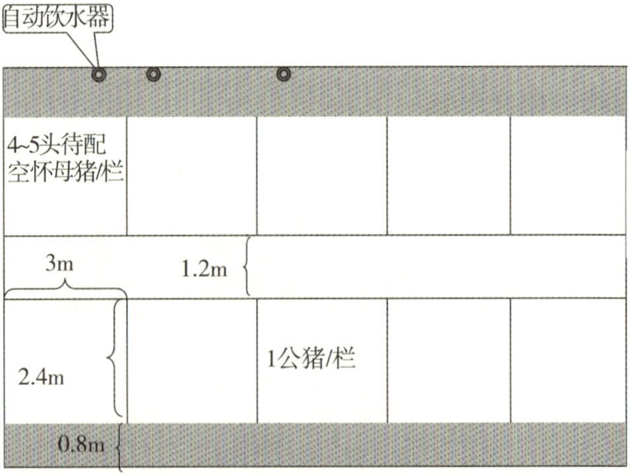

图4－14　种公猪、空怀待配母猪舍平面图

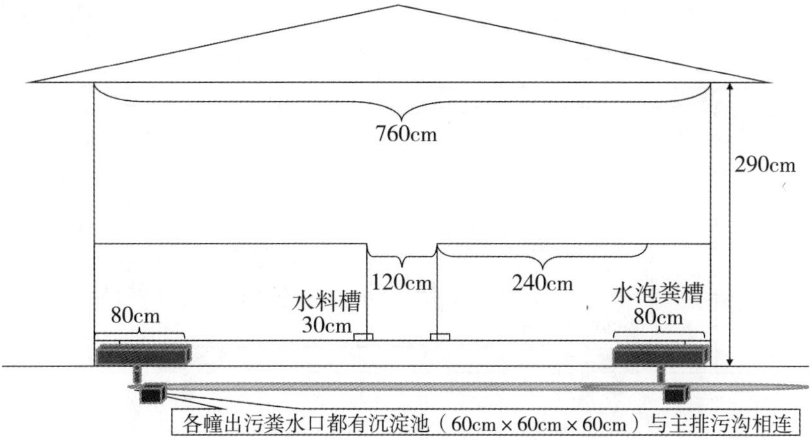

图 4－15　种公猪、空怀待配母猪舍侧面图

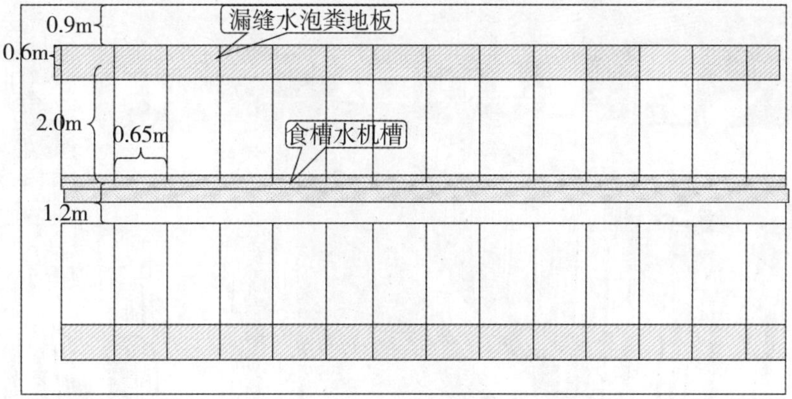

图 4－16　母猪妊娠舍平面图

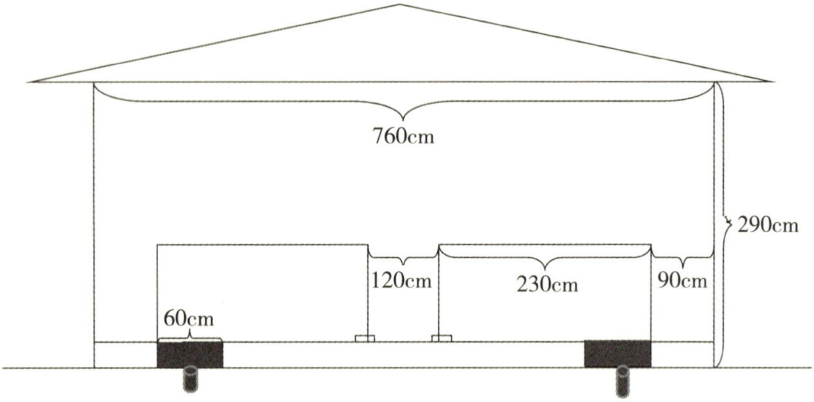

图 4－17　母猪妊娠舍侧面图

图 4－18　妊娠母猪舍单体限位栏同步下料器

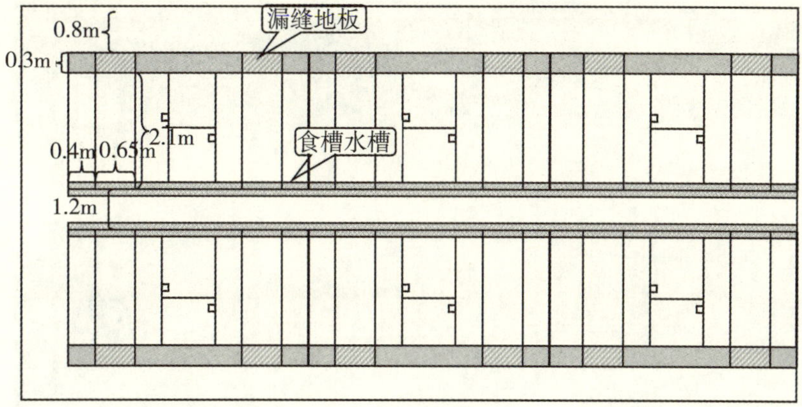

图 4－19　产房平面图

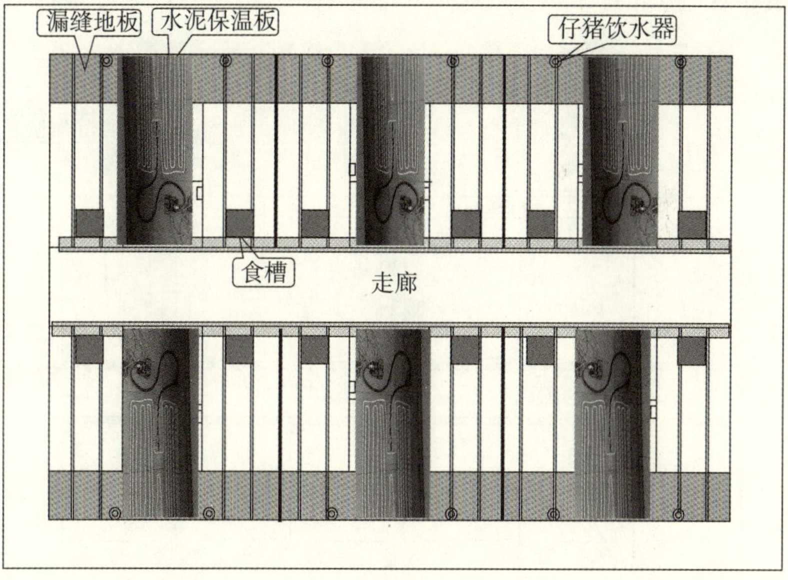

图 4－20　产房保暖设备

图 4－21　母猪分娩舍

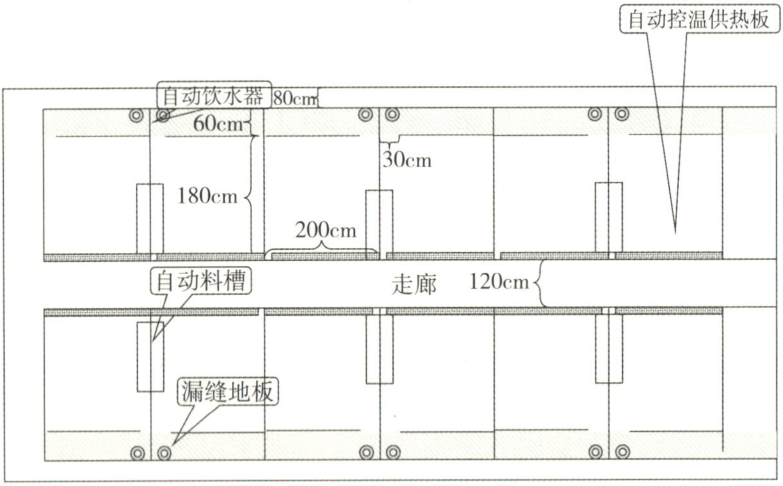

图 4－22　仔猪保育舍平面示意图

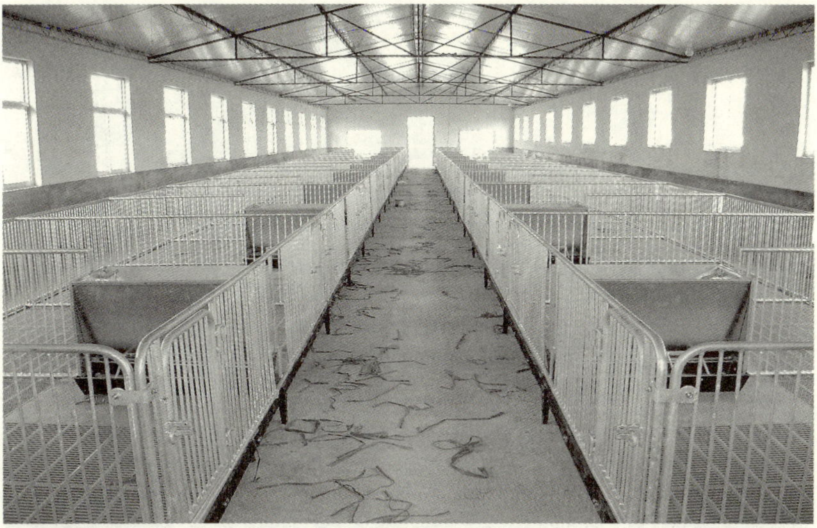

图 4-23 保育床

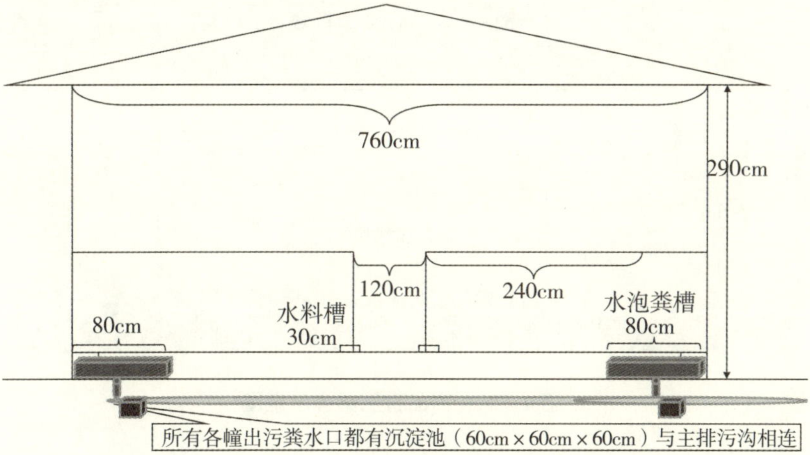

图 4-24 仔猪保育舍侧面图

图 4-25 仔猪保育舍

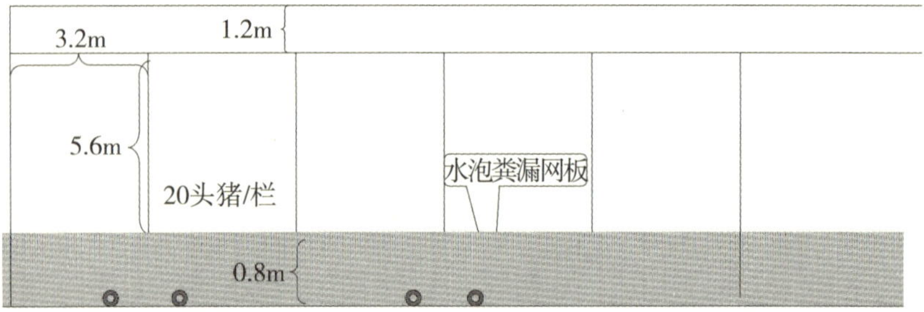

图 4-26 商品育肥猪舍示意图

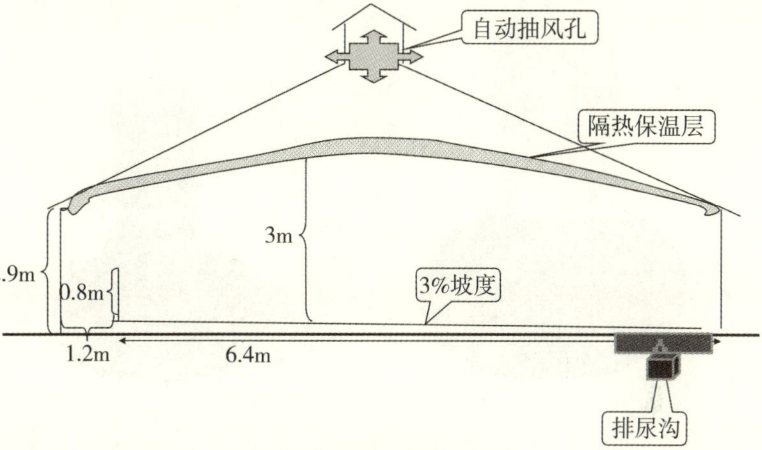

图 4－27　育肥猪圈建筑图

2. 设备设施

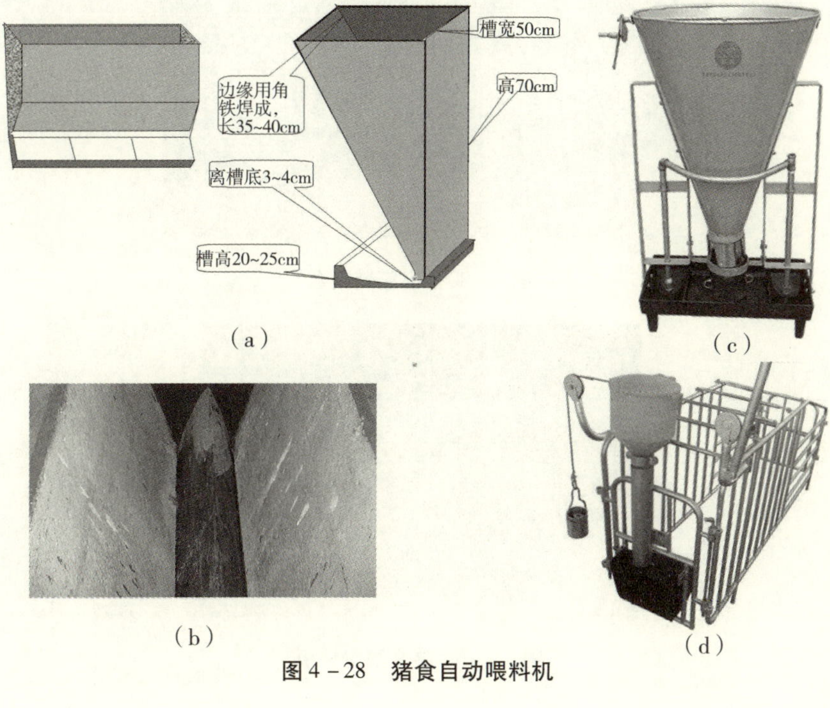

（a）

（c）

（b）

（d）

图 4－28　猪食自动喂料机

(a) (b)

图 4-29 不锈钢料桶

图 4-30 出售装猪台

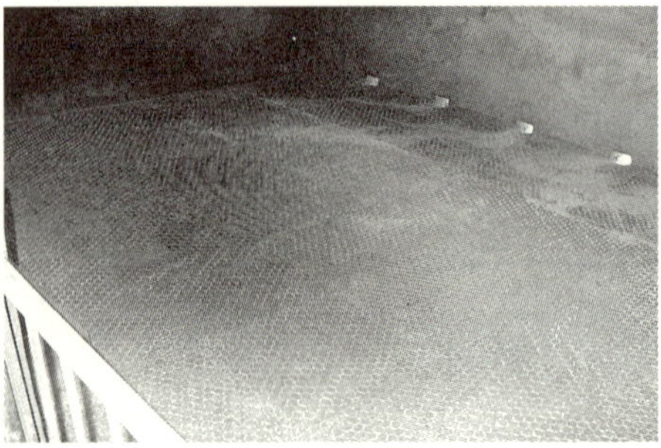

图 4-31 猪舍防滑地板

(a)

(b)

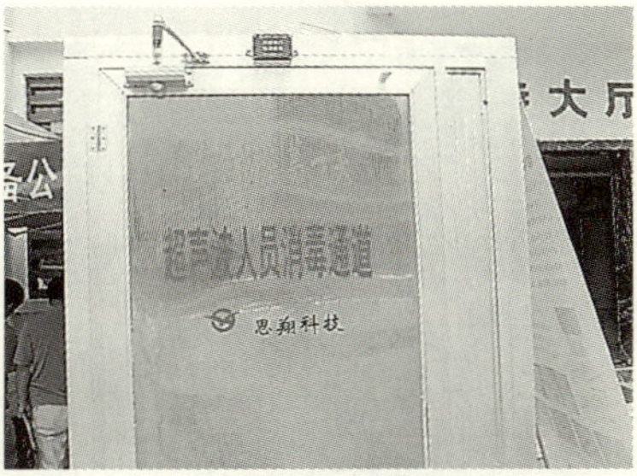

(c)

(d)

图 4－32　高压微雾化消毒系统

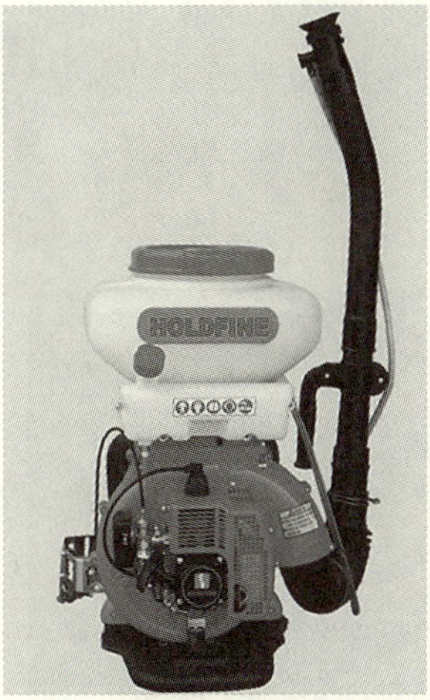

(c)

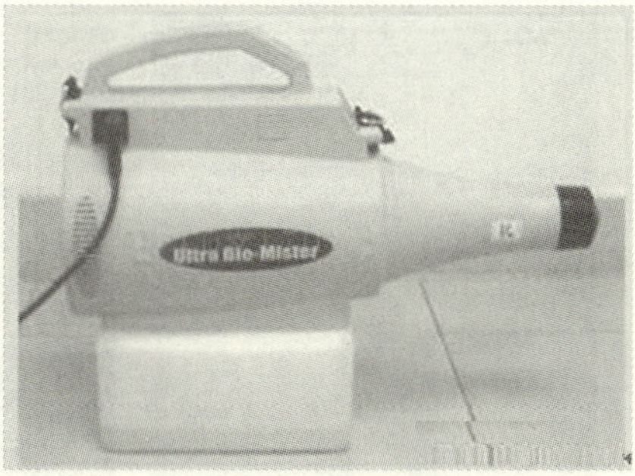

(d)

图 4－33　消毒降温专用工具

图 4－34　无动力通风器

图 4－35　简易无动力通风器

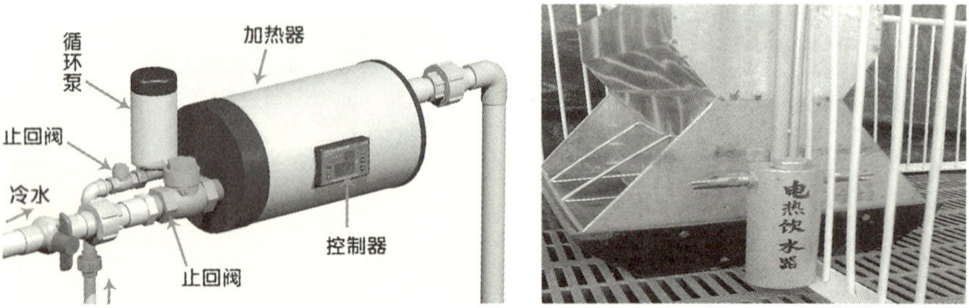

图 4－36　全自动恒温供水器

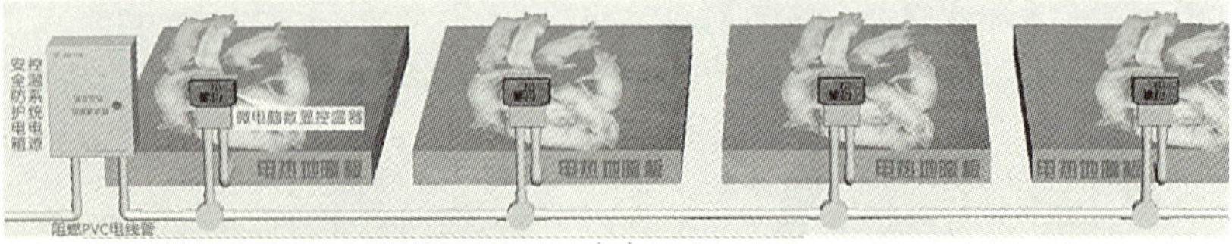

（a）

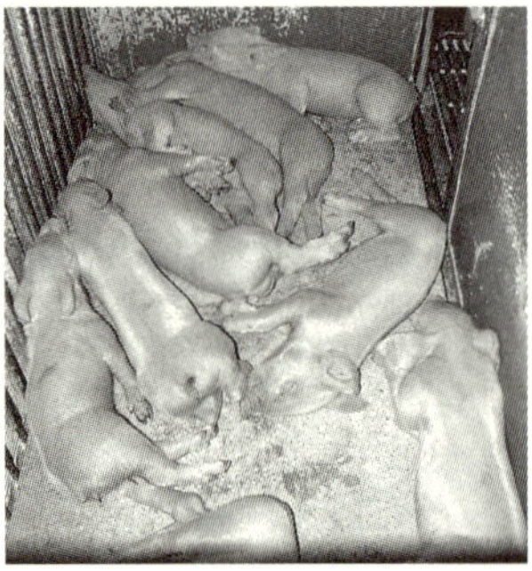

（b）

（c）

图 4－37　仔猪舍恒温地暖系统

第五章　猪场经营管理

◎ 猪场经营管理中的技术指标

◎ 猪场的人员管理

◎ 猪场的物资与报表管理

◎ 猪场生产管理考核制度

◎ 计算机在猪场管理中的应用

猪场管理是在给定的条件下，管理者通过对猪场的资源进行计划、组织、领导、控制，实现养猪的目标的过程，是追求低投入、高产出、高效益的过程。

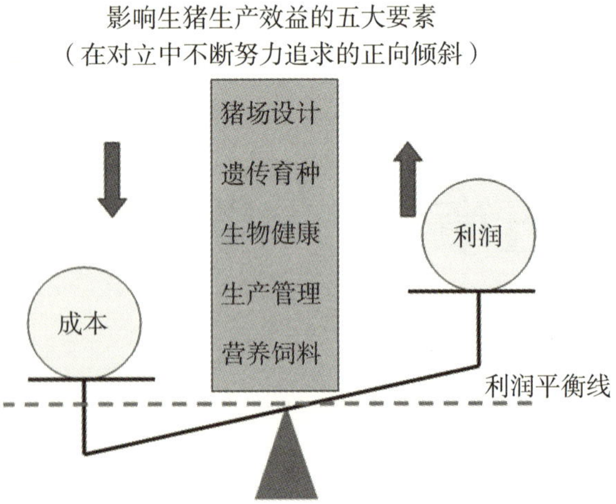

图 5－1　利润平衡线

第一节　猪场经营管理中的技术目标

一、生产技术指标表

表 5－1　生产技术指标表

项　目	指　标	项　目	指　标
配种分娩率	≥85%	24 周龄个体重	100.0kg
胎均活产仔数	≥10 头	哺乳期成活率	95%
出生重	≥1.5kg	保育期成活率	98%
胎均断奶活仔数	≥9.5 头	育成期成活率	99%
21 日龄个体重	≥6.0kg	全期成活率	91%
8 周龄个体重	≥21.0kg	全期料肉比	≤3.0

二、猪场经营目标值

表 5－2　猪场经营目标值（种猪部分）

项　目	有关事项	目标值	临界值
配种与怀孕	1. 母猪: 初产母猪	5: 1	6: 1
	2. 初配日龄	240 ±10 ~5	<270
	3. 再发情日数	21 ±3	<28
	4. 受胎率/初产母猪	90	>85
	受胎率/经产母猪	95	>90
	5. 第二周期后再发情	3%	<6%
	6. 流产	1%	<2.5%
	7. 弱仔猪（未达 600g）	5%	<6%
	8. 空胎（分娩舍）	0%	<0%
	9. 配种间隔	7 ±2 天	<14 天
	10. 年淘汰率	25%	20% ~30%
分娩	1. 分娩率	98%	>95%
	2. 产仔数/初生重	9.5 ~10 头/1.5 ±0.3kg	>9 头/ >0.8kg
仔猪损失	1. 死产	4%	<6%
	2. 畸形分娩	1.5%	<3%

表 5－3　猪场经营目标值（肉猪部分）

项　目	有关事项	目标值	临界值
离　乳	1. 离乳头数	9.0 ~9.5 头	>9.5 头
	2. 28 日龄平均体重	6.5kg	>4.5kg
	3. 每头母猪年产仔数/种猪场	18.5 头	>17.0 头
	4. 生产场	21.0 头	>18.0 头

续　表

项　目	有关事项	目标值	临界值
保　育	1. 日增重	350g	>250g
	2. 饲料转化率	1. 40	<1. 60
	3. 死亡率	2. 50	<3. 50
肉猪前期	1. 日增重	650g	>500g
	2. 饲料转化率	3. 05	<3. 20
	3. 死亡率	800g	>700g
肉猪后期	1. 日增重	800g	>700g
	2. 饲料转化率	3. 20	<3. 40
	3. 死亡率	0. 30	<0. 50
医疗费用	每千克增重（元）	1. 20	<1. 50

表 5 -4　猪场经营目标值（种肉猪综合部分）

分娩胎数：2. 2 胎/♀/年（生产场 2. 2，种猪场 2. 0）
公母比率：1∶30（本交）、1∶80（人工授精）
母猪更新：生产场 20%，种猪场 25%/年
公猪更新：生产场 30%，种猪场 100%/年
死亡率：以月平均饲养头数和月死亡扑杀头数计算

表 5 -5　繁育群目标

标　准	目　标	标　准	目　标
配种性能		断奶表现	
多次交配（%）	90	断奶前死亡率（%）	8
重复交配（%）	10	平均断奶体重（kg）	6. 1
断奶至再次交配（d）	≤7	断奶平均年龄（d）	21
第七天前母猪饲喂（%）	90	可调整 21 天窝重（kg）	61. 3

续 表

标 准	目 标	标 准	目 标
登记至第一次交配（d）	30	断奶猪数/窝	9.7
产仔性能		断奶猪数/已交配母猪/年	23.5
产仔母猪胎次	4.0	断奶猪数/圈栏/年	133
平均总猪数/窝	11.5	断奶猪数/生活周期	40
平均存活猪数/窝	10.5	种群	
平均出生体重（kg）	1.5	平均胎次	3.0
死胎猪百分比	5.0	平均母猪数/猪舍	5.0
干胎百分比	1.5	母猪：公猪比率	20.0
产仔率（%）	85	更新率（%）	40
可调整产仔率（%）	90	淘汰率（%）	35
产仔间隔（d）	150	死亡率（%）	5
窝数/已交配母猪/年	2.3	平均母猪非生产日数	45
窝数/围栏/年	14.0	平均非生产日数/胎次	20

表 5-6 母猪的生产指标

年产胎次数	年均生产周期天数	周期内无效生产天数	年内无效生产天数	配种分娩率
1.5	243.33	94.33	141.5	61.23%
1.6	228.13	79.13	126.6	65.32%
1.7	214.71	65.71	111.7	69.39%
1.8	202.78	53.78	96.8	73.48%
1.9	192.11	43.11	81.9	77.56%
2	182.5	33.5	67	81.64%
2.05	178.05	29.05	59.55	83.68%
2.08	175.48	26.48	55.08	84.91%
2.1	173.81	24.81	54.1	85.73%

续 表

年产胎次数	年均生产周期天数	周期内无效生产天数	年内无效生产天数	配种分娩率
2. 15	169. 77	20. 77	44. 65	87. 77%
2. 2	165. 91	16. 91	37. 2	89. 81%
2. 3	158. 7	9. 7	22. 3	93. 88%
2. 4	152. 08	3. 08	7. 4	97. 97%
2. 45	149	0	0	100%

第二节　猪场的人员管理

一、选择并培养好的场长

要办好猪场，必须解决人、财、物、力等多方面的问题，而最重要的是人，而在人的因素中场长又至关重要。俗话说："强将手下无弱兵。"只有选择好的场长，人员素质才能向高而精的方向转化。场长的条件须符合"主动、认真、实干、热情"四个方面要求。

积极主动：场长要主动思考，主动提方案，主动争取人、物财、力的支持，主动执行。而不是事事等指标，项项要规定，四平八稳还标榜"组织观念强"。

凡事认真：场长要尊重科学，实事求是，敢于讲真话，敢于办理上级未布置，甚至受到阻拦，但确实是看得准做得对的、对猪场发展有利的事项，而不要那种对工作敷衍了事，无主见，事事请示汇报，只会察言观色，顺杆爬，报喜不报忧的场长。

工作实干：场长不能只当监工、当评论员，而要当战士，直接承担具体工作任务；不脱产，从自己做起，先当饲养员，再当指挥员。

热情周到：场长要对上级、对职工热情，要知职工冷暖，要以不断改善职工工作、生活条件为己任，而不是只会等上级恩赐，连明文规定的待遇都无法兑现，以打折扣、卡职工福利为荣。场长要千方百计解决职工后顾之忧，让职工把精力集中到工作上来。

二、培养高素质的养猪职工

通过内培外训，使职工从思想上为成为猪场职员而感到自豪，竭尽全力为猪场献计献力；从业务素质上要有实行全进全出的意识；进猪舍（场）严格清洗消毒；具有良好的饲养管理技能，能早期识别不健康的猪只，并能及时治疗染病猪只，使之早痊愈，认真对生产情况做好记录，并能分析以提高猪生产性能，保证场内运输工具和通道清洁、安全、卫生，做到不混群饲养等。

三、猪场经营人员管理

猪场经营人员管理要将现行饲养管理模式合并为种猪段及肉猪段，使人力得到集中灵活运用，人员编成工作小组，相互支援，疏解周末和假日期间工作人员不足现象。

猪场的盈利取决于饲养员对配种、妊检、母猪饲管、仔猪护理、生长育肥猪管理、环境控制、病猪的诊断和治疗等关键环节的正确、有效的操作。其次才是种猪、设备、饲料等的影响。

猪场的效益主要是由饲养员创造的。猪是活口，生长期长，吃、喝、病、死全靠饲养员来管理，饲养员情绪的变化，对猪只的生长影响很大，为此我们必须善待职工。

（一）猪场的组织结构图

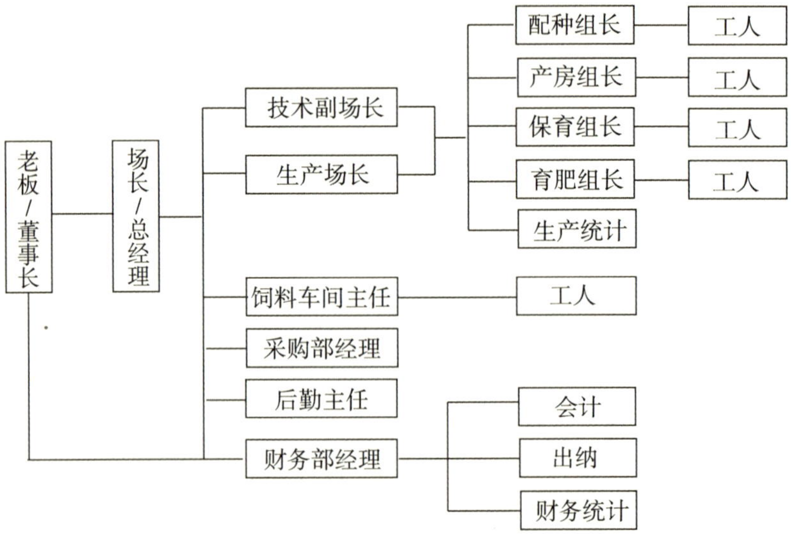

图5－2　猪场组织结构图

（二）岗位定编及责任分工

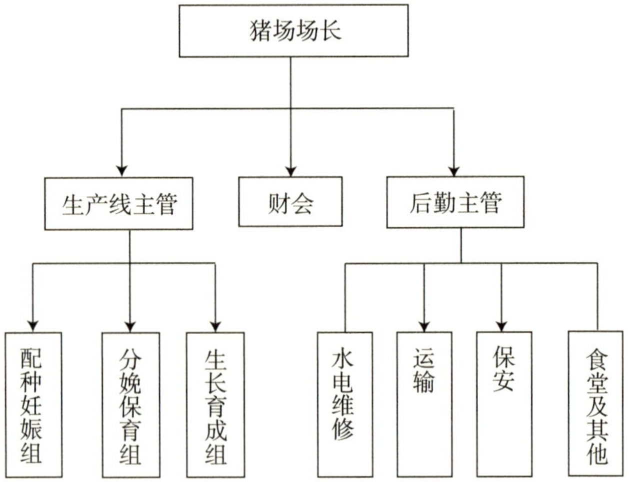

图5－3　猪场岗位分工图

1. 岗位定编

场长1人，生产主管1人，配种妊娠组长1人，分娩保育组长1人，生长育肥组长1人。

配种妊娠组4人（含组长），分娩组4人（含组长），保育组2人，生长育肥组6人（含组长），夜班1人。

后勤人员按实际岗位需要设置人数，如后勤主管、会计出纳、司机、维修工、保安门卫、炊事员、勤杂工等。

2. 责任分工

以层层管理、分工明确、场长负责制为原则。具体工作由专人负责；既有分工，又有合作；下级服从上级；重点工作协作进行，重要事情通过场领导班子研究解决。

（1）场长。负责猪场的全面工作；负责制定和完善本养猪场的各项管理制度、技术操作规程；负责后勤保障工作，及时协调各部门之间的工作关系；负责制定具体的实施措施，落实和完成各项任务；负责监控本养猪场的生产情况，员工工作情况和卫生防疫情况，及时解决出现的问题；负责编排全场的经营生产计划，物资需求计划；负责全场的生产报表，并督促员工做好月结工作、周上报工作；做好全场员工的思想工作，及时了解员工的思想动态，出现问题及时解决，及时反映员工的意见和建议；负责全场直接成本费用的监控与管理；负责落实和完成全场经济指标；直接管辖生产主管，通过生产主管管理生产员工；负责全场生产员工的技术培训工作，每周或每月主持召开生产例会。

（2）生产主管。负责生产日常工作；协助场长做好其他工作；负责执行饲养管理技术操作规程，卫生防疫制度和有关生产的管理制度，并组织实施；负责生产报表工作，随时做好统计分析，以便及时发现并解决问题；负责猪病防治及免疫注射工作；负责饲料、药物等直接成本费用的监控与管理；负责落实和完成场长下达的各项任务；直接管辖组长，通过组长管理员工。

（3）配种妊娠舍组长。负责组织本组人员严格按《猪群饲养管理技术操作规程》和每周的工作日程进行生产，及时反映本组中出现的生产和工作问题；负责整理和统计本组的生产日报表和周报表，本组人员休息替班；负责本组定期全面消毒，清洁绿化工作；负责本组饲料、药品、工具的使用计划与领取及盘点工作；服从生产主管的领导，完成生产主管下达的各项生产任务；负责配种工作，保证按生产流程运行。负责本组种猪转群，调整工作；负责本组公猪、后备猪、空怀猪、妊娠猪的预防注射工作。

（4）分娩保育舍组长。负责组织本组人员严格按《猪群饲养管理技术操作规程》和每周工作日程进行生产，及时反映本组中出现的生产和工作问题；负责整理和统计本组的生产日报表和周报表，本组人员休息替班；负责本组定期全面消毒，清洁绿化工作；负责本组饲料、药品、工具的使用计划与领取及盘点工作；服从生产主管的领导，完成生产主管下达的各项生产任务；负责本组空栏猪舍的冲洗消毒工作；负责本组母猪、仔猪转群、调整工作；负责哺乳母猪、仔猪的预防注射工作。

（5）生长育成舍组长。负责组织本组人员严格按《猪群饲养管理技术操作规程》和每周工作日程进行生产，及时反映本组中出现的生产和工作问题；负责整理和统计本组的生产日报表和周报表，本组人员休息替班；负责本组定期全面消毒，清洁绿化工作；负责本组饲料、药品、工具的使用计划与领取及盘点工作；服从生产主管的领导，完成生产主管下达的各项生产任务；负责肉猪的出栏工作，保证出栏猪的质量；负责生长、育肥猪的周转、调整工作；负责本组空栏猪舍的冲洗、消毒工作；负责生长、育肥猪的预防注射工作。

（6）饲养员。①辅配饲养员。协助组长做好配种、种猪转栏、调整工作；协助组长做好公猪、空怀猪、后备猪的预防注射工作；负责栏内公猪、空怀猪、后备猪的饲养管理工作。②妊娠母猪饲养员。协助组长做好妊娠猪转群、调整工作；协助组长做好妊娠母猪的预防注射工作；负责栏内妊娠猪的饲养管理工作。③哺乳母猪、仔猪饲养员。协助组长做好临产母猪转入、断奶母猪及仔猪转出工作；协助组长做好哺乳母猪、仔猪的预防注射工作；负责产栏哺乳母猪、仔猪的饲养管理工作。④保育猪饲养员。协助组长做好保育猪转群、调整工作；协助组长做好保育猪的预防注射工作；负责保育猪的饲养管理工作。⑤生长育肥猪饲养员。协助组长做好生长育肥猪转群、调整工作；协助组长做好生长育肥猪预防注射工作；负责生长育肥猪的饲养管理工作。⑥夜班人员。每天工作时间为白班的午休时间、夜间，一般具体时间为午间11：30～14：00，晚间17：30～次日早7：30，两名人员夜班轮流。负责值班期间猪舍猪群防寒、保温、防暑、通风工作；负责值班期间防火、防盗等安全工作；重点负责分娩舍接产、仔猪护理工作；负责哺乳仔猪夜间补料工作；做好值班记录。

（三）同期化全进全出作业

同期化全进全出作业配合仔猪代奶（诱食、开食）教食槽料的开发，推行同期化离乳，发挥同期化在绩效上的应造成同期化发情同期化配种及同期化分娩，可使猪场的工作量趋向于集中于一周内某几天，安排工作计划与员工休假事宜。

（四）猪只群组周管理计划性作业模式

因实施“猪只群组周管理计划性作业模式”而达到人力灵活运用、协同合作，以提高工作效率，如此可落实执行并完成每日的生产作业。在不增加用人费用的原则下，谋求精简用人。

（五）推行人工授精

由于养猪场每周实施同期化离乳作业，则大多数种猪的配种头次将集中于某几天。故须以人工授精为主、自然交配为辅的配种方式进行配种工作。

（六）省力设备的增设

养猪场购置发情测定仪、妊娠诊断仪、自动采食系统、高压冲洗设备、消毒喷雾设备、转猪车、上猪台，以节省劳力。

（七）降低养猪成本——降低空耗，增加利用

1. 提高情期配种受胎率，缩短母猪空怀期

总受胎率毫无意义，要看一个情期的配种受胎率，凡是公猪精液合格，良种技术过关，就可以配种适时的母猪，而两个情期配不准的应立即淘汰；母猪断奶后要在7天内尽快配种怀孕，对断奶后10天仍未发

情或两次配种未孕的母猪要查明原因，采取措施处理，仍未发情的要及时淘汰，母猪空怀期间就是空耗饲料，时间越长，饲料空耗越多。对弱仔弱猪，没有好的办法使之转变的要立即淘汰。

2. 针对养殖规模组织饲料供应

大型养猪场只宜采用高水平营养价值全价料，适度规模和一般的养猪户，皆应充分利用自家农副产品和青绿饲料，自配成中上或中等营养水平全价料饲喂，扬长避短，重视特种青贮料的制作和利用。

3. 生态养殖，能源循环利用

发展生态农业，实行种养业结合，是现代农业的发展趋势，近年出现了很多与养猪相结合的模式。例如，猪—沼气—菜（果）模式，鸡—猪—沼气—菜（果）模式，猪—鸭—鱼模式等，对于诸如此类的创造，再加以成分分析，补充每一环节上所不足的营养成分，重视组织验证，提高标准化，养猪场可获得显著的节能和高产出效益。

第三节　猪场的物资与报表管理

一、物资管理

养猪场首先要建立进销存账，由专人负责，物资凭单进出仓，要货单相符，不准弄虚作假。生产必需品如药物、饲料、生产工具等要每月制订计划上报，各生产区（组）根据实际需要领取，不得浪费。要爱护公物，否则按公司奖罚条例处理。

二、猪场报表

报表是反映猪场生产管理情况的有效手段，也是上级领导检查工作的途径之一，更是统计分析、指导生产的依据。因此，认真填写报表是一项严肃的工作，猪场管理人员应予以高度的重视。各生产组长做好各种生产记录，并准确、如实地填写周报表，交到上一级主管，查对核实后，及时送到场部，其中配种、分娩、断奶、转栏及上市等报表应一式两份。

（1）生产报表（来源于日记录报表）。包括种猪配种情况周报表、分娩母猪及产仔情况周报表、断奶母猪及仔猪生产情况周报表、种猪死亡淘汰情况周报表、肉猪转栏情况周报表、肉猪死亡及上市情况周报表、妊检空怀及流产母猪情况周报表、猪群盘点月报表、猪场生产情况周报表、配种妊娠舍周报表、分娩保育舍周报表、生长育肥舍周报表、公猪配种登记月报表（公猪使用频率月报表）、猪舍内饲料进销存周报表、人工授精周报表。

（2）其他报表。有饲料需求计划月报表、药物需求计划月报表、生产工具等物资需求计划月报表、饲料进销存月报表、药物进销存月报表、生产工具等物资进销存月报表、饲料内部领用周报表、药物内部领用周报表、生产工具等物资内部领用周报表。

三、猪场管理中常用的计算公式

（1）母猪平均年产窝数（窝/年·头）=365/（空怀+妊娠+哺乳）母猪饲养日。

（2）平均日产窝数（窝/日）=基础母猪存栏头数×母猪平均产窝数/365。

（3）空怀母猪饲养日（天）=断奶至发情天数+21（2-情期受胎率）+86/2（1-分娩率）。

（4）妊娠母猪饲养日（天）=114-21-7。

（5）哺乳母猪饲养日（天）=提前进产房天数（一般为7天）+哺乳天数。

（6）空怀母猪存栏数（头）=空怀母猪饲养日×平均日产窝数。

（7）妊娠母猪存栏数（头）=妊娠母猪饲养日×平均日产窝数。

（8）哺乳母猪存栏数（头）=哺乳母猪饲养日×平均日产窝数。

（9）哺乳仔猪存栏数（头）=仔猪哺乳天数×平均窝产活仔数×平均日产窝数。

（10）保育仔猪存栏数（头）=保育仔猪饲养日×平均窝产活仔数×哺乳仔猪成活率×平均日产窝数。

（11）育肥前期猪存栏数（头）＝育肥猪前期饲养日×平均窝产活仔数×（哺乳仔猪×保育仔猪）成活率×平均日产窝数。

（12）育肥后期猪存栏数（头）＝育肥猪后期饲养日×平均窝产活仔数×（哺乳仔猪×保育仔猪×育肥猪前期）成活率×平均日产窝数。

（13）种公猪存栏数（头）＝基础母猪存栏数×公母比例。

（14）后备公（母）猪存栏数（头）＝基础公（母）存栏数/种猪利用年限×后备猪饲养日/（1－后备猪死淘率）/365。

（15）总存栏猪数（头）＝（基础母猪＋哺乳仔猪＋保育仔猪＋种猪场待售猪或商品场育肥猪＋后备公、母猪＋种公猪）存栏数。

（16）种猪场年上市公（母）猪数（头）＝365×平均日产窝数×窝产活仔数×（哺乳期×保育期×生长期）成活率×上市公（母）猪选留率/2。

（17）种猪场年上市肥猪数（头）＝［365×平均日产窝数×窝产活仔数×（哺乳期×保育期×生长期）成活率－年上市公（母）猪］×育肥期成活率。

（18）商品场年上市肥猪数（头）＝365×平均日产窝数×窝产活仔数×（哺乳期×保育期×生长期）成活率×育肥期成活率。

（19）出栏率（%）＝年上市猪数/总存栏数。

第四节　猪场生产管理考核制度

一、考核目标的建立

1. 低指标低提成

低指标低提成是指标略低于当时的平均生产成绩，大多数员工只要稍加努力就可以完成并超过指标，它使员工对达标、超标有积极性。

2. 合理指标合理提成

它需要在生产成绩得到提高的基础上实行，但不能带来水涨船高、鞭打快牛的消极后果，要保证成绩好的员工不因为指标的提高而使其收入降低，同时也对后进的员工形成一定的压力。

3. 高指标高提成

生产成绩进一步提高后，需继续提高指标和提成额，指标要向先进水平靠拢，对不能达标的员工要适当扣罚，使激励与制约并举。

二、考核项目的选择

1. 配种和妊娠母猪舍岗位

考核繁殖成绩，配种员和妊娠母猪饲养员放在一起考核。工作量的考核以“总产活仔数”为代表；技术指标选择“断奶至配种的间隔天数”“情期受胎率”“母猪分娩率”“平均窝产活仔数”“母猪平均月死亡率”，或选择“母猪年平均非有效生产天数”和“母猪年平均窝产活仔数”。

2. 分娩舍岗位

考核育仔成绩。工作量的考核为“育成仔猪总数”；技术指标选择“仔猪育成率”“不合格仔猪比例”“母猪平均月死亡率”，或选择“母猪头均育成猪数”或“母猪头均育成合格猪数”。

3. 保育舍岗位

考核保育期育成率。工作量的考核为“保育期育成总数”；技术指标选“保育期平均日增重”“保育期育成率”和“保育期新增不合格猪比例”。

4. 生长舍岗位

把“出栏合格猪数”和“出栏淘汰猪数”分开计算；技术指标采用“生长期平均日增重”“生长期育成率”和“生长期新增不合格猪比例”。

5. 兽医岗位

其责任范围与“育成率”“死亡率”和“因病淘汰率”挂钩。其主要工作包括：能严格执行防疫制度；疾病诊断准确性高，治疗及时有效；严格执行兽医临床操作技术规范；工作主动，与饲养员配合好。辅助考评打分由场长和饲养员共同完成。

三、生产成本考核

（1）人工成本。其工作量的考核大致涵盖了生产成本中的人工成本。

（2）饲料成本。它是养猪的最大成本，饲养者在保证各阶段猪营养需要的基础上节约饲料。饲养者按技术规程的要求投放饲料：母猪要求妊娠期不能太肥，断奶后不能太瘦，考核中只要能做到实际的用料量接近规定的用料量就应该有奖励；从乳猪到出栏各阶段都要考核料肉比，规定各阶段饲料的定量标准。

（3）疫苗及药物成本。常规疫苗及消毒药物不列入考核内容，它主要考核治疗药物，国内通常按照年出生猪头数 8 元/头的标准考核。

（4）水电成本。根据猪场设施状况，按不同的猪舍、不同的季节核定用电量。保暖耗电只在分娩和保育猪舍，冬季要高于其他季节；通风用电主要在夏季；照明用电相对较少。用水量的考核难度比较大，可以提出具体要求，平时检查执行情况。

（5）其他考核。猪场内还有很多重要的工作难以量化考核，管理人员可以采取不定期检查，现场考评打分的办法。其内容包括：饲养技术操作规程的执行情况，各项记录是否记录准确、清晰、及时（配种记录、产仔记录、哺育记录、转群等动态记录、饲料消耗记录、免疫记录、疾病诊疗记录、解剖记录等），防疫消毒工作，环境卫生工作，粪便收集和处理工作，鼠、蚊、蝇杀灭工作，绿化维护工作等。

第五节 计算机在猪场管理中的应用

一、计算机在猪场管理中的优点

随着畜牧产业发展趋势的需要，特别是养猪业快速向规模化、标准化、产业化推进，为适应其科学化管理、标准化生产、规范化运作的需要，计算机系统在养猪企业管理中所发挥的巨大作用已被逐渐显露出来。比起人工管理，计算机系统有人工无法比拟的优势，具体为：

1. 强大的计算能力

计算机的本质是数据的存储和计算，其中计算机可以实时为猪场提供更为详尽的数据报表，也可以实时做出数据分析，及时提供预警信息、实时数据及预测发展趋势。

2. 庞大的数据管理能力

计算机的数据系统通过本地服务器和云服务器的支持，可以存储海量的数据，并且提供大数据快速检索的功能，可以为猪场管理提供海量的数据支持、技术支持和信息支持。

3. 网络共享更方便

通过网络建立的数据系统，可以支持数据及时采集、及时分析、及时预警，并且可以直接展示在手机、平板电脑等新媒体，信息及时性和准确性均得到大大提升。

4. 软硬件结合更便捷

管理人员通过摄像头、传感器等设备，可以准确地检测全场数据，既提升了效率，又增加了准确性。

5. 智能应用更全面

随着 AI 技术的逐步发展，在猪场管理中，管理的安全性、严谨性、功能性都将得到全面提升。

所以，计算机管理系统在猪场的应用将越来越普遍，越来越重要，越来越不可或缺。

二、猪场管理系统的具体应用

1. 全场的数据监控

猪场管理人员为了及时了解场内情况，便于及时发现问题、采取对策，因此在猪场管理中生产报表和每周的例会是必做的工作。猪场领导掌握的信息多来源于基层汇报，这必然存在反映情况不及时、不全甚至失真的情况。如果使用计算机就可避免此类事情的发生，让录入员将场内原始数据输入计算机，由计算机软件来自动统计分析，并以报表和图形的形式打印出来或通过网络传输，让领导真正及时了解到哪些猪健康状况不佳、哪些猪没有及时配种、哪些猪应该淘汰、哪些猪应该产品销售以及全场盈亏情况等诸多信息。

2. 工作安排及提醒

猪场中的种猪管理非常繁杂，往往只有饲养员或配种员才知道每头种猪的状况。如果用计算机软件来管理，只需要将每头母猪最初的状况输入计算机，以后随着时间的变化，计算机都能告诉我们每天每头母猪的状况，如哪些猪应该及时配种、哪些猪应该防疫、哪些猪要产仔等，这样能让更多的人都能知道最近要做的工作，做到及时安排，到位执行。

3. 系谱管理和分析

计算机不仅能保存每头种猪的系谱档案，更重要的是还提供了系谱的分析，通过分析帮助猪场工作人员确定种猪的性能优劣、仔猪的家系选择、避免近亲，优良培育、帮助完成选种选配工作、帮助生成新生仔猪的系谱等。

4. 猪种改良及性能分析，选优淘劣

选优淘劣能不断提高全场的生产水平，然而，选优淘劣的工作在实施时并不容易。如果通过计算机软件，自动计算出每头种猪的性能，再根据某些指标或综合指标进行排序，场内劣质种猪就会越来越少。优秀种猪便能得到充分利用、低劣种猪少用直至淘汰。

5. 猪群的预防、保健程序化管理、制度化到位执行

通过计算机管理实现所有猪的全部各类猪群的预防、保健程序、病史、防疫医疗措施管理等，提醒及时，到位执行，并通过猪群抗体分析把握猪群的抗病能力，通过死淘数据分析找出主要的致病因素。及时进行科学合理的调整免疫程序和保健程序，把疫情随时控制在萌芽状态。

6. 物资的购销管理，做到库存既不积压，又不缺货的良性循环

计算机能保存所有物资（包括饲料原料、疫苗药品等生产资料）的进、存、销的明细分类情况，以及供应商和客户的档案资料、每一次采购或销售的记录，而且能提供各种购销统计报表，还能分析原料和产品的价格变化，分析各客户、各销区、各销售人员的购销变化情况，通过排序进行比较。有效提示进货、库存管理、耗用情况分析等详情资料。

以上仅仅是计算机应用在猪场管理中的冰山一角，通过现代化的技术手段，计算机还可以实现更为先进、更为完善、更为人性化的管理。如通过温度传感器检测全场母猪体温，通过统计摄像头检测猪群的定位、数量，通过电子耳牌完成仔猪的系谱管理和追溯问题等等。总之，计算机管理在将来会在猪场管理中更深入、更全面、更精确、更完善，成为猪场中必不可少的管理工具和发展利器。

三、猪场管理系统的基本模块和功能

猪场管理系统无论是B/S架构还是C/S架构，无论其数据是本地存储还是云存储，其核心模块还是和目前的管理紧密结合的，下面是一套基本猪场管理软件的界面（如图5－4所示），我们可以清晰地看到其数据管理和我们的人工管理是一致的。管理系统和按照人工管理的模式提升管理效率，并不改变管理方向，当然管理系统本身也可以优化管理流程时，就可以进而提升管理水平。

图5－4　猪场管理系统

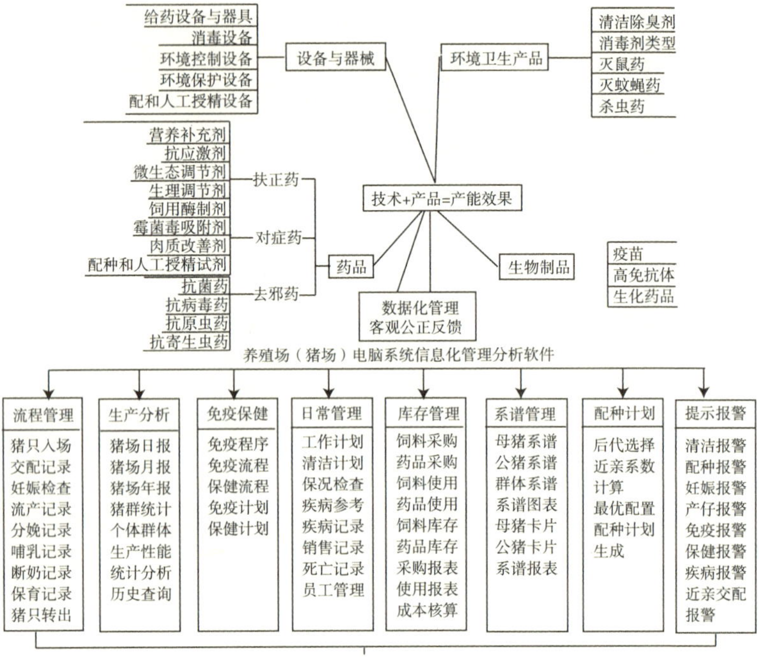

图 5－5　猪场管理系统功能

如上图 5－5 所示，猪场管理系统在应用中可提供以下功能：

（1）在经营数据方面，可以方便地生成各类报表，反馈给经营者和管理者：①饲料耗用统计和成本；②药品保健品器械使用统计和成本；③猪只销售收益统计；④费用（工资、水电、场地使用）统计；⑤猪场消耗统计和库存查询；⑥猪场利润报表和毛利收入。

（2）在母猪性能数据方面的应用，可以有效地提供母猪生产性能方面的数据，能准确反映目前猪场的母猪生产性能问题：①母猪受孕率统计；②母猪空怀率统计；③母猪流产率统计；④母猪产仔成活率、质量统计；⑤母猪整体生产性能统计统计；⑥母猪断奶。

（3）在仔猪数据方面的应用，可以提供仔猪方面的数据，为专家或技术人员提供参考：①仔猪断奶统计；②仔猪体况统计；③仔猪生长统计（料肉比等）；④仔猪用药统计（各类疫苗使用情况等）；⑤仔猪疾病统计；⑥仔猪销售统计（或转为肥猪）。

（4）在公猪数据方面的应用，可以提供公猪相关数据：①公猪生产性能统计；②公猪饲料药品耗用统计；③公猪配种质量统计；④公猪体况统计；⑤公猪销售统计。

（5）在猪场整体配种数据方面的应用，系统能提供准确的配种数据和配种过程中的分析数据，是专家或技术人员对猪场提供指导的重要依据：①个体系谱表；②群体系谱分析表；③配种计划和近亲系数计算；④配种成功率分析；⑤产仔成活率、质量分析。

（6）对配种改良数据支持。管理系统在猪场保健免疫数据方面的应用，需要内置优秀的保健免疫程序，并对整体使用情况汇总，对管理者和经营者、专家技术支持都非常重要：①保健免疫程序（保健品疫苗使用方法）；②保健免疫流程提醒；③保健免疫产品使用统计；④群体疫病（症状）统计分析；⑤群体用药（药后痊愈）统计；⑥保健类药物（消毒剂等）使用统计。

（7）在其他数据方面的应用，主要为管理者或具体操作人员针对个体或某特征个体的查询和提醒：①品种统计；②来源统计；③位置统计；④数量统计；⑤报警信息查看（用药、预产期等报警）；⑥入场出场统计（死亡、失踪、销售等）。

（8）管理系统在应用过程中，可随时对不同群体进行比较，也可以对不同时段进行比对，以发现问题，提高猪场整体的管理质量和工作效率：①不同群体各类指标比对（横向比对）；②同群体不同时段比对（纵向比对）；③不同猪场指标比对；④某特定事件前后比对（新免疫程序）；⑤疾病前后比对；⑥小数量和大数量比对。

四、使用计算机系统管理档案应注意的问题

（1）专人专用，及时输入原始记录。计算机是一件精密设备，一般应培训专职人员，专人操作。如无专人操作，容易损坏机器或软件，或者带入计算机“病毒”，破坏数据。数据应经常输入，不断补充，这样在分析时才较准确。

（2）保留原始数据，经常要有数据备份。计算机在操作时，一旦发生故障，会被“病毒”破坏，数据就会丢失，如有备份，数据可免

于丢失。

综上所述，计算机管理是猪场管理中不可或缺的一部分，在猪场管理中发挥着不可替代的作用，是猪场管理的好工具、好助手、好管家。

第六章　生猪常见疾病的防治

◎ 猪病防制

◎ 猪场发生猪病的应急处理方案

◎ 猪病处理失败的原因分析

第一节 猪病防制

一、猪病防制总论

（1）猪病防制原则：在加强饲料营养和饲养管理的基础上，以预防为主，治疗为辅。

（2）饲养者必须树立“消毒为首，预防为主，消、防重于治”的观念。预防、保健是最经济的措施，因为消毒、预防是主动的，治疗是被动的，一旦猪感染疾病既花费大量的治疗费用，增加饲养成本，又造成猪只生长停滞，影响其生产性能，所以要想养好猪，做好猪只的卫生消毒、免疫预防、营养保健是关键。

（3）猪场疫病控制的主要内容包括生物安全、消毒、免疫接种、药物防治。

（4）猪病预防措施：加强环境控制，严格防疫制度；改善饲养管理，提高猪群的抵抗力；自繁自养，引进猪严格检疫及隔离；对猪只适时进行合理的免疫接种；制订并执行科学的药物保健方案；定期进行卫生消毒及驱虫。

（5）发生疫情时采取的紧急措施：紧急封锁；紧急消毒；将病猪及时隔离；紧急免疫接种；处理病猪；对周围猪群进行检疫及监测并采取相应措施。

（6）饲养者要认真地对待引种工作，因为引种不慎往往是引发疫情的主要原因。饲养者搞好种猪群的净化，坚持自繁自养。

（7）严格执行兽医防疫制度，限制人员车辆出入，彻底消毒，控制病原被带进猪场。

（8）影响养猪效益的因素：管理、市场、品种、营养、疫病等，其中管理应放在第一位；在猪病防制上，管理也是第一位。

（9）猪场兽医必须懂得饲养管理。事实上，管理较正规的猪场是不设专职兽医的，因为搞生产的都要懂兽医，兽医也离不开饲养管理。

（10）猪场生产技术场长，技术必须全面；只懂饲养管理不懂兽医的或只懂兽医不懂饲养管理的场长不是称职的正规化猪场场长。

（11）猪场管理混乱，饲养管理技术落后，猪病就无法控制，更谈不上防，就只好“治”。

（12）猪场管理水平越高，其生产技术管理人员就越重视保健预防，而兽医临床治疗就越会被忽视，这是大势所趋。我们不希望在规模化猪场培养出高级兽医师。

（13）猪病防制要兼顾成本控制与保本分析。健康场的饲料成本占总成本的70%～80%；每头出栏猪全摊药费25元左右；消毒药＞疫苗＞预防药＞治疗药。

（14）观察猪是饲养者一项最重要的工作。猪安静睡觉时观察其呼吸道病；搞卫生时观察其消化道病；喂料后观察其食欲。

（15）能饮水用药就不饲料用药；能饲料用药就不注射用药。一周龄内仔猪完全有办法可以禁用或少用注射用药以减少应激。

（16）饲养者要准确判断病因，对症下药，否则既花钱又无效。

（17）饲养者要轮换用药，避免同一猪群长期使用一种药，以提高疗效，减少猪只的耐药性。

（18）正确使用抗生素药物剂量，除首次加倍外，不能任意加大使用剂量。

（19）饲养者使用药物时，要注意药物的配伍禁忌，不要随意同时使用多种药物。

（20）任何药物的使用都有一定的用药疗程，不能随意减少用药时间及次数。

（21）病毒性病与细菌性病混合感染，是目前猪病的特点，使得猪病变得更加复杂。饲养者要充分利用好转移因子产品如恃福，配合免疫注射；充分利用好干扰素产品如排疫肽，配合治疗。同时要采取综合防治措施。

二、兽医临床技术操作规程

为确保猪场正常生产，更有效地降低猪群的发病率、死亡率，减少疾病造成的损失，不断促进猪场疫病防治工作的规范化、科学化，逐步提高兽医临床操作技术水平，特制定本规程细则，请猪场生产线员工参照执行。

（1）认真做好防疫工作，严格执行《猪场卫生防疫制度》。

（2）认真做好消毒工作，严格执行《消毒制度》。

（3）认真做好免疫工作，严格执行《猪场免疫程序》。

（4）认真做好驱虫工作，严格执行《驱虫程序》。

（5）加强饲养管理，严格按《技术操作规程细则》进行日常工作。提高猪群的抗病能力。

（6）注意了解、调查本地区疫情，掌握流行病的发生发展等有关信息，及时提出合理化建议并提出相应综合防治措施。

（7）定期检疫，定期进行猪只抗体检测工作。

（8）一旦发生疫情或受到周围疫情威胁，猪场要及时采取紧急封锁等自卫措施，全体职工要绝对服从猪场发布的封锁令。

（9）建立健康猪群，引入种猪要检疫并隔离饲养观察至少 40 天；尽量自繁自养。

（10）及时隔离病猪、处理死猪，污染过的栏舍、场地彻底消毒；各舍要设 1 ~2 个病猪专用栏。

（11）病死猪用专车运到腐尸池处理；解剖病猪在腐尸池解剖台进行，操作人员要消毒后才能进入生产线；每次剖检要写报告存档，临床检查、剖检不能确诊的要采取病料化验。

（12）及时将猪群疫病情况反映给猪场生产技术部，以便有计划地进行药物控制与预防。

（13）对病猪必须做必要的临床检查，如体温、食欲、精神、粪便、呼吸、心率等全身症状的检查，然后做出正确的诊断。

（14）诊断后及时对因对症用药，有并发症、继发症的要采取综合措施。

（15）残次、淘汰、病猪要经兽医鉴定后才能决定是否出售。

（16）预防中毒、应激等急性病，发现时要及时抢救治疗。

（17）及时治疗僵猪，配方采用肌苷 + VB1 + 右旋糖酐铁（如揭达产“爱尔达”），各 2 毫升，每天 1 次，连用 7 天；治疗前驱虫、健胃，饲料中添加 0.4% 金立维它（多 V）+倍壮素，连用 30 天。

（18）对仔猪黄白痢等常见病要有目的地进行对照治疗，定期对猪只做药敏试验，有计划地进行药物预防。

（19）久治不愈或无治疗价值的病猪要及时淘汰。

（20）饲养员要熟练掌握肌注、静注、腹腔补液、去势手术、难产等简单的兽医操作技术。大猪治疗时采取相应的保定措施。

（21）勤观察猪群健康情况，及时发现病猪，及时采取治疗措施，严重疫情，及时上报。

（22）做好病猪病志、剖检记录、死亡记录，经常总结临床经验、教训。

（23）保健兽医技术人员要根据猪群情况科学地提出防治方案，并监督执行。

（24）按时提出药品、疫苗的采购计划，并注意了解新药品、新技术。

（25）正确保管和使用疫苗、兽药，有质量问题或过期失效的一律禁用。

（26）药房要专人管理，备齐常用药。库存无货要提前 1 周提出采购计划。注意疫苗、药品的保管要求、条件，避免损失浪费。接近失效的药品要先用或及时调剂使用，各猪舍取药量不得超过 1 周用量。

（27）注射疫苗时，小猪一栏换一个针头，种猪一针筒疫苗换一个针头。病猪不能注射，待其病愈后及时补注。

（28）接种活菌苗前后 1 周停用各种抗生素。

（29）猪只发生过敏反应肌注肾上腺素或地塞米松时，为预防过敏反应及加强免疫效果可在注射疫苗前饮水添加爱固壮等抗应激、免疫增效剂药物。

（30）严格按说明书或遵兽医嘱托用药，给药途径、剂量、用法要准确无误。

（31）用药后，观察猪群反应，出现异常不良反应时要及时采取补救措施。

（32）有毒副作用的药品要慎用，注意配伍禁忌。

（33）免疫和治疗器械用后消毒，不同猪舍不得共用注射器等器械。

（34）对猪场有关疫情、防治新措施等技术性资料、信息，要严格保密，不准外泄。

三、猪场卫生防疫制度

为了搞好猪场的卫生防疫工作，确保养猪生产的顺利进行，向用户提供优质健康的种猪或商品猪，必须贯彻“预防为主，防治结合，防重于治”的原则，杜绝疫病的发生。现制定以下《猪场卫生防疫制度》，请全场员工及外来人员严格执行。

1. 产区防疫制度

（1）猪场分生产区和非生产区，生产区包括养猪生产线、出猪台、解剖室、流水线走廊、污水处理区等。非生产区包括办公室、食堂、宿舍等。

（2）非生产区工作人员及车辆严禁进入生产区，确有需要者必须经场长或主管兽医批准并经严格消毒后，在场内人员陪同下方可进入，只可在指定范围内活动。

2. 生活区防疫制度

生活区大门应设消毒门岗，全场员工及外来人员入场时，均应通过消毒门岗的消毒池用葵甲嗅胺进行消毒，每周更换一次消毒液。

每月初对生活区进行一次大清洁、消毒、灭鼠、灭蚊蝇。

任何人不得从场外购买猪、牛、羊肉及其加工制品入场，场内职工及其家属不得在场内饲养禽畜（如猫、狗）。

饲养员要在场内宿舍居住，不得随便外出；场内技术人员不得到场外出诊；不得去屠宰场、其他猪场或屠宰户、养猪户场（家）逗留。

员工休假回场或新招员工要在生活区隔离两天后方可进入生产区工作。

搞好场内卫生及环境绿化工作。

3. 车辆卫生防疫制度

运输饲料车辆在进入生产区时要用葵甲溴胺彻底消毒。

运猪车辆出入生产区、隔离舍、出猪台要用葵甲溴胺彻底消毒。

上述车辆司机不许离开驾驶室与场内人员接触，随车装卸工要同生产区人员一样更衣换鞋消毒。

4. 购销猪防疫制度

从外地购入种猪，须经过检疫，并在场内隔离舍饲养观察 40 天，确认无病健康猪，经冲洗干净并彻底用葵甲溴胺消毒后方可进入生产线。

出售猪只时，须经兽医临床检查无病的方可出场。出售猪只只能单向流动，如质量不合格退回时，要做淘汰处理，不得返回生产线。

生产线工作人员出入隔离舍、售猪室、出猪台时要严格更衣、换鞋、消毒，不得与外人接触。

5. 疫苗保存及使用制度

各种疫苗要按要求进行保存，凡是过期、变质、失效的疫苗一律禁止使用。

免疫接种必须严格按照公司制定的《免疫程序》执行。

免疫注射时，尽量不打飞针，严格按操作要求进行。

做好免疫计划、免疫记录。

生产线员工必须经更衣室更衣、换鞋，脚踏消毒池、手浸消毒盆后方可进入生产线。消毒池用葵甲嗅胺每周更换一次消毒液，更衣室紫外线灯保持全天候开着的状态。

生产线内工作人员，不准留长指甲，男性员工不准留长发，不得带私人物品入内。

生产线每栋猪舍门口，产房各单元门口设消毒池用葵甲溴胺进行消毒，并定期更换消毒液，保持有效浓度。

制定完善的猪舍、猪体消毒制度（详见消毒制度）。

杜绝使用发霉变质饲料。

对常见病做好药物预防工作（详见药物预防制度）。

做好员工的卫生防疫培训工作。

四、规模化猪场疾病预防免疫程序与保健用药程序和卫生消毒制度

（一）疾病预防免疫程序

表 6－1　规模猪场建议免疫程序——仔猪

免疫时间	疫苗名称	方法与剂量	备　注
1～3 日龄	猪伪狂犬 gE 基因缺失弱毒	1 头份/每侧，双侧滴鼻	Bartha－k61 株
3 日龄	右旋糖粕铁	1 毫升，肌肉注射	
7 日龄	支原体灭活苗 蓝耳病灭活苗	2 毫升/头，肌肉注射 1 毫升/头，肌肉注射	分两侧进行
12 日龄	右旋糖粕铁	2 毫升/头，肌肉注射	
14～18 日龄	圆环病毒灭活苗	2 毫升/头，肌肉注射	
25－28 日龄	支原体灭活苗 蓝耳病灭活苗	2 毫升/头，肌肉注射 1 毫升/头，肌肉注射	分两侧进行
35 日龄	猪瘟 ST 高效细胞苗	1 头份，肌注	
40 日龄	W 病（O）	1.5 毫升肌注	
55 日龄	猪瘟 ST 高效细胞苗	1 头份肌注	
65 日龄	猪伪狂犬 gE 基因缺失弱毒	2 毫升/头，肌注	Bartha－k61 株
70 日龄	W 病（O）	1.5 毫升肌注	

表 6－2　规模猪场建议免疫程序——后备母猪和后备公猪

免疫时间	疫苗名称	方法与剂量	备　注
配种前 75 天	猪瘟 ST 高效细胞苗	1 头份/头，肌肉注射	
配种前 65 天	猪伪狂犬 gE 基因缺失弱毒	2 毫升/头，肌肉注射	
	细小病毒灭活苗	2 毫升/头，肌肉注射	

续 表

免疫时间	疫苗名称	方法与剂量	备 注
配种前55天或初情第1天	圆环病毒灭活苗 蓝耳病灭活苗	2毫升/头，肌肉注射 2毫升/头，肌肉注射	分两边注射
配种前45天或初情后第20天	猪伪狂犬gE基因缺失弱毒	2毫升/头，肌肉注射	Bartha－k61株
	细小病毒灭活苗	2毫升/头，肌注	分两边注射
配种前35天或初情后第30天	圆环病毒灭活苗 蓝耳病灭活苗	2毫升/头，肌肉注射 2毫升/头，肌肉注射	分边肌注
配种前25天或初情后第40天	副猪嗜血杆菌病灭活苗	1头份/头，肌肉注射	分两边进行
	乙脑	1头份/头，肌肉注射	
配种前10天或初情后第55天	副猪嗜血杆菌病灭活苗	1头份/头肌注	分两边进行
	乙脑弱毒苗	1头份/头肌注	

表6－3 规模猪场建议免疫程序——种公猪

免疫时间	疫苗名称	方法与剂量	备 注
4月、8月、12月上	猪伪狂犬gE基因缺失弱毒	1头份/头，肌肉注射	分两边进行
	蓝耳病灭活苗	2毫升/头，肌肉注射	
3月、9月上	猪瘟ST高效细胞苗	1头份/头，肌肉注射	分两边进行
	圆环病毒灭活苗	2毫升/头，肌肉注射	
3月、9月中	W病（O）	4毫升/头，肌肉注射	
3月、9月下	细小病毒灭活苗	1头份/头，肌肉注射	

表 6－4　规模猪场建议免疫程序—初产母猪

免疫时间	疫苗名称	方法与剂量	备　注
产前 40 天	副猪嗜血杆菌病灭活苗	1 头份/头，肌肉注射	
产前 20 天	副猪嗜血杆菌病灭活苗	1 头份/头，肌肉注射	

表 6－5　规模猪场建议免疫程序——经产母猪

免疫时间	疫苗名称	方法与剂量	备　注
4 月、8 月、12 月上	猪伪狂犬 gE 基因缺失弱毒	1 头份/头，肌注	分两边进行
	蓝耳病灭活苗	2 毫升/头，肌注	
3 月、9 月上	猪瘟 ST 高效细胞苗	1 头份/头，肌注	分两边进行
	圆环病毒灭活苗	2 毫升/头，肌注	
3 月、9 月中	W 病（O）	2 毫升，肌注	分两边进行
3 月、9 月下	细小病毒灭活苗	1 头份/头，肌注	
产前 21 天	副猪嗜血杆菌灭活苗	1 头份/头，肌注	

表 6－6　猪场建议免疫程序——季节性时间全场所有猪免疫

免疫时间	疫苗名称	方法与剂量	备　注
每年 10 月～次年 5 月	传染性胃肠炎－流行性腹泻二联灭活苗	仔猪 0.5 头份/头，滴鼻（有病流行时用），种母猪 1 头/头，肌注加滴鼻	母猪首次免疫间，间隔 21 左右免疫 2 次，以后产前 20～40 天免疫 1 次，常年进行
每年 3～6 月	猪乙型脑炎活苗	50 千克以上的猪 2 毫升/头，50 千克以下 1 毫升/头，的猪肌注	

表6-7 规模猪场建议免疫程序—新引种猪

免疫时间	疫苗名称	方法与剂量	备 注
进猪后第7天	猪瘟ST高效细胞苗	1头份/头，肌注	分两边进行
	副猪嗜血杆菌灭活苗	1头份/头，肌注	
进猪后第15天	伪狂犬弱毒苗	2毫升/头肌注	分两边进行
	圆环病毒灭活苗	2毫升/头肌注	
进猪后35天	猪伪狂犬弱毒苗+蓝耳病灭活苗	各1头份分边肌注	
进猪后55天	W病（O）	2毫升肌注	
进猪后75天	W病（O）	2毫升肌注	

免疫程序执行中应注意：

（1）活细菌疫苗（仔猪副伤寒、链球菌弱毒苗、支原体活苗），免疫前2天~免疫后5天不能用可吸收的敏感抗菌剂。

（2）活病毒疫苗，免疫前2天~免疫后5天不能用含抗病毒制剂（病毒唑、病毒灵、金刚烷胺、α-干扰素）。

（3）生产公猪应分两批免疫，避免因免疫副反应打乱配种计划。

（4）免疫副反应较大的疫苗，如W病灭活苗和仔猪副伤寒等，应在免疫前3天~免疫后5天经料添加倍壮素（酵母细胞壁）1000克/吨+威控（过氧化氢酶）1000克/吨，防止猪只的应激，减少副反应的发生。蓝耳病弱毒苗（特别是高致病毒株弱毒苗时）应在免疫前5~7天添加倍壮素（酵母细胞壁）1000克/吨+威控（过氧化氢酶）1000克/吨+20%替米考星500克/吨料。

（6）免疫弱毒苗时，把稀释液从冰箱取出进行回温到室温，而疫苗从冰箱取出后尽快稀释尽快免疫，疫苗稀释后在2小时之内免疫完；灭活苗从冰箱取出后要在25℃左右室温中放置2~6小时后，方可免疫。如果冬天气温比较低时，应将灭活苗放于30~35℃的温水中加温后摇匀再免疫。

（7）真空冻干苗一旦失去真空、冻型破坏就不能使用；油乳剂苗一旦破乳分层就不能使用。

（8）猪的疫苗接种应选择在接种疫苗最适温度 18～22℃时进行，各地根据季节气温进行疫苗接种。

（9）免疫时准备地塞米松或肾上腺素，以备应激大的疫苗和猪的个体救急之用。当猪只出现严重应激时耳充水，泼水、人工呼吸救猪或注射地塞米松或肾上腺素。免疫后猪不食或采量少时，注射氟尼辛葡甲胺 20 毫升 + 复合维生素 B 20 毫升混合注射，每日 1 次，连用 3 天。

（二）规模化猪场疾病预防与保健用药程序

1. 繁殖母猪

（1）目的与意义：防止母猪产程长、难产、乳腺炎、子宫炎、便秘、产前产后厌食症。防止母猪乳腺炎、子宫炎、无乳综合征及产后发热。

（2）实施方案：

①母猪整个生产周期经料添加种猪用维生素预混剂 1.0 千克/吨；提高母猪繁殖性能，减少流产、死胎比例，缩短母猪再发情时间。母猪整个生产周期经料添加净毒霸（酵母细胞壁 + 蒙脱石）1 千克/吨，视原料霉变情况加大净毒霸（酵母细胞壁 + 蒙脱石）用量。吸附黄曲霉毒素、玉米赤霉烯酮、T－2 毒素和呕吐毒素等多种霉菌毒素。

②母猪怀孕 1～84 日龄经料添加复合微生态制剂（母猪专用）1500 克/吨。

③母猪产前产后 20～30 天经料添加泌乐多（硫酸镁钾）3 千克 + 复合多维 1 千克/吨；调节母猪体内电解质平衡，促进新陈代谢，改善繁殖性能；促进平滑肌收缩，如消化道、生殖道和乳腺，有利于产后消化道和生殖道功能恢复；增强哺乳母猪采食量和泌乳量；彻底消除产房母猪便秘，减少母猪失重、缩短其再发情天数，延长母猪的使用年限；预防 MMA 症，提高泌乳量与乳汁品质，提高免疫力，减少哺乳仔猪黄白痢发生，增加仔猪断奶重；清除母猪因传染病、寄生虫和应激等原因而引起肠道产生过多的黏液及不良分泌物；减少母猪蹄裂等肢体病的发生；保证仔猪获得更高的母源抗；提高仔猪初生重。

④母猪产前7天~产后7天经水添加水溶性电解多维1.5千克/吨水；母猪产前产后一周饲料中加10%氟本尼考400克+强力霉素800克/吨料。

⑤母猪产前30天及产前1天各注射一次右旋糖酐铁，每次5毫升，改善母猪贫血，增加产力，缩短产程。

⑥预产期前1~2天注射一次氯前列烯醇，控制白天产仔。提前24小时注射。

⑦母猪产后12~24小时塞入子宫1粒达力朗，产程超过3小时的塞入2粒预防母猪子宫内膜炎。

⑧产仔当天注射一次宫炎百病消（乳酸环丙沙星），产后注射1次缩宫素。

2. 种母猪和种公猪

（1）目的和意义：①防止种猪体内外寄生虫感染并在猪群中传播，预防寄生虫病的直接危害和寄生虫引起的间接危害（猪附红体病）。②防止细菌病原在猪体内长期沉积而导致其生产性能下降。防止种猪将病原传染给对病敏感的仔猪。

（2）方案与实施细则：

①所有种猪每年2次驱虫：选用广谱抗寄生虫药0.2%伊维菌素+10%阿苯哒唑，如“灭虫清”0.09%拌料驱7天，经产母猪产前7~14天1次，公猪半年1次，后备猪配种前7~14天1次。驱除猪只体内外寄生虫，包括线虫及其幼虫（蛔虫、猪胃线虫、毛首线虫、类圆线虫、旋毛虫、食道口线虫、肾虫、棘头虫等）、绦虫及其幼虫（囊尾蚴、棘球蚴等）、吸虫类（姜片吸虫、华支睾吸虫等）和外寄生虫（疥癣、猪虱）。

②所有种猪每年6次（每两月1次）抗菌剂保健：选用10%氟本尼考60克/100千克料+磺胺二甲嘧啶100克/100千克料或20%替米考星100克/100千克料+10%阿莫西林（含克拉维酸）100克/100千克料，交替用，每次7~10天为一个疗程。预防细菌性疾病和附红细胞体和弓形体等。

3. 哺乳~80日龄

（1）目的和意义：①防止仔猪腹泻性（仔猪黄痢、仔猪白痢）。

②防止仔猪关键营养因子的缺乏（防缺铁性贫血）。③促进仔猪消化系统的发育，尽早完善仔猪微生态体系的建立，为一生打下坚实基础。④防止仔猪断奶应激、预防仔猪断奶后下痢、预防仔猪断奶后的多系统衰竭缩合症或呼吸道综合征的发生。⑤防治仔猪体内外寄生虫。

（2）方案与实施细则：

①仔猪 1 日龄：口服咪可乐（粪链球菌膏剂）2 克（在大肠杆菌严重的猪场）。

②用早得利妈咪乳（仔猪专用代乳粉）协助教槽：仔猪出生后四五天用早得利妈咪乳与优质教槽料均等混合成糊状，在猪吃料时和熟睡时抹于仔猪舌底，每天 2～3 次；六七天用早得利妈咪乳与优质教槽料均等混合，每天撒料 4 次，每次 10 余颗，确保 10 日龄仔猪会吃料；个别不会吃料的仔猪采取强制补料。注：对 7 日后奶水不足的母猪用早得利妈咪乳，将本品溶解于温水中，温度以 40℃～50℃为宜。按 1kg 早得利妈咪乳与 6 升温水混合均匀，可得到 7 升液态早得利妈咪乳。将稀释后的早得利妈咪乳（仔猪专用代乳粉）倒入采食槽中，让小猪自由采食，每天饲喂 4～6 次。断奶后小猪可继续饮用早得利妈咪乳 5～7 天。如有条件，可选用自动饮乳器。

③断奶前 3～50 日龄：用金陪菲（添加复合微生态抗菌态）300 克/100 千克料 + 复合电解多维 100 克/100 千克料，50～80 日龄的添加倍壮素（酵母细胞壁）100 克/100 千克料 + 金陪菲（添加复合微生态抗菌态）200 克/100 千克料。注：若仔猪有饮水给药设施，断奶前 3 天至断奶后 7 天用金立维它（复合电解多维）100 克/100 千克水 + 倍壮素 100 克/100 千克水，饲料添加肠菌平（复合微生态制剂）300 克/100 千克料效果更好。

④3 日龄的仔猪补铁：右旋糖酐铁 1 毫升/头；20 日龄再用右旋糖酐铁补铁 2 毫升/头，可免去三针（3、7、21 天）药物保健。

⑤仔猪 10～20 日龄腹泻用药：如仔猪群中有一头出现腹泻，全窝仔猪口服咪可乐（粪链球菌膏剂），每头 2 克。

⑥28 日龄的仔猪：选用广谱抗寄生虫药伊维菌素 + 阿苯达唑 0.1% 拌料驱 7 天。

⑦60 日龄的仔猪：选用广谱抗寄生虫药伊维菌素 + 阿苯达唑 0.1% +10% 氟苯尼考 60 克/100 千克拌料 + 磺胺二甲嘧啶 100 克/100 千克料连用 7 天。

4. 80 日龄 ~60 千克体重

（1）目的与意义：使仔猪进一步生长，预防呼吸道病并驱虫。

（2）方案与实施细则：①80 日龄 ~60 千克的猪只添加肠菌平（复合微生态制剂）200 克/100 千克料。②60 千克体重左右的猪只：20% 替米考星 100 克/100 千克料 +10% 阿莫西林（含克拉维酸）100 克/100 千克料 + 伊维菌素氧阿苯达唑 0.05% 拌料 7 ~10 天，预防细菌性呼吸病及驱虫。

5. 新引进猪的隔离期保健用药

（1）引进猪运输途中：用 150 克金立维它（复合电解多维）拌 35 千克料或饮水防止应激。

（2）引进猪 1 ~14 天：①150 克金立维它拌 35 千克料 + 普乐健（10% 氟本尼考）100 克/100 千克拌料 7 天，尽可能切断引种带来的一些细菌性问题。②选用广谱抗寄生虫药伊维菌素 + 阿苯达唑 0.1% 拌料驱 7 天，驱除猪只体内外寄生虫，包括线虫及其幼虫（蛔虫、猪胃线虫、毛首线虫、类圆线虫、旋毛虫、食道口线虫、肾虫、棘头虫等）、绦虫及其幼虫（囊尾蚴、棘球蚴等）、吸虫类（姜片吸虫、华支睾吸虫等）和外寄生虫（疥癣、猪虱）。

（三）规模猪场卫生消毒制度

1. 空舍（终末）消毒

第一步，清扫与水洗。①赶出猪只，清空猪舍。②拆卸饲槽、猪圈隔离物、工具和其他容易移动的设备。③清除粪便、草垫和未采食的饲料，确保区域内尽可能的清洁。如果可能，冲走污泥，采用真空吸尘器吸走灰尘效果更好。④把粪便和污泥转至离畜舍尽可能远的地方，最好清除出养殖场。⑤水洗猪舍。

第二步，清洁和消毒前处理。①用 4% 烧碱溶液、喷雾器或压力清洗机喷洒。压力清洗机应该设置低压力挡 500psi（35bar），喷射角度为

45 度角，以每平方米表面积 500～5000 毫升溶液喷洒。②喷洒后保持静置 20～30 分钟。③高压力冲洗，从尽可能高的位置开始，一直到最低层或地板。尤其要关注拐角、裂缝和其他污垢沉积的地方。如果有必要，需要擦洗掉结块的泥。高压清洗，尤其要注意不容易冲洗到的地方——比如饲槽和裂缝。④随后晾干，这些地方尽可能避免污染（如果可能的话，把设备移动到清洁地方晾干）。

第三步，表面消毒。

（1）先用碘附消毒剂把全场地面消毒一次。以 1∶500 比例（10 毫升消毒剂加水 5 千克）的溶液用于清洗前的表面处理。①以每平方米 300 毫升的适宜比率用于表面区域的消毒。②使用喷雾器或采用 45 度角方向、500psi（35bar）压力设置的洗涤器。③从顶棚到墙壁，再到地板依次完全浸润表面。④尤其要注意拐角、裂缝和破碎的地方。⑤在重新组装和放置设备之前要将设备晾干（自然干燥，不需要冲洗）。

（2）待地面干燥后再用硫酸氢钾复合盐把全场地面消毒一次。①将过硫酸氢钾复合盐泡腾片以 1∶400 的比例进行稀释（10 片兑水 4 千克）。②以每平方米 300 毫升的适宜比率用于表面区域的消毒。③使用喷雾器或采用 45 度角方向、500psi（35bar）压力设置的洗涤器。④从顶棚到墙壁，再到地板依次完全浸润表面。⑤尤其要注意拐角、裂缝和破碎的地方。还要注意清理可渗透的表面，如木头表面和水泥表面。⑥在重新组装和放置设备之前要将设备晾干（自然干燥，不需要冲洗）。

第四步，喷雾和空气消毒。

①使用压力洗涤机和其他机械喷雾器对屋檐或其他未消毒区域喷雾，用 1∶400 的比例稀释过的过硫酸氢钾复合盐泡腾片（10 片兑水 4 千克）。1 升溶液消毒 100 立方米空间（最佳喷雾粒子直径为：80～500 微米）。

②然后用同样的溶液彻底消毒其余空间。

③畜舍立即封闭。注意：使用过硫酸氢钾复合盐泡腾片按 1∶400 的比例稀释（10 片兑水 4 千克）作为喷雾剂，只要按说明使用，对于猪和操作人员来讲是非常安全的。

第五步，消毒供水系统（每月 2 次）。饮水管道系统用过硫酸氢钾复合盐泡腾片按 1∶200 的比例稀释（20 片兑水 4 千克），打开盖子，从水箱的顶部注入，从最远端的饮水器开始消毒。具体过程为：①清理出水箱内的污泥。②装满水，添加过硫酸氢钾复合盐泡腾片并以 1∶200 的比例稀释溶液，浸泡 10 分钟。③通过从各个饮水器流出进行冲刷，然后等待 30 分钟。④再次装满新鲜水。

第六步，消毒可移动设备。①清理干净所有的残骸。②可以选用清洁剂溶液洗涤，放置 20～30 分钟。③高压清洗，尤其要注意不容易冲洗到的地方，如饲槽和裂缝。④如果可能的话，把设备移动到清洁地方晾干。⑤用过硫酸氢钾复合盐泡腾片并以 1∶200 的比例稀释（20 片兑水 4 千克），浸泡 30 分钟以上，晾干可用。

2. 侵入途径消毒

（1）人员消毒：严格控制参观者，对进入猪场参观人员必须进行严格监控。

①进入猪场生产区的人员必须换本场已消毒过的专用衣服和鞋，衣物用紫外线照射 18 小时以上。

②进入饲养场的所有人员必须进行喷雾消毒，消毒剂用过硫酸氢钾复合盐泡腾片以 1∶400 的比例稀释（10 片兑水 4 千克），喷雾时间不得少于 60 秒，雾化消毒剂不得大于 15 微米。所有人员手部消毒必须使用过硫酸氢钾复合盐泡腾片以 1∶400 的比例稀释（10 片兑水 4 千克）进行洗手消毒；洗手后不需要使用清水冲洗手部，只需要让其自然干燥即可。

③进入猪场生产区的人员必须过威兰金碘（碘附）消毒剂，以 1∶500（10 毫升消毒剂加水 5 千克）比例的溶液消毒池。

④进入猪舍的人员必须过威兰金碘（碘附）消毒剂，以 1∶500（10 毫升消毒剂加水 5 千克）比例的溶液消毒池。

（2）足履消毒池：在养殖场的出入口及养殖场内每座建筑和房间的出入口处都设置足履消毒池，消毒池填灌威兰金碘（碘附）消毒剂，以 1∶500（10 毫升消毒剂加水 5 千克）比例的溶液。要保证每周更新消毒液，如果水靴被泥土或粪便严重污染，请在进入足履消毒池前使用刷子清洁水靴。

（3）车辆：在猪只生产阶段中，所有有关车辆的生物安全计划都非常重要，可分为危险车辆和一般车辆。危险车辆为搬运家畜和饲料的车辆、经常出入养殖场的车辆等（如来自其他养殖场的车、饲料兽药销售服务车）。一般车辆为与畜禽无接触机会的访客车辆。原则上车辆尽可能停放在生物安全区的周围之外，严格控制车辆特别是危险车辆进入猪场，只有必要的车辆才能进入猪场。

①危险车辆的消毒：车轮喷洒消毒、车辆整体消毒、停车处的消毒。

步骤一：干洗，除去有机物。对车辆内部及外部除去有机物的步骤是很必要的，因为粪便及垃圾中含有大量的污染，且为传播疾病的主要来源。使用刷子、铲子、耙或机械式刮刀，除去车辆上的有机物。特别注意要清除沉积于车辆底部的有机物质。使用坚硬的刷子（必要时，使用压力冲洗器）清扫，确定车轮、轮箍、轮筐、挡泥板及无遮蔽的车身无任何淤泥及稻草等污物残留。

步骤二：清洁。车子虽然除去了可能产生污染的垫料及垃圾，但是仍然有大量感染源残留。对车子使用清洁剂进行喷洒，确保油污不会残留于表面。

步骤三：消毒。对车子虽然经过了清洁的步骤，但是致病微生物（尤其是病毒）的数量仍然很高，足以引起疾病。因此需使用广效性消毒剂来有效对抗细菌、酵母菌、霉菌及其他病原菌。用过硫酸氢钾复合盐泡腾片以1∶400的比例稀释（10片兑水4千克），每平方米低压喷洒300毫升。

车辆外部，由车顶开始，然后依序往车厢四边消毒。需特别注意车辆的车筐、车箍、扫泥板及底部的消毒。

车辆内部，由车厢顶开始往下消毒，须彻底消毒车厢顶部、内壁、分隔板及地面。需特别注意上下货的斜坡、货物升降架及栅门的消毒。确定车辆腹侧置物箱中所有的设备已清洗，如铲子、刷子等皆已喷洒过卫可溶液或浸泡在卫可溶液中。

归还消毒设备前，要先消毒腹侧置物箱内部的所有表面。

②一般车辆的消毒：使用稀释倍数过硫酸氢钾复合盐泡腾片并以1∶400的比例稀释（10片兑水4千克），每平方米低压喷洒300毫升。由车顶开始，然后依序往车厢四边消毒。

③车轮消毒：所有进入车辆应先经过车轮消毒池。

车轮消毒池：消毒池的长度应是可包含车子两侧的车轮，消毒池填灌威兰金碘（碘附）消毒剂比例为1∶500（10毫升消毒剂加水5千克）。要保证每周更新消毒液，如果车轮被泥土或粪便严重污染，请在车轮进入消毒池前清洁轮胎。

（4）人行道和车行道。人行道、车行道和房舍周边的地段要保持无粪便和垃圾，每周一次用1∶500（10毫升消毒剂加水5千克）比例的威兰金碘消毒液进行消毒，这样可防止潜伏的感染源的扩散。剂量按照每平方米地面300毫升计算。

（5）器材设备。尽可能将器材设备堆放在一起后进行常规的高压冲洗和消毒，可使用过硫酸氢钾复合盐泡腾片并以1∶400的比例稀释（10片兑水4千克）的消毒水浸泡。

3. 带猪消毒及饮水消毒

（1）产房。①产房空舍的清洗消毒特别重要（参照空舍消毒要求执行）。②母猪进产房之前擦洗体表、乳头。先用水把母猪体表洗净后，用过硫酸氢钾复合盐泡腾片并以1∶400的比例稀释（10片兑水4千克），用喷雾器喷淋体表并用湿毛巾擦洗母猪腹部、会阴和乳头。③母猪产仔后，产房要保持卫生和干燥。对猪粪要及时清除，如有拉稀粪及时清理，用浸有以1∶400的比例稀释的（10片兑水4千克）过硫酸氢钾复合盐泡腾片的拖把及时拖干。④擦洗泌乳期的母猪乳头：过硫酸氢钾复合盐泡腾片并以1∶400的比例稀释（10片兑水4千克），每天2次，一桶（盆）稀释液大约2～3千克，最多擦洗10头母猪。⑤仔猪保温箱内的垫料要勤换，并用过硫酸氢钾复合盐泡腾片以1∶400的比例稀释（10片兑水4千克），彻底消毒。⑥最好将母猪与仔猪的饮水分开，过硫酸氢钾复合盐泡腾片以1∶10000～20000的比例（1片消毒剂加水1～2千克）稀释，母猪每周用1次，仔猪每周2～3次。⑦每周应使用过硫酸氢钾复合盐泡腾片以1∶400的比例稀释（10片兑水4千克）喷雾2次，按照比例稀释后使用，用量为每500立方米空间喷洒1公升消毒水（最佳喷雾粒子直径为：80～500微米）。⑧如发现母猪有子宫炎，可用1:500～700的宫炎清（畜用草本植物提取灌注剂）灌注母猪子宫，约80毫升/头。

（2）保育舍。①空舍清洗消毒特别重要（参照空舍消毒要求执行）。②每周应使用过硫酸氢钾复合盐泡腾片以1:400的比例稀释（10片兑水4千克），喷雾2次，每100立方米空间喷洒1公升消毒水（最佳喷雾粒子直径为：80～500微米）。注：当环境温度低时，要将消毒水加热到30°C，以防感冒。如发现呼道症状的、皮炎肾病综合征的猪的比例较高，可增加到每天1次。③断奶仔猪在转入保育舍后一星期内使用过硫酸氢钾复合盐泡腾片按1:10000～20000的比例（1片消毒剂加水1～2千克）加入仔猪的饮水中饮用。以后每周进行2次饮水消毒。④如发现有较多比例的猪腹泻，用过硫酸氢钾复合盐泡腾片按1:10000～20000的比例（1片消毒剂加水1～2千克）加入猪的饮水中并保持一周，有较好的效果。

（3）生长肥育舍、配种舍、公猪舍、怀孕舍。①空舍清洗消毒特别重要（参照空舍消毒要求执行）。②每周应使用1:500（10ml消毒剂加水5千克）的过氧乙酸喷雾2次。用量为每500立方米空间喷洒1公升消毒水（最佳喷雾粒子直径为：80～500微米）。每用喷3次过氧乙酸，用1次威兰金碘。如饲养者发现呼道症状的、皮炎肾病综合征的猪的比例较高，可增加到每天1次。③保育猪转入育肥舍后一星期内（出生12周龄）使用过硫酸氢钾复合盐泡腾片并按1:10000～20000的比例（1片消毒剂加水1～2千克）加入猪的饮水。以后每周进行2次饮水消毒。

（4）种公猪舍、采精架、采精室、操作间消毒。①种公猪舍：每周应使用过硫酸氢钾复合盐泡腾片按照1:400的比例稀释（10片兑水4千克）的溶液，喷雾2次，用量为每500立方米空间喷洒1公升消毒水（最佳喷雾粒子直径为：80～500微米）。每用3次过硫酸氢钾复合盐，用1次碘附。②采精架：使用稀释比例为1:500的过硫酸氢钾复合盐泡腾片的溶液刷洗。③采精室：使用比例为1:500的过硫酸氢钾复合盐泡腾片的溶液喷雾。④操作室：使用比例为 1∶500 的过硫酸氢钾复合盐泡腾片的溶液喷雾。⑤采精器具：使用过硫酸氢钾复合盐泡腾片并以 1∶400的比例稀释（10 片兑水 4 千克）浸泡。

4. 紧急性消毒

当猪场周围发生重大疫情或猪场发生复杂综合征时，实施紧急消毒。

（1）猪场实施封锁：杜绝来访者，猪场内部人员不能外出。

（2）猪场生产区内的人行道、车行道和房舍周边的地段每天不少于 1 次的消毒。用 1∶500（10 毫升消毒剂加水 5 千克）比例的威兰金碘消毒液，按照每平方米地面 300 毫升的用量喷洒。直到控制后转为正常。

（3）所有猪舍用过硫酸氢钾复合盐泡腾片 1∶400 的比例稀释（10 片兑水 4 千克）或 1∶500 的威兰金碘（10 毫升消毒剂加水 5 千克），每 500 立方米空间喷洒 1 公升消毒水（最佳喷雾粒子直径为：80 ~ 500 微米）。每天不少于 1 次。直到控制后转为正常。

（4）在所有猪的饮水中加入按过硫酸氢钾复合盐泡腾片 1∶10000 ~ 20000 的比例（1 片消毒剂加水 1 ~ 2 千克）的消毒剂，直到控制后转为正常。

5. 病猪隔离和死猪处理

（1）猪场必须有病猪隔离舍，其位置应位于下风口。

（2）对病猪应作隔离处理，对于一些患有危害严重的疾病如猪瘟、高热病等的猪，不隔离是相当危险的。

（3）死猪应作焚烧或深埋处理。

6. 设备与设施

没有理想的设备与设施，不可能达到理想的消毒效果。

（1）产房内必须将母猪的饮水与仔猪的饮水分开，这有利于补充仔猪的营养品和饮水消毒。

（2）保育舍应有独立的贮水设备，最好是每栏 1 个，至少每个生产单元 1 个，这有利于饮水投药和饮水消毒，对控制疾病非常重要。

（3）空压机和高压清洗机是规模化猪场必备的清洗消毒设备。

第二节　猪场发生猪病的应急处理方案

一、规模猪场发生猪病时的处理原则

（一）总　纲

（1）从群体到个体。对于规模化猪场，主要先保群体，然后再处理个体。

（2）从控制疾病到治疗疾病。主要是先考虑把病控制下来，然后再考虑治疗病猪。

（3）我们不仅要把疾病控制住，还保护好猪群。

（4）经济性、安全性。要考虑病猪处理好后是否经济合算，对未来猪场的安全性如何。

（二）配合用药的总原则

（1）去邪药 + 扶正药 + 对症药。

（2）去邪药 + 扶正药。

（3）去邪药 + 对症药。

（4）去邪药。

去邪药包括抗菌剂、抗病毒药、抗真菌药、抗寄生虫（球虫）药。扶正药包括营养抗应激剂、免疫增强剂、微生态调节剂。对症药包括止咳、平喘、祛痰、止血、消炎、止泻、抗过敏、消肾肿、排毒素、解热镇痛等。

（三）拌料给药剂量的确定

（1）育肥猪。按体重的 5% 为料量算药量。

（2）种母猪和种公猪。按体重的 3% 为料量算药量。

（3）仔猪。按体重的 7% 为料量算药量。一定要注意猪是否把药吃进去了。

（四）饮水给药的剂量的确定

按体重的 10% 为水量算药量。

（五）规模化猪场的用药方案

1. 群体投药

（1）混料。该方法用于猪群中采食正常或食欲下降不明显的猪。一个疗程一般 8～10 天。其主要目的是使没有感染的猪不要感染，潜伏感染和发病轻的猪得到治疗。

（2）加入饮水中。该方法用于猪群的采食明显下降的猪。一个疗程一般 8～10 天。其主要目的是使没用感染的猪不要感染，潜伏感染和发病轻的猪得到治疗。

2. 个体给药

个体给药（注射或灌服）适合有明显症状的或病重的猪，一个疗程一般 3～5 天。

3. 疗效评价

规模化猪场应以发病有无增加、病轻者有无恢复来评价疗效，不能仅凭发病猪好坏来评价药效。

（六）传染病处理总体原则

（1）隔离病猪。根据发病情况而定，将病猪隔离于下风口是相当重要的。

（2）带猪空气的消毒。碘制剂（10 毫升消毒剂加水 5 千克）与以 1∶400 的比例稀释（10 片对水 4 千克）的过硫酸氢钾复合盐泡腾片交替进行消毒，每日 1 次，直至控制为止。

（3）紧急免疫。根据具体疾病情况而定。

（4）用药。群体投药按用药原则配合，1 个疗程一般 8～10 天。采食正常或下降不大，拌料给药；若猪群采食量下降明显，饮水给药。最好把采食量明显下降的猪分群来投药。对病重或症状明显者，采用个体投药（注射或灌服）。

（5）饮水消毒。用过硫酸氢钾复合盐泡腾片并按 1∶1000～2000 的比例（1 片消毒剂加水 1～2 千克）进行消毒，停药后连用 8～10 天，它对消化道疾病效果更明显。

（6）恢复期处理。群体投药用微生态剂或助消化剂（复合酶制剂），尽快恢复猪的食欲和体力。

（7）加强猪群的管理和护理。

（8）及时送检病料到实验室，确诊后按专业人员提供的方案处理。

（七）发生病毒性传染病的处理原则

猪场除了做好隔离病猪、带毒空气消毒、紧急免疫、饮水消毒、恢复期以及加强管和护理外，还要注意控制继发感染。①若用弱毒苗紧急免疫。用广谱抗菌剂＋对症＋扶正药品；②若用灭活苗紧急免疫。用抗病毒药＋广谱抗菌剂＋对症＋扶正药品。采食饮水正常的猪群，群体投药（拌料或饮水），采食饮水明显下降的（对病重）或症状明显的，采用个体投药（注射或灌服）。

（八）发生细菌性传染病的处理原则

杀菌。用广谱抗菌剂＋对症＋扶正药品。采食饮水正常者，群体投药（拌料或饮水），采食饮水明显下降者（对病重）或症状明显者，采用个体投药（注射或灌服）。

（九）不明原因传染病的处理原则

除了做好病猪隔离、带猪空气消毒、饮水消毒、恢复期处理从及加强管理和护理外，还要做好抗菌抗病毒工作。用抗病毒药＋广谱抗菌剂＋对症＋扶正药品。采食饮水正常者，群体投药（拌料或饮水），采食饮水明显下降者（对病重）或症状明显者，采用个体投药（注射或灌服）。

另外，要及时送检病料到实验室，确诊后按专业人员提供的方案处理。

（十）猪病的处理原则

（1）记住猪病处理的总原则。

（2）记住动物保健品及配合用药原则。

（3）记住规模化猪场投药原则。

（4）咨询或查找资料，进行判别。

（5）治疗效果不佳的病毒病（如猪瘟）不要去治。

（6）能明确诊断的病，按对病处理原则处理。

（7）不能明确诊断的病，按对症处理原则处理。

（十一）发生威胁性重大传染病的处理原则

1. 受一般威胁的猪场，如邻近县（乡）已经有疫情

（1）全场紧急消毒。每天一次，用碘附（10 毫升消毒剂加水 5 千克）或以 1∶400 的比例稀释（10 片兑水 10 千克）的过硫酸氢钾复合盐泡腾片对过道和舍外消毒，以及消毒池（垫）。这是非常重要的。

（2）对猪群注射紧急免疫猪蓝耳病弱毒苗疫苗或猪蓝耳病灭活疫苗 1 头份。

（3）预防用药（以扶正药为主——抗应激、免疫增强和扶正中药，可以长期添加，直至风险期过去）：①倍壮素（酵母细胞壁）1 千克/吨料 + 金立维它（电解多维）1 千克/吨料。②蓝圆双清（微生态抗菌肽）或奥康素（清热解毒保肝护肾）1000 克拌料 1000 千克，可以长期添加，直至风险期过后。

（4）注意霉菌毒素，如发现饲料原料霉变，加净毒霸（酵母细胞壁蒙脱石）。

（5）生物安全二级紧急状态。猪场处于封锁状态，严防危险人员及危险物品进入猪场。猪场内的人员尽量不要外出，特别是疫区。

2. 受严重威胁的猪场，如周围的猪场或饲养场（户）已经有疫情

（1）全场紧急消毒。每天一次，用威兰金碘（10 毫升消毒剂加水 5 千克）或以 1∶400 的比例稀释（10 片兑水 10 千克）的过硫酸氢钾复合盐泡腾片对过道和舍外消毒。这是非常重要的。

（2）对猪群注射紧急免疫猪蓝耳病弱毒苗疫苗或猪蓝耳病灭活疫苗 1 头份。

（3）用下例配方拌料给药 10 天（扶正药 + 去邪药）：蓝圆双清（微生态抗菌肽）或奥康素（清热解毒保肝护肾）1000 克/吨料 + 金立维它 1 千克/吨料；倍壮素 1 千克/吨料 + 替尔健（替米考星）600 克/吨料 + 金立维它（电解受 V）1 千克/吨料。

（4）注意霉菌毒素，如发现饲料原料霉变，加净毒霸。

（5）生物安全一级紧急状态。猪场严密封锁，外来人员不得进入

猪场，猪场人员不得外出。

三、常见多病因综合征处理

（一）发热蓝耳综合征

1. 主要症状

发病的猪出现耳朵、奶头与奶基交界处、下腹、肛门与皮肤交界处、眼外皮肤呈蓝紫色；高烧高热（40～42℃），食欲减退或废绝，呼吸困难，咳嗽，气喘，流鼻涕，精神沉郁，卧地不起，皮肤发红、发紫，大便干结，尿黄或呈咖啡色，便秘与腹泻交替，呕吐，关节肿胀，跛行，共济失调。发病母猪易发生早产、流产、产死胎、不发情或屡配不孕等症状。该病多发生于猪的体重在15～80千克时。

图6－1 发热蓝耳综合征

2. 处理方案

方案一：

（1）将不吃料或吃得少的猪与吃料正常的猪分开。

（2）对于吃料正常的猪群，用板清颗粒＋20%替米考星拌料，按治疗量给药7～10天。

（3）对于不吃料或少吃料的病重猪群，用水溶性20%替米考星＋金立维它加入猪的饮水中，按治疗量饮水7～10天。

（4）特别注意霉菌毒素的问题，根据实际情况决定净毒霸的添加量。

（5）疾病恢复期添加微生态制剂（肠菌平10～20天）。

（6）紧急免疫猪瘟脾淋苗2头份＋转移因子2毫升。间隔10～15天加注免疫蓝倍安2头份。

方案二：

（1）将不吃料或吃得少的与吃料正常的猪分开。

（2）对于吃料正常的猪群，用板清颗粒 +20% 替米考星 + 蓝圆双清（微生态抗菌肽），按治疗量给药 7~10 天。

（3）对于不吃料或少吃料的病重猪群，用双黄连可溶性粉 +20% 水溶性替米考生 + 金立维它加入猪的饮水中，按治疗量饮水 7~10 天；病重者按后述方案注射。

（4）特别注意霉菌毒素的问题。用净毒霸须根据实际情况决定添加量。

（5）疾病恢复期添加微生态制剂（肠菌平 10~20 天）。

（6）对猪群注射紧急免疫猪瘟脾淋苗 2 头份 + 转移因子 2 毫升。间隔 10~15 天加注免疫蓝倍安 2 头份。

（7）对不吃料病猪的注射给药方案（每日 1 次，连用 3~5 天）：一是 10% 氟苯尼考注射液 +10% 磺胺间甲氧嘧啶注射液；二是特别推荐使用 10% 氟苯尼考进行肺俞穴注射（如图 6-2 所示）。

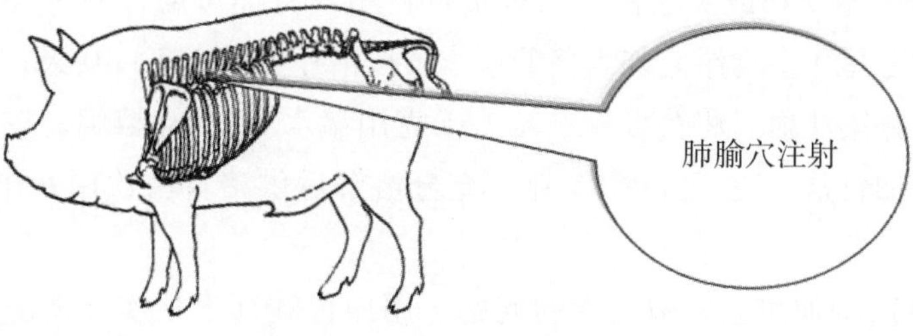

图 6-2 肺俞穴注射示意图

（二）猪呼吸道疾病综合征

1. 主要症状

猪呼吸道疾病综合征（PRDC）是以猪生长速度降低、饲料利用率降低、食欲减退、咳嗽、呼吸困难为特征的疾病，虽然总体死亡率不高，但严重影响猪场的经济效益。现在，呼吸道疾病综合征出现了一些新的特点：一是表现为混合感染的病原体有所变化，以病原体肺炎支原体、繁殖与呼吸综合征病毒（PRRSV）、2 型圆环病毒（PCV－2）等感染为主，再结合其他的细菌继发或混合感染；二是发病时间的改变，表现为断奶后各个阶段的猪均可发病，即从断奶后 2 周开始，一直到育肥期的猪只都可以发生呼吸道疾病综合征。

2. 处理方案

给药方案一：

（1）将不吃料或吃得少的猪与吃料正常的猪分开。

（2）对于吃料正常猪群，用 10% 氟苯尼考预混剂 1000 克＋20% 替米考星＋芪板青颗粒，按治疗量给药 7～10 天。

图 6－3 猪呼吸道综合征

（3）不吃料或少吃料的病重猪群，用双黄连可溶性粉＋20% 水溶性替米考星＋金立维它加入猪的饮水，按治疗量饮水 7～10 天；病重者按后述方案注射，将芪板青颗粒 1 千克用温水 20 千克溶解，按每 1 千克药液加食盐 3 克、红糖 15 克，充分溶解后供猪自由饮用，连用 2～3 天。

（4）特别注意霉菌毒素的问题。用净毒霸须根据实际情况决定添加量。

（5）疾病恢复期添加微生态制剂（肠菌平 7～10 天）。

给药方案二：

（1）将不吃料或吃得少的猪与吃料正常的猪分开。

（2）对于吃料正常猪群，用替尔健（替米考星）＋多西环素，按治疗量给药 7～10 天。

（3）对于不吃料或少吃料的病重猪群，用倍壮素＋替尔健＋金立维它加入猪的饮水，按治疗量饮水 7～10 天；病重者按后述方案注射。

（4）特别注意霉菌毒素的问题。用净毒霸根据实际情况决定添加量。

（5）疾病恢复期添加微生态制剂（肠菌平 7～10 天）。

（6）对不吃料病猪的注射给药方案（每日 1 次，连用 3～5 天）：一是使用 10% 氟苯尼考注射液 + 头孢噻呋钠；二是使用黄芪多糖注射液 + 头孢噻呋钠。

（三）猪腹泻综合征

1. 病情一

症状：全场各日龄的猪都可能得腹泻，日（年）龄越小的猪表现越重，有呕吐症状，发病期从当年 9 月至次年 5 月。按传染性胃肠炎的方案处理。推荐用猪传染性胃肠炎、猪流行性腹泻病防控免疫方案。

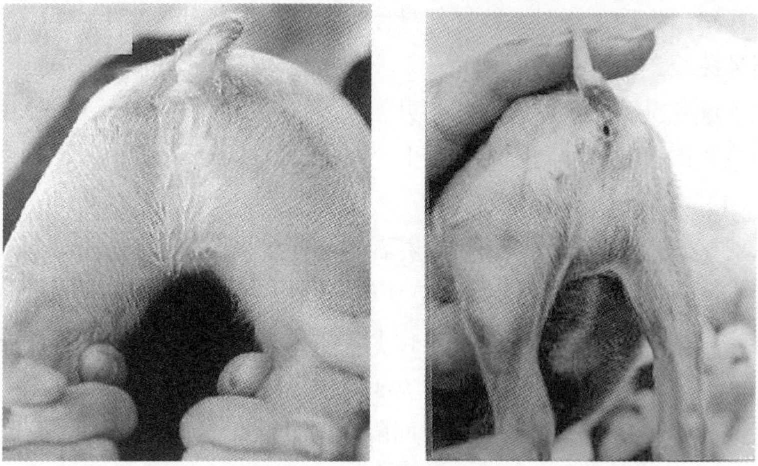

图 6－4 仔猪腹泻综合征

治疗方案：

（1）猪场正常情况。

①母猪肌肉注射免疫。首免，母猪产前第 4 周；二免，母猪产前第 3 周，每次肌注 4 毫升。②鼻腔喷鼻黏膜免疫。首免，母猪分娩时；二免，母猪首免后间隔 8 小时；每次每个鼻孔喷鼻免疫 2 毫升，每次共计 4 毫升。

（2）周边猪场有猪腹泻病发生情况。

母猪肌肉注射免疫：首免，母猪产前第 4 周；二免，母猪产前第 3 周，每次肌注 4 毫升。鼻腔喷鼻黏膜免疫：首免，母猪分娩时；二免，母猪首免后间隔 8 小时；每次每个鼻孔喷鼻免疫 2 毫升，每次共计 4 毫升。

仔猪出生后 2 小时，待仔猪身体干燥，鼻口腔分泌物干净后，喷鼻免疫一次，每个鼻孔 0.5 毫升，一次共计 1 毫升。

（3）本猪场有猪腹泻病发生情况。

母猪肌肉注射免疫：首免，母猪产前第 4 周；二免，母猪产前第 3 周；每次肌注 4 毫升。鼻腔喷鼻黏膜免疫：首免，母猪分娩时；二免，母猪首免后间隔 8 小时；每次每个鼻孔喷鼻免疫 2 毫升，每次共计 4 毫升。

仔猪出生后 2 小时，待仔猪身体干燥，鼻口腔分泌物干净后，第一次喷鼻免疫，每个鼻孔 1.0 毫升，一次共计 2 毫升；间隔 8 小时后，第二次喷鼻免疫，每个鼻孔 1.0 毫升，共计 2 毫升；第 2 ~ 3 天每天各喷鼻免疫 2 次，剂量、间隔时间同上。

（4）发病仔猪紧急免疫。

对于新生仔猪发生腹泻时饲养者须对仔猪进行紧急免疫。发病不超过 1 天的仔猪，经粪样检测确定为 PEDV、TGEV 感染时，可采取紧急免疫。第一次喷鼻免疫，每个鼻孔 1.0 毫升，一次共计 2 毫升；间隔 8 小时后，第二次喷鼻免疫，每个鼻孔 1.0 毫升，共计 2 毫升；第 2 ~ 3 天每天各喷鼻免疫 2 次，剂量、间隔时间同上。选有治疗价值的仔猪，配合补液、收敛剂等进行辅助治疗。

特别说明，临床应用中应鉴别：①猪群受霉菌毒素中毒、仔猪伪狂犬病毒或猪瘟病毒、仔猪等孢子球虫等感染情况下出现的腹泻症状，疫苗免疫效果不佳；②研究资料证实，新引进后备母猪、种公猪等虽不出现腹泻症状，但排毒量是经产母猪的 1000 倍，因此应加强后备母猪、种公猪等的肌注免疫，以减少其排毒量，减轻环境强毒感染的压力。其免疫方法可参考母猪。

配合治疗方案：

（1）治标（治疗仔猪）：乳猪交巢穴注射阿托品 1 毫升（缓解脱水）；灌服硫酸新霉素（杨树花口服液）1 ~ 2 毫升，早晚各一次。一定要注意预防猪只脱水。

效果：用后，猪只粪便第二天变为糊状，第三天变为牙膏状。

（2）治本（治疗母猪）：黄芩地锦散 + 必奥多 + 益母生化散每吨饲料各 1 千克拌料饲喂母猪，10 ~ 15 天后母猪腹泻完全消失。

（3）预防：母猪妊娠 90 ~ 95 天时，每吨哺乳母猪料中添加黄芩地锦散 + 圆蓝双清（微生态抗菌剂）2.5 千克，控制病毒感染，调理肠道，吸附中和肠道和体内毒素。

2. 病情二

症状：0 ~ 20 日龄猪出现腹泻，粪便是黄色、白色，无呕吐、无神经性症状。

治疗方案：（1）注射白头翁注射液 + 干扰素，每日一次，连用 3 ~ 5 天。（2）口服硫酸新霉素或硫酸粘杆菌素服液，每日一次，连用 3 ~ 5 天。（3）干扰素注射；仔猪止痢液口服。

3. 病情三

症状：0 ~ 25 日龄猪发生水样黄痢，有神经性症状、呕吐、瘫痪，个别猪耳边、奶头与肌部交界处、下腹里青紫色。

治疗方案：（1）仔猪注射海林格猪瘟脾淋苗 1 头份 + 转移因子。（2）口服硫酸新霉素口服液或硫酸粘杆菌素口服液。

4. 病情四

症状：0 ~ 25 日龄猪发生水样黄痢，有神经性症状、呕吐、口吐白沫、瘫痪症状，考虑按前述伪狂犬病处理。

治疗方案：（1）仔猪用伪狂犬 gE 基因缺失弱毒苗 1 头份双侧滴鼻，每侧滴 1 毫升。（2）口服硫酸新霉素口服液或硫酸粘杆菌素口服液。

5. 病情五

症状：仔猪和保育猪腹泻，粪便呈灰黑或灰白色。

治疗方案：（1）全群投安普霉素 + 金立维它注射液 7 ~ 10 天。（2）发病猪白头翁注射 + 干扰素，每日一次，连用 3 ~ 5 天。

6. 病情六

症状：仔猪和保育猪腹泻，粪便呈红色。

治疗方案：（1）全群经水或料给硫酸粘杆菌素5～7天。（2）注射百球清3～5天。

7. 病情七

症状：生长肥育猪出现拉红色、棕色、酱油色粪便；不明原因的顽固性腹泻、呕吐、高热、精神沉郁、厌食、皮肤出现紫斑等肠道综合征。

治疗方案：（1）全群经水或料给硫酸粘杆菌素5～7天。（2）注射百球清（5%妥曲珠利），一日一次，连用2～3天。

（四）传染性腿病综合征

1. 主要症状

关节肿胀，瘫痪，有神经症状。

2. 治疗方案

（1）隔离病猪注射黄芪多糖注射液+头孢噻呋钠注射液。

（2）用威兰金碘对带猪空气表面消毒，每日一次，连续7天。

（3）全群用药20%替米考星+金立维它拌料5～7天。

（五）常见繁殖障碍病的处理

1. 母猪不发情

母猪不发情是指青年母猪6～8月龄或经产母猪断奶后15天仍不发情，其卵巢处于静止状态，非病理性的无周期性活动的生理现象。

不发情的经产母猪或后备母猪，每头肌注氯前列烯醇钠（PG）0.2毫克，次日每头注射喜得孕（促进卵巢成熟和排卵）或育情素（CSG600）1头份。

2. 母猪发情正常，但久配不孕

（1）母猪过肥，控制膘情。

（2）母猪子宫内膜炎导致胚胎着床失败被吸收，每头母猪肌注氯前列烯醇钠（PG）0.2毫克+乳酸环丙沙星注射剂，次日每头母猪注射喜得孕或CSG6001头份。

（3）黄体功能不全，配种后 1～3 天，每天肌注 1 次绒促性素（HCG）1000 单位。

3. 母猪长期处于发情状态

每头母猪肌注 1 次绒促性素（HCG）1000 单位，两日后再肌注氯前列烯醇钠（PG）0.2 毫克。

4. 提高母猪受胎率和产仔数

对发情中的母猪肌注 1 次绒促性素（HCG）1000～2000 单位，促进母猪发情表现、卵泡成熟和排卵；配种前 1 小时肌注促排 3 号 25 毫克，每头母猪每胎平均能多产 1.5 头。

5. 母猪产后康复

母猪产后第二天肌注氯前列烯醇钠（PG）0.2 毫克 + 乳酸环丙沙星注射剂，预防子宫炎、恶露不尽，增加母猪初乳量。

6. 公猪性欲不强、精子活力不足

每头种公猪肌注绒促性素（HCG）5000 单位或丙酸睾丸胴。

7. 公猪精子数量不足

肌注促排 3 号，一天一次，每天 25 微克，总量不超过 75 微克。

8. 公猪心肌无力和后肢无力

加强运动，补充维生素 A、D、E。

9. 让母猪白天产仔

怀孕母猪预产期前的 1～3 天的早晨 7～8 点，肌注氯前列烯醇钠（PG）0.1～0.2 毫克（或阴唇注射 0.1 毫克），可使 85% 的母猪达到白天分娩的效果。

10. 到期不产

怀孕母猪孕期超过预产期仍不分娩，肌注氯前列烯醇钠（PG）0.2 毫克，次日即可分娩。

怀孕不正常母猪（死胎、弱胎或错配），肌注氯前列烯醇钠（PG）0.4 毫克，每天一次，连用 2～3 次。

11. 产后无乳

产后无乳是指母猪产后几天内缺乳或无乳。多数母猪产后饮食、体温、精神、乳房外观无明显异常，可见仔猪吃奶次数增加但吃不饱、饥饿嘶叫，大多数仔猪很快消瘦。

（1）注射催乳法。肌注催产素 20～30IU；肌注垂体后叶素 10～30IU；肌注维 E 亚硒酸钠注射液（含维 E50IU、亚硒酸钠 1 毫克）10 毫升。

（2）口服催奶法。将蚯蚓、河虾、鲜鱼煮熟（不放盐）后，取汤给母猪饮用，连用 3～5 天能促进母猪泌乳，增加奶量。将母猪的胎衣用清水洗净，煮熟后剁碎，加入适量的饲料和食盐，分 3～5 次喂完，催乳效果很好。海带 250 克，切碎后，加动物油 50～100 克煮汤，取汤喂母猪，每天早晚 2 次，连服 2～3 天。黄酒 250 克，红糖 200 克，鸡蛋 1 个，掺入母猪饲料中饲喂，每周 1 次。花生仁 0.5 千克，鸡蛋 4 个，加水煮熟，分 2 次喂服，1 天后母猪即可下奶。

12. 乳腺炎、子宫炎、无乳综合征

（1）激素注射：肌注氯前列烯醇钠（PG）0.2 毫克 + 宫炎百病消（乳酸环丙沙星）。

（2）达力朗：塞子宫（按说明）。

13. 胎衣不下

如超过 2 小时母猪不排出胎衣，称为胎衣不下或胎盘停滞。特别注意部分胎衣不下。

（1）激素注射：肌注氯前列烯醇钠（PG）0.2 毫克 + 乳酸环丙沙星注射剂。

（2）宫炎清（按说明）。

14. 持久黄体

母猪长期处于假孕，母猪外阴皱缩，阴道黏膜苍白没有分泌物。

（1）肌注氯前列烯醇钠（PG）0.2 毫克。

（2）注射苯甲酸雌二醇（苯甲酸求偶二醇）注射液 5～15 毫升，第二天再注射催产素 10～50IU。

15. 母猪产后瘫痪

用硫酸钠或硫酸镁缓泻剂或温肥皂水灌肠，清除母猪直肠内蓄粪，同时静注 10% 葡萄糖酸钙 50～150 毫升，用草把或粗布摩擦病猪皮肤，以促进其血液循环和神经机能的恢复；经常翻动病猪，防止发生褥疮；对仔猪寄养或喂人工奶。

16. 母猪产前产后综合征

母猪产前产后综合征是指母猪产前一个月（重胎期）出现乳房水肿、产前便秘、产前厌食、产前贫血等生理病理现象，其结果导致仔猪初生体重轻且大小不均，母猪产程长，产后无乳，患子宫炎、乳腺炎等。

（1）母猪产前一个月和产后哺乳期，用100千克饲料拌喂200～300克泌乐多，这是预防产前综合征非常有效的方法。

（2）饲料中添加5%～10%小苏打对控制母猪便秘有效果。

（3）对个别顽固便秘母猪用化学通便，用0.4%～0.7%硫酸钠或硫酸镁拌料或加入母猪的饮水中。

（六）母猪围产期综合征及其防控

母猪围产期综合征指的是母猪产期产后10～15天因生理或病理原因引起的一系列异常变化。多年来围产期综合征困扰着养猪业，严重干扰母猪生产潜能的发挥。

表6-8　母猪便秘带来的危害

给母猪带来的危害	给仔猪带来的危害
分娩时间长	死胎增加
发情延迟，排卵少，母猪不孕或配种难	仔猪育成率低
母猪产仔数下降，产死胎	仔猪饿死
乳汁品质低劣，乳汁酸败；产乳量减少，产后缺乳	仔猪下痢
乳腺炎、子宫炎、缺乳症	仔猪营养不良、移行抗体不足、抗病力弱
食欲不振，营养失衡	仔猪虚弱
消化道积食发酵，产生毒素	仔猪体质差
发热，情绪不安	

1. 母猪围产期综合征的临床表现

（1）重胎母猪（临产前30天）综合征。母猪便秘，采食量下降，乳房水肿。

图6－5　正常的母猪粪便

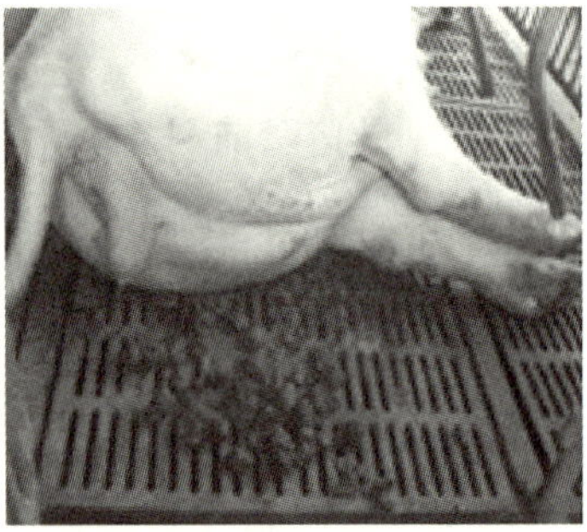

图6－6　便秘的母猪粪便

（2）母猪奶水不足的特征。母猪乳房呈片状、间隔不明。仔猪长时间吮乳。仔猪在母猪乳房旁边徘徊不愿离去，或拱奶，或在旁边吱吱叫。仔猪瘦小见骨，吃奶时着地处损伤、无毛，头脏。仔猪“叮奶头”。

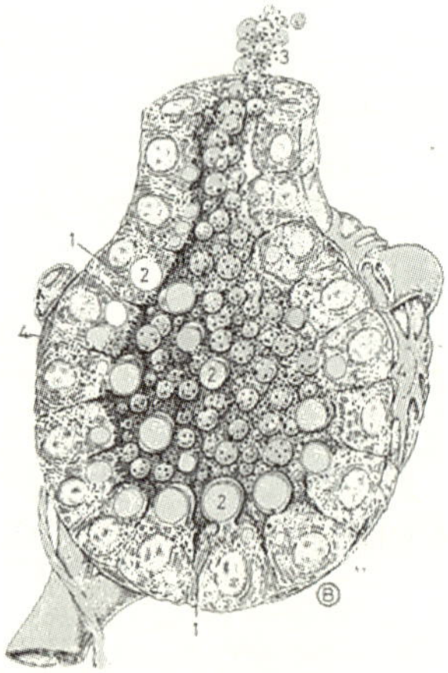

图6－7　正常的乳腺

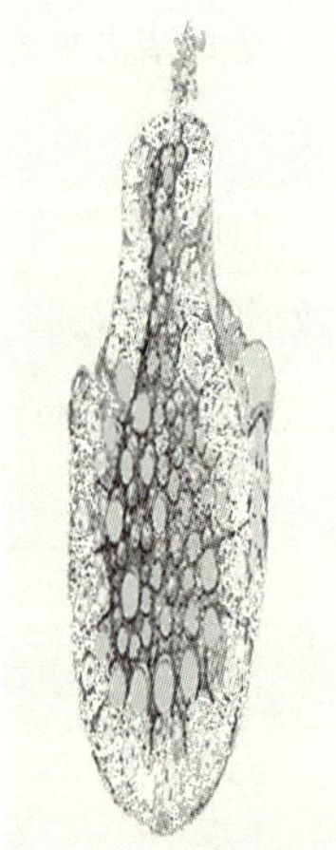

图6－8　水肿的乳腺

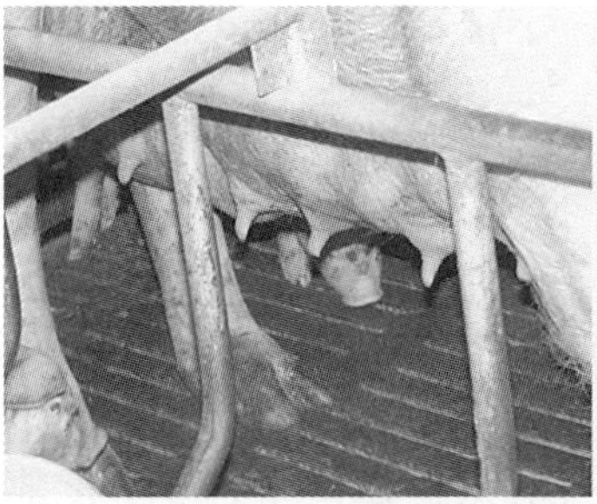

图 6-9　片状奶不好

图 6-10　杯状奶好

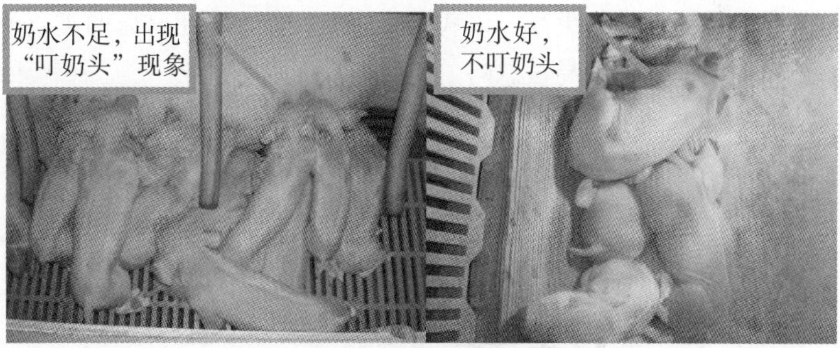

图 6-11　母乳好与差的仔猪行为

仔猪很少“叮奶头”，这样的母猪一般泌乳量高。如果前后乳头有仔猪“叮奶头”现象，常见仔猪嘴含着奶头睡觉，或者仔猪不时地哼哼到处寻找奶头，或者整窝仔猪“叮奶头”，则表明母猪的泌乳量很少。

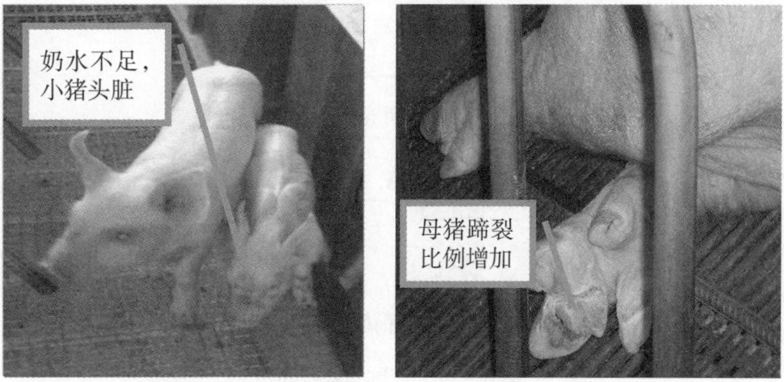

图 6-12　母猪围产期综合征造成仔猪、母猪的表现

（3）乳腺回缩综合征。母猪产后 5 ~7 天出现泌乳量相对下降。主要表现在个别猪或整群猪的乳腺会回缩。

原因：体内泌乳激素分泌不足、母猪疾病、产后隐性感染、前一胎的乳腺未被乳猪吸吮、霉菌毒素感染等。

表现：母猪乳腺会回缩，泌乳量急速下降，仔猪在 5 ~7 日龄会出现消瘦、拉稀。

（4）乳腺炎、子宫炎、无乳综合征（MMA）。该病征在猪场中发生较为普遍，经产母猪发生率为 12% ~18%，初产母猪发生率为 25% ~45%，高龄母猪发病率更高。该病在临床上有急性和亚临床两类，急性的易被发现，亚临床型易被忽略。

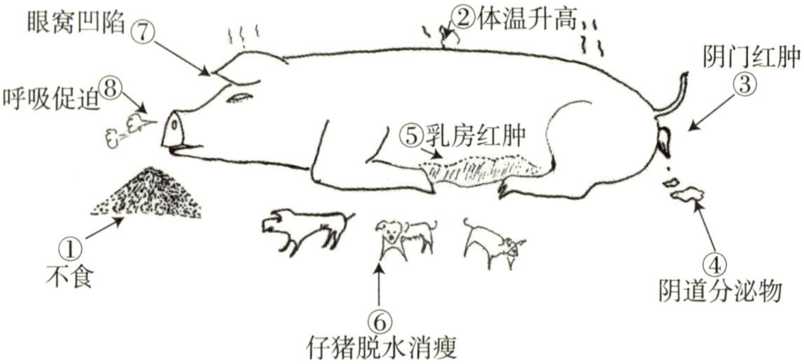

图 6 - 13 急性 MMA

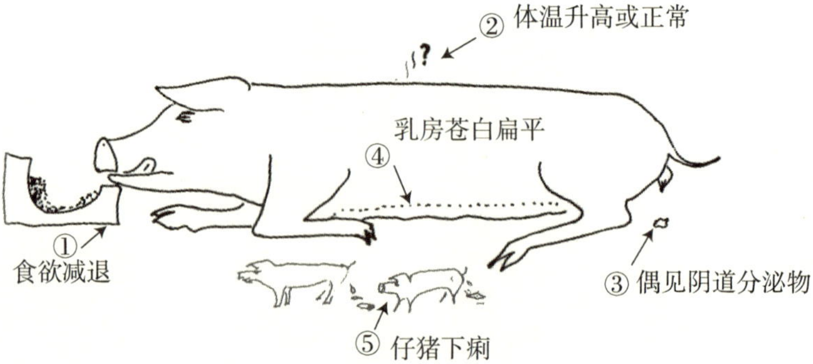

图 6 - 14 亚临床型 MMA

母猪断奶后易患隐性或不典型的子宫炎，导致其发情时间延长、屡配不孕。

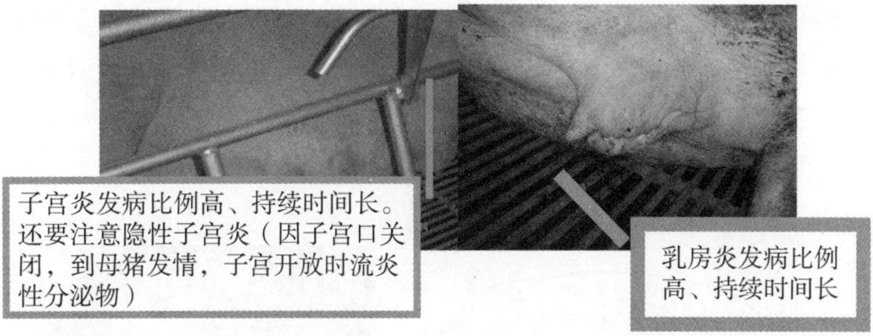

图6－15　母猪乳腺炎　　　　**图6－16　母猪子宫炎**

（5）产程过长。

母猪产程延长，猪场产程3小以上的母猪有很高的比例。产仔过程中有闭死的仔猪（大小与活仔相近、白死胎）。

产仔间隔时间越长，母猪、仔猪越不健装壮，早期死亡越多。产程越长，子宫炎发生的比例越高，奶水越差。

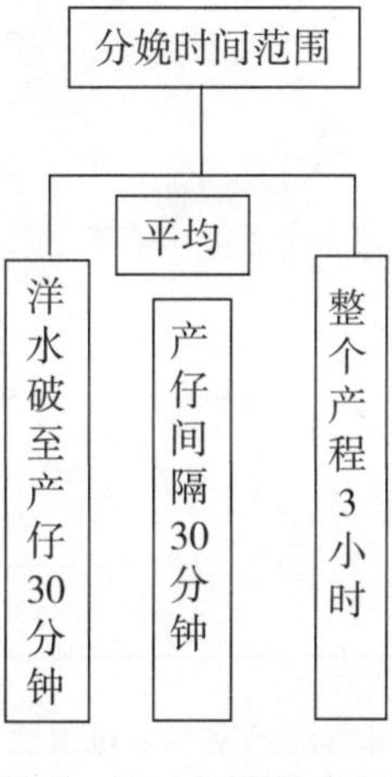

图6－17　母猪的产程

（6）仔猪综合征。仔猪初生重量轻，弱而无力；因母猪缺乳或少乳，仔猪不断用力拱撞或更换乳房吮乳、饿叫、渐进性消瘦、吮乳着地部位损伤而易感染外伤性传染病（如链球菌病、渗出性皮炎等）、仔猪下痢严重。虽然疫苗质量也很好，免疫种序和免疫操作都确认没有问题，但仔猪仍得不到足够母源抗体，所以易发那些主要因缺乏母源抗体保护而产生的疾病，如猪瘟、伪狂犬病、轮状病毒病、传染性胃肠炎和流行性腹泻、大肠杆菌病（仔猪黄白痢）、萎缩性鼻炎、猪副嗜血杆菌病等。

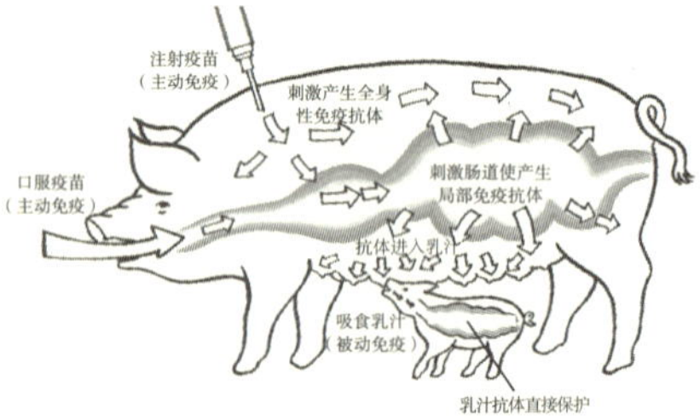

图 6－18　母乳为仔猪提供营养和免疫抗体

图 6－19　母乳差的表现

2. 母猪围产期综合征的发病机理分析图示

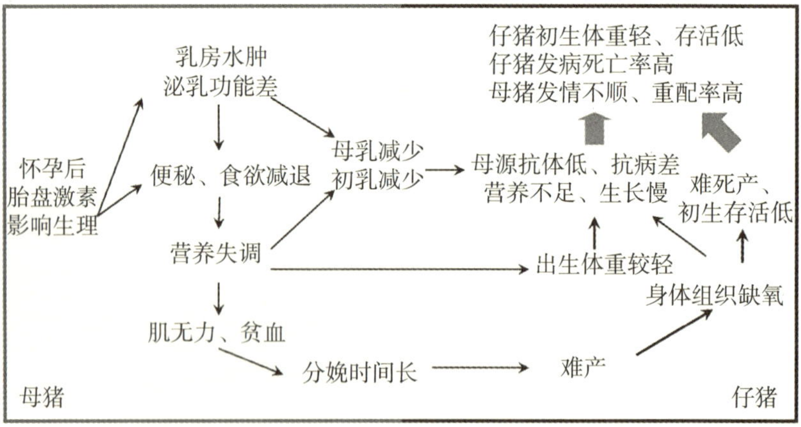

图 6－20　母猪围产期综合征发生机理示意图

3. 母猪围产期综合征的防控方案

（1）母猪产前 10 天至仔猪断奶，每吨饲料中添加 4 千克泌乐多。

（2）母猪产前 10 天和产仔当天用爱尔达补两次，每次 5 毫升。

（3）泌乳母猪料补充油粉（乳能）。

（4）母猪产仔后6～8小时，子宫内放入达力朗。

4. 用于预防围产期综合征的部分优秀产品介绍

图6－21　泌乐多

（1）泌乐多。促进母猪平滑肌收缩，如消化道、生殖道和乳腺，有利于母猪产后消化道和生殖道功能恢复。调节母猪体内电解质平衡，促进其新陈代谢，改善其繁殖性能。减少母猪蹄裂等肢体病的发生。清除由传染病、寄生虫和应激等原因而引起的母猪肠道产生过多的黏液及不良分泌物。预防MMA症，提高母猪泌乳量与乳汁品质，减少哺乳仔猪黄白痢发生，增加仔猪断奶时的体重。彻底消除母猪产后便秘，减少失重、缩短母猪再发情天数，延长母猪的使用年限。增强哺乳母猪采食量和泌乳量。

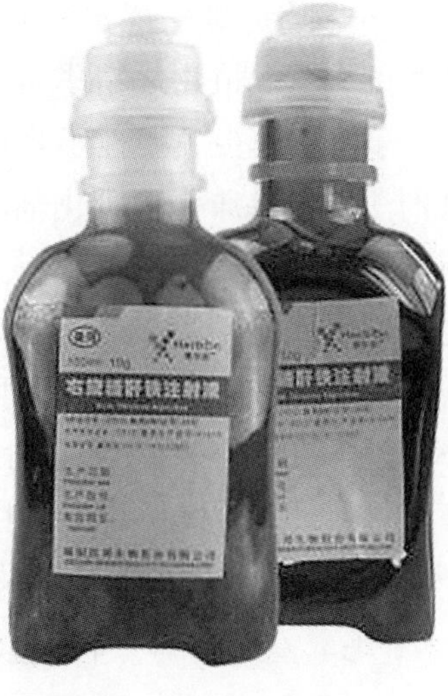

图6－22　爱尔达

（2）爱尔达。爱尔达完全采用BP药典标准（未吸收铁）来控制原料药物的质量标准，目前的产品质量稳定，吸收好。与人用的铁剂标准一样。其分子为最佳吸收大小，12小时内完全吸收。纯度高、未络合的游离铁少，毒性反应最小。稳定络合了促长抗生素，长效缓释，护佑呼吸道和肠道，促生长，补铁又抗菌防病。

母猪为什么要补铁？平均每个胎儿需要约50毫克的铁，以每窝10个胎儿计算，产前1个月的母猪需要补铁500毫克（爱尔达5毫升）。通过母猪给胎儿补铁，保障胎儿正常发育以及母猪健康。铁是构成肌红蛋白的主要成分，而肌红蛋白是肌肉的动力所在，并且有给肌细胞携带氧的作用，所以分娩母猪若缺铁，就会出现肌肉无力等现象。母猪分娩时间长，产后恶露排不净，母猪产后无乳综合征（MMA）就会严重。需要在母猪临产前8小时内再注射500毫克（爱尔达5毫升），给分娩母猪补铁，促进母猪顺利产仔，促进母猪产后恢复（减少产后失重），促进母猪产后泌乳。

（3）金立维它：强效营养补充剂。功效：提高畜禽的抗应激能力；提高生猪的育成率及生长速度；提高畜禽免疫相关组织的生长及分化，增强机体的抗感染能力；提高机体组织器官的生理代谢能力，增加对营养物质的吸收利用，强健体质；治疗疾病时，配合使用本品能明显缩短畜禽病程，降低畜禽死亡率及残次率。

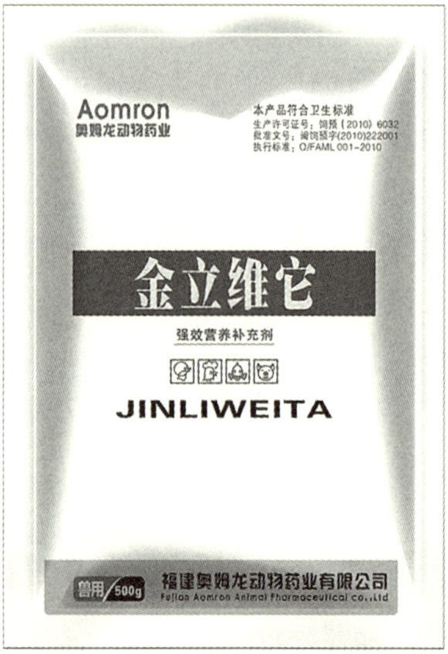

图6－23　金立维它

（4）达力朗—草本植物之精华。达力朗—草本植物之精华是治疗子宫炎、子宫内膜炎、慢性子宫内膜炎的丸剂。它经特殊生物乳化剂乳化，能有效促进乳糜微粒的形成，更适合动物肠道生理特点。特别有利于幼龄动物肠道对脂肪的消化吸收，能缓解应激反应。对油脂进行了预乳化，提高了动物对油脂的消化吸收利用率，增强机体功能。使脂溶性维生素转化为水溶性微粒，提高其利用率，可促进并加快脂溶性维生素的消化吸收。增强肉类、鱼类蛋白质沉积效果，提高动物的成活率及生长速度，改善饲料转化率。

（七）猪霉菌毒素中毒症

1. 常见症状

（1）大小母猪阴门出现发红、肿大、外凸。

（2）公猪包皮水肿、积尿、睾丸萎缩、性欲下降、精稀、死精。

（3）生长肥育猪生长受阻、精神萎靡、采食量下降、背毛粗乱。

（4）母猪繁殖异常，出现死胎、流产、乏情不孕。

（5）脱肛、阴道脱出猪的比例较高。

（6）猪受伤后或在打针后，针孔或伤处长时间流血不止；猪反复出现毛孔出血。

（7）母猪无乳或少乳，仔猪腹泻严重、大猪便秘或腹泻。

2. 处理措施

（1）从后备母猪开始的种猪保健。威控 1 千克 + 净毒霸 1 千克/吨饲料。

（2）育肥猪保健。威控 1 千克 + 净毒霸 0.5 千克/吨饲料。

（3）处理时有部分霉变用量。威控 1 千克 + 净毒霸 1 千克/吨。

（4）猪只出现症状的治疗用量。威控 1 千克净毒霸 2 ~ 3 千克/吨饲料使用一周，然后减为 1.5 千克/吨饲料。

（八）常见皮肤病的处理

1. 常见皮肤病一

（1）主要症状。发生于初生至断奶时期的小猪，先从无毛处出现，最后扩展到全身，皮肤紫红色增厚，无痒感（按渗出性皮炎处理）。

（2）治疗方案。用过氧乙酸 50 毫升加水约 2 千克稀释，加温到 30 ~ 35 摄氏度，浸泡病猪。注射葡萄球菌敏感药或广谱抗菌剂庆大霉素。圈舍用过氧乙酸消毒。

2. 常见皮肤病二

（1）主要症状。发生于 20 日龄以后的猪上，大猪有明显痒感，经常擦墙，皮肤癞，按疥癣处理。

（2）治疗方案。全群用灭虫清拌料喂食 7 ~ 10 天。小猪用虫螨一擦净（按说明）。用石硫合剂原液喷洒猪场，一周一次。

3. 常见皮肤病三

（1）主要症状。可发生于任何日龄段，主要发生于体重 10 ~ 40 千克阶段的猪。发病时全身皮肤起红痘疹，痘疹中央紫黑色，无痒感，按圆环病毒病处理。

（2）治疗方案。打免疫流行性腹泻、传染胃肠炎二联灭活苗 2 头份。活化黄芪粉、圆蓝双清（微生态抗菌肽）拌料喂食一周。过硫酸氢钾复合盐泡腾片以 1∶400 的比例稀释（10 片兑 4 千克水）作带猪消毒。用净爽环境控制剂在猪的体表和地面喷撒。

4. 常见皮肤病况四

（1）主要症状。猪只有口炎、蹄炎、口腔水泡、蹄部水泡、溃疡病症。

（2）治疗方案。用威兰金碘以 1∶800 的比例稀释，进行环境消毒和空气消毒。哺乳仔猪和保育猪用干扰素 + 免疫球蛋白各 0.5 ~ 1 毫升分开注射，一日一次，连用 3 天，进行预防性治疗。有创口和水泡处（把水泡挑破）用过硫酸氢钾复合盐泡腾片以 1∶400 的比例稀释（10 片兑水 4 千克），喷撒伤口消毒后涂擦净爽消毒并吸水，一日一次，连用 2 ~ 3天。怀孕母猪用干扰素 + 免疫球蛋白各 3 毫升混合注射，一日一次，连用 3 天，保住胎儿。全群用倍壮素 1000 克/吨 + 奥康素 1000 克/吨 + 威兰舒 1000 克/吨拌料饲喂 7 ~ 10 天。用威兰金碘对带猪空气表面消毒。

（八）猪无热厌食

1. 个别厌食

（1）主要症状。猪无其他症状，仅表现出废食和懒吃，主要发生于猪只的病后恢复期、母猪产仔初期，其他阶段往往分散发病。

（2）处理方案。给病猪注射复合 VB 注射液 + 黄芪多糖注射液，3 天一个疗程。

2. 群体厌食

（1）主要症状。猪只无其他症状，仅表现出废食和懒吃，主要发生于猪只病后恢复期以及断奶、转群、长途运输后。

（2）处理方案。全群用金立维它 + 倍壮素拌料 + 开胃健长拌料，7 ~ 10 天一个疗程给病猪。注射复合 VB 注射液 + 黄芪多糖注射液，3 天一个疗程。

三、常见猪病的预防及治疗

（一）猪　瘟

1. 现场诊断要点

（1）不同年龄、品种的猪均易感染。

（2）怀孕母猪感染后经胎盘传染胎儿，产弱仔、死胎、木乃伊胎。

（3）由于免疫程序不合理，此病往往以乳猪和断奶至50千克的猪发病居多。

2. 主要症状

（1）高热（41℃）稽留，热性症状（精神委顿、食欲减退或废绝、挤堆、弓背、眼结膜有脓性分泌物）。

（2）先便秘后腹泻，粪便内带有黏液或血液。

（3）病猪的鼻端、耳朵、四肢、腹下、会阴处的皮肤呈蓝紫色，有时有出血斑点。

（4）仔猪有时出现神经性症状（颤抖、角弓反张、腿麻痹）。

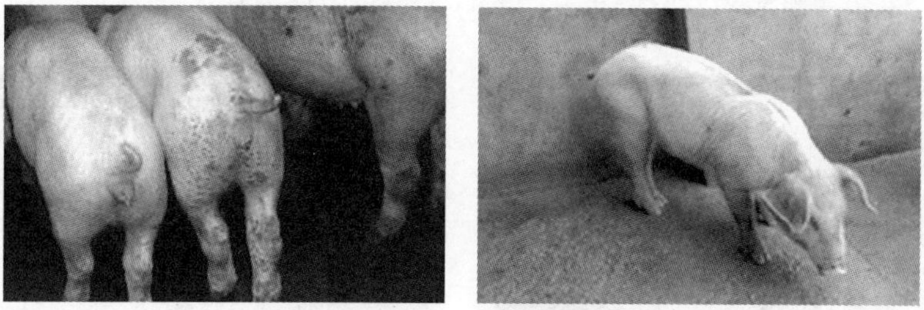

图6－24　猪瘟病症状

3. 主要病变

（1）猪全身淋巴结肿大，周边出血，红白相杂呈大理石状。

（2）仔猪或大猪肾颜色变淡，表面有小出血点，哺乳仔猪感染时肾脏发育不全。

（3）仔猪脾肿大、出血，边缘有黑色坏死（出血性梗死）。

（4）中大慢性病例，盲肠、结肠处有扣状肿。

（5）膀胱黏膜出血、喉头出血。

4. 处理方案

（1）隔离病猪，最好作淘汰处理。下列药品对早期猪瘟有一定疗效：黄芪多糖、干扰素。

（2）带猪空气消毒，防止进一步扩散。

（3）紧急免疫。猪瘟脾淋苗 2 头份 + 转移因子 1 毫升，肌肉注射。

（4）群体用倍壮素（酵母细胞壁）1000 克/吨料 + 金立维它 1000 克/吨料，给至控制住病情（7～10 天）。

（二）猪繁殖呼吸综合征（PRRS）

1. 现场诊断要点

本病只感染猪，主要侵害妊娠母猪和仔猪，育肥猪发病症状较轻。本病通过呼吸道感染，也可经胎盘垂直传播。

2. 主要症状

妊娠母猪体温升高，厌食，精神沉郁，呼吸困难，耳尖发绀，产木乃伊胎、死胎、弱仔。哺乳仔猪虚弱，不会吃奶，呼吸困难，有些仔猪的耳尖、尾巴、四肢末端发绀，呈紫蓝色，俗称“蓝耳病”。种公猪、空怀母猪、育肥猪呼吸困难、咳嗽，个别猪出现两耳发蓝。

图 6－25　猪繁殖呼吸综合征

3. 主要病变

猪染上局限性间质性肺炎，小猪胸腔积清亮液体，全身淋巴结水肿。生长育肥猪发病后，绝大多数并不一定表现出可注意到的症状，但细菌疾病如链球菌病、传染性胸膜肺炎、附红体病、喘气病的发生机会增高，更为严重的是猪瘟发生的机会增高。老疫区存在该病的猪场往往并不典型，但细菌疾病发生后得不到控制，其他病的治疗效果不佳和难控制，会产生发生猪瘟的危险。

4. 处理方案

（1）隔离病猪。下列药品有一定疗效：黄芪多糖、替米考星、泰万菌素。特殊生物因子（干扰素、胸腺肽或转移因子）与广谱抗菌药（黄芪多糖注射液 + 10% 磺胺间甲氧注射液）配合治疗有一定疗效。

（2）带病猪空气消毒，防止进一步扩散。

（3）紧急免疫。全场所有猪用猪繁殖呼吸综合征灭活苗（华信蓝倍安），小猪 1 头份/头，大猪 2 头份/头，肌肉注射。

（4）群体用芪板青颗粒 3000 克/吨料 + 20% 替米考星 1000 克/吨料 + 金立维它 1000 克/吨料，给至控制住病情（7～10 天）。

（三）伪狂犬病

1. 现场诊断要点

伪狂犬病可感染多种动物如猪、牛、羊、狗、猫及野生动物，猪是该病毒的贮存者。妊娠母猪和哺乳仔猪多发，哺乳仔猪吃了感染母猪的乳汁而发病。成年猪一般感染后不发病，或仅出现一次性发热或干咳嗽。

2. 主要症状

妊娠母猪感染后常发生流产或产死胎、木乃伊胎。甚至有的胎儿已软化自溶。4 周龄内哺乳仔猪病情最为严重，仔猪出生后健壮，第 4 天发病后体温升高，口吐白沫，间有呕吐和腹泻，出现间歇性抽搐，病猪角弓反张，仰头，歪颈，后期四肢麻痹，不能站立，四肢张开呈游泳状划动，死亡率极高，一旦出现神经性症状，几乎 100% 死亡。20 日龄至断奶前后的仔猪，症状与乳猪相似，只是症状轻一些，发病率和死亡率比乳猪低一些，拉黄色稀便的仔猪几乎 100% 死亡。4 月龄左右的猪，以呼吸道症状为主，偶有神经性症状，4 ~8 日后康复。

3. 主要病变

病猪的脑膜充血，脑水肿。肝脏有黄白色坏死灶，肾肿大，有散在出血点。脾肿大，有黄白色坏死结节。扁桃体和肾上腺坏死。

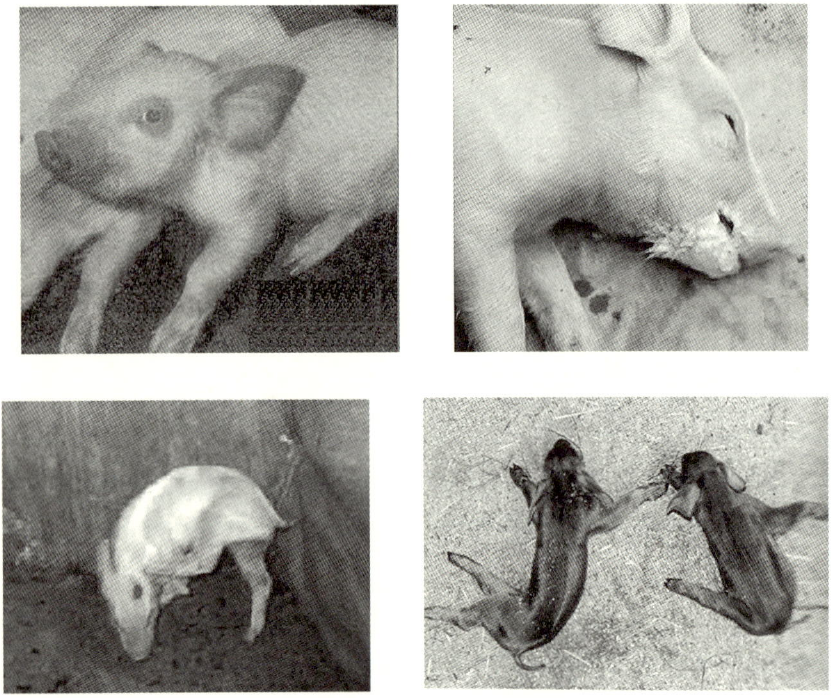

图 6 –26　猪伪狂犬病症状

4. 处理方案

紧急免疫：（1）全场哺乳仔猪（包括发病仔）用伪狂犬 gE 基因缺失弱毒苗 1 头份/头，双侧滴鼻，每侧 1 毫升。（2）同时全场所有种猪用伪狂犬 gE 基因缺失弱毒苗 1 头份/头肌注，间隔 21 天免疫两次。（3）以后出生的哺乳仔猪 1 ~3 日龄用海博莱伪狂犬弱毒苗 1 头份/头，双侧滴鼻，每侧 1 毫升。

（四）圆环病

1. 现场诊断要点

本病由圆环病毒2型引起，在不同猪龄上有不同表现，是重要的免疫抑制疾病之一。应激是该病的重要诱因。其临床上主要表现为断奶后仔猪多系统衰竭综合征（PMWS）、育肥猪呼吸道综合征（PRDC）、皮炎肾病综合征（PDNS）、母猪繁殖障碍、仔猪中枢神经障碍等。其中影响最大的是断奶后仔猪多系统衰竭综合征、皮炎肾病综合征。

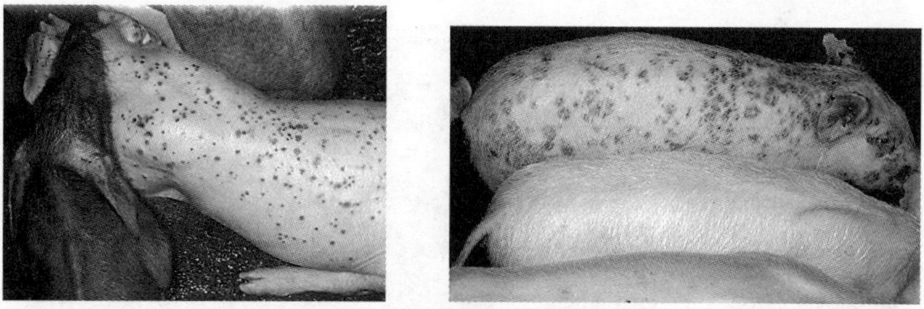

图6-27　猪圆环病症状

断奶后仔猪多系统衰竭综合征的主要特点：发生于仔猪出生后的5~12周，多发于第6~8周。猪渐进性消瘦，被毛粗乱，呼吸困难，严重下痢，发热，偶见黄疸。淋巴结肿大2~5倍，严重时肿10倍，特别是腹股沟淋巴、肺门淋巴、肠系膜淋巴和颌下淋巴。间质性肺炎。容易并发或继发副猪嗜血杆菌、链球菌、传染性胸膜肺炎和喘气病等。要特别注意猪瘟和蓝耳病的发生。

2. 处理方案

免疫猪圆环病毒灭活苗2毫升/头，料中投蓝圆双清（微生态抗菌肽）2千克+芪板青颗粒1千克/吨料。皮肤用过硫酸氢钾复合盐泡腾片以1:400的比例稀释（10片兑水4千克），消毒后涂抹净爽。

（五）猪病毒性腹泻（传染性胃肠炎、流行性腹泻、轮状病毒性腹泻）

1. 本病流行特点

各种日龄的猪都可感染发病，但日龄越小的猪越严重，发病率和死亡越高。该病多发生于冬春寒冷季节，头年12月~次年4月。该病传播快，可造成数日内大部分猪发病。经消化道和呼吸道传播。

2. 临床症状特点

（1）主要表现：腹泻，部分猪有呕吐症状，日龄越小的越严重。生长的育肥猪、大猪往往呈良性，3～7 天恢复。

（2）解剖特点：病猪的小肠壁极薄，透明如纸，内有乳糜。仔猪胃内充满凝乳块，胃底黏膜轻度充血，有时有出血斑。肾常变性，并有白色尿酸盐沉积。

图 6－28 猪流行性腹泻—传染性胃肠炎症状

3. 处理方案

（1）紧急用流行性腹泻—传染性胃肠炎二联灭活苗免疫。

流行性腹泻—传染性胃肠炎二联灭活苗使用方案

用于猪流行性腹泻—猪传染性胃肠炎的防控的疫苗产品。该疫苗使用“黏膜免疫喷鼻＋灭活苗肌注”的方法，以及卓越的腹泻防控能力得到了广大客户的信赖。它通过黏膜免疫和体液免疫相结合的方式使初乳中的猪流行性腹泻病毒（PEDV）的抗体水平达到保护水平。腹泻安使用的毒株为流行毒株，与目前发病猪场分离得到的 PEDV 相似度高，且本品为灭活疫苗，安全性高，不会引起活病毒继续在猪场传播。为使产品更好惠及养殖场，能够将此流行性腹泻—传染性胃肠炎二联灭活苗在猪场的使用过程更为确准地描述出来，特制定此方案。

（1）按照制定的正常预防免疫方案进行流行性腹泻—传染性胃肠炎二联灭活苗接种。

第一，全群普免2次，间隔2周，每次肌注4毫升。

第二，跟胎执行两打一喷方案，喷鼻按教学视频操作。

两打一喷方案：

表6－9

时　间	疫　苗	使用方法	计　量
产前12天	注射型疫苗	肌注	4毫升/头
产前6天	注射型疫苗	肌注	4毫升/头
产前6天	喷鼻型疫苗	喷鼻	2毫升/鼻孔，4毫升/头

第三，若发生腹泻疫情，确诊后，改用三打两喷方案（应急方案）。

表6－10

时　间	疫　苗	使用方法	计　量
产前12天	注射型疫苗	肌注	4毫升/头
产前12天	喷鼻型疫苗	喷鼻	2毫升/鼻孔，4毫升/头
产前8天	注射型疫苗	肌注	4毫升/头
产前8天	喷鼻型疫苗	喷鼻	2毫升/鼻孔，4毫升/头
产前4天	注射型疫苗	肌注	4毫升/头

在发生疫情的时候，猪场生产采用产前7～8天上产床的生产流程。

表6－11

时　间	疫　苗	使用方法	计　量
产前12天	注射型疫苗	肌注	4毫升/头
产前8天	注射型疫苗	肌注	4毫升/头
产前8天	喷鼻型疫苗	喷鼻	2毫升/鼻孔；4毫升/头
产前4天	注射型疫苗	肌注	4毫升/头
产前4天	喷鼻型疫苗	喷鼻	2毫升/鼻孔；4毫升/头

后备母猪腹泻安使用方案，所有选定后备猪，都应在配种前执行两打一喷方案：

表 6－12

时　间	疫　苗	使用方法	计　量
种前	注射型疫苗	肌注	4 毫升/头
与第一针间隔 14 天	注射型疫苗	肌注	4 毫升/头
与第二针注射同时	喷鼻型疫苗	喷鼻	2 毫升/鼻孔；4 毫升/头

（2）发病猪群用金立维它（电解多维）1000 克/吨料 + 必奥多（复合微生肽）500 克/吨加入饮水中 7～10 天。

（3）停药后用过硫酸氢钾饮水消毒 7～10 天；疾病恢复期用金立维它电解多维 1000 克/吨料 + 金培菲拌料（微生态抗菌肽）1000 克/吨料给 7～10 天。

（六）仔猪大肠杆菌病—黄痢、白痢、断奶后腹泻

1. 现场诊断要点

仔猪黄痢、白痢是由致病性大肠杆菌引起的以腹泻为主要症状的仔猪传染病。流行特点：黄痢发生于 1 周龄以内的仔猪，发病率和死亡率很高，有时可导致整窝仔猪死亡。白痢多发生于 10～30 日龄的仔猪，它常与外界应激因素如阴雨、潮湿、维生素缺乏或母猪乳汁质量不好有关，死亡率不高。

2. 主要症状

黄痢一般发生于仔猪出生后 12 小时至 2 天，一窝仔猪相继发病，表现为仔猪突然发生腹泻，排黄色水样稀粪，腥臭并混有气泡，含凝乳小块，病仔猪消瘦、脱水、死亡。白痢病仔猪排乳白色糊状粪便，有腥臭味。剖检主要病变：黄痢病仔猪的小肠臌胀，肠壁变薄，内充满黄色或灰白色稀便，切开小肠有大量黄色液体流出。白痢病仔猪全身内脏器官脱水，胃充满乳汁，切开见有凝固的乳块。

3. 处理方案

单纯性仔猪大肠杆菌病（黄痢、白痢、断奶后腹泻）：仔猪止痢液口服。大肠杆菌与病毒混合感染：特殊生物因子（转移因子、干扰素等）注射，同时硫酸新霉素或硫酸粘杆菌素口服。一窝中只要有一个发病：全窝投药。

（七）仔猪大肠杆菌病—仔猪水肿病

1. 现场诊断要点

本病是由大肠杆菌引起的急性、致死性的传染病，死亡率极高。流行特点：本病多发生于断奶仔猪，具有地方流行性，与饲料转换和维生素、硒等缺乏有关。

2. 主要症状

图 6－29　仔猪水肿病症状

病猪精神沉郁，食欲废绝，步态不稳，眼结膜充血，转圈，叫声嘶哑，倒地抽搐，四肢呈游泳状划动，额头、眼睑出现水肿，昏迷死亡。剖检主要病变：病猪的胃壁水肿，切开后流出清亮的液体。病猪的大肠、小肠水肿，特别是结肠系膜有透明的胶冻样水肿，肠系膜淋巴结水肿。

3. 处理方案

（1）保育及中大猪：必奥多（复合微生肽制剂）（1 千克）+安普霉素（1 千克）+金立维它（电解多维）1 千克/吨料，按以上剂量减半加 1 吨水口服。7～10 天一个疗程。

（2）肌注庆大霉素。

（八）仔猪球虫性腹泻

1. 主要特点

仔猪球虫性腹泻主要发生于 7～21 日龄和 1.5～4 月龄仔猪，5 日龄以下很少发生。7～14 天仔猪多发。病猪排出灰土色、奶油样或水样粪便。该病的发生与圈舍潮湿有关。

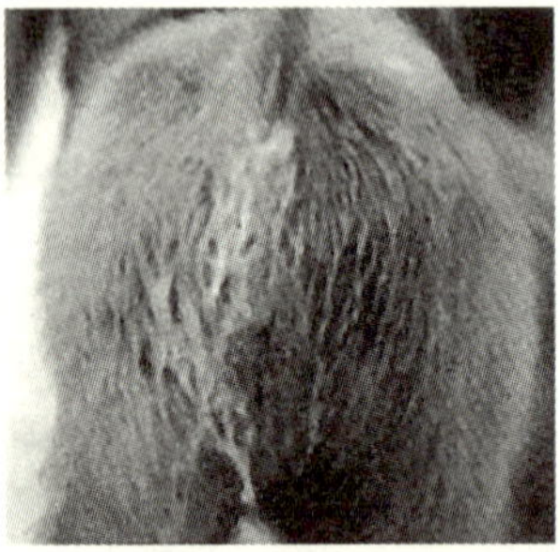

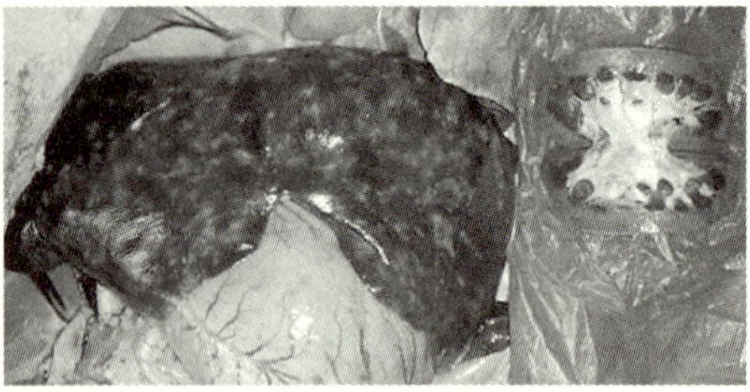

图 6－30　仔猪球虫性腹泻症状

2. 处理方案

选用磺胺类（磺胺喹恶啉、磺胺氯吡嗪钠）、二硝托胺、地克朱利、百球清（妥曲珠利）、氨丙林、氯苯胍、乙胺嘧啶等治疗或预防。

（九）猪厌氧菌感染（仔猪红痢、猪坏死性肠炎、猪猝死病）

1. 主要特点

本病由魏氏梭菌引起，临床上主要表现为：仔猪红痢（多发生于1～5日龄）。5～14日龄仔猪慢性感染（黄白色稀粪）。断奶至生长肥育期的仔猪发生坏死性肠炎。猪猝死症（多发生于2～4月龄、怀孕母猪）。

2. 处理方案

使用必奥多或多西环素拌料7～10天。特别注意，治疗往往来不及，最好全群注射。

（十）猪传染性胸膜肺炎

1. 主要流行特点

不同年龄的猪均可发病，其中4～5月龄猪多发，气候多变的季节多发。

2. 主要症状

病猪体温升高，呼吸高度困难，呈犬坐或横卧姿势，张口伸舌，腹式呼吸，咳嗽，口、鼻流出带血的红色泡沫，腹部、耳尖发绀。主要病变：急性型病猪的胸膜表面有白色纤维素性物附着，胸腔积液，肺部广泛充血、出血，有的有坏死区；慢性病猪的肺出血，有脓性坏死灶，肺部发炎部分与胸膜粘连，不易剥离。

特别注意，本病常与猪伪狂犬病、蓝耳病、猪肺疫、喘气病等混合感染。

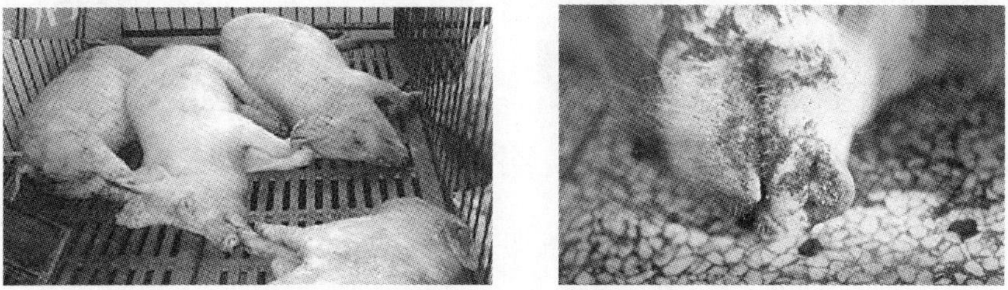

图6－31　猪传染性胸膜肺炎症状

3. 处理方案

（1）10%氟苯尼考注射液＋头孢噻呋注射液注射给药；（2）替尔

健+金立维它拌料给药（7~10天）；（3）用威兰金碘对带猪空气消毒，每天一次，7~10天后3天消毒一次；（4）免疫猪传染性胸膜肺炎疫苗2~4毫升/头。

（十一）猪链球菌病

1. 主要流行特点

本病一年四季均可发生，春、秋季多发，多呈地方流行性。常因猪只外伤、阉割或注射时消毒不严格而引起。各种日龄猪都可感染，但表现不同。仔猪发病后多呈败血症、脑膜脑炎或关节炎，中猪、育肥猪多出现关节炎或化脓性淋巴结炎，怀孕母猪有时可见急性败血症。

2. 主要症状

败血症病猪体温升至41℃~43℃，眼结膜潮红，流泪，咳嗽，呼吸困难，体表出现紫红色或红色斑块，死亡率达80%~100%。呈脑膜脑炎的病猪出现神经性症状，阵发性抽搐，头和四肢僵硬，有的病猪转圈，倒地不起，四肢划动似游泳状。患关节炎病猪的关节肿胀、疼痛，跛行，跪倒在地。患化脓性淋巴结炎病猪的颌下、颈部、股前等处的淋巴结肿胀、化脓。

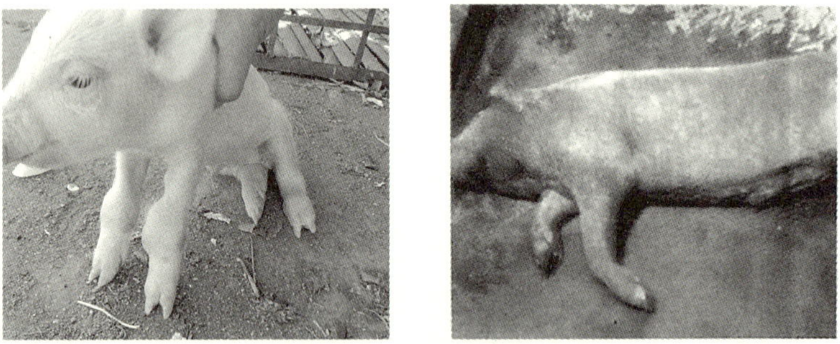

图6-32 猪链球菌病症状

3. 处理方案

（1）注射给药：黄芪多糖+头孢噻呋。

（2）拌料给药（7~10天）：阿莫西林克拉维酸钾+金立维它（电解多维）。

（3）用威兰金碘对带猪空气进行消毒，每天一次，7~10天后3天消毒一次。

（4）注射疫苗猪链球菌免疫1头份/头。

（十二）副猪嗜血杆菌病（多发性浆膜炎和多发性关节炎）

1. 主要流行特点

可感染2周~4月龄的猪，5~8周龄的猪多发，发病率一般在10%~15%，严重的可达50%。该病由气候突变、空气质量差、运输等应激因素诱发。有免疫抑制病原时发病更为严重。

2. 临床特点

猪发热、不食或少食、呼吸困难、关节肿大、运动不协调、皮肤发紫、被毛粗乱。解剖特点：（1）多发生浆膜炎。肺、肝、心、肠道浆膜有一层白膜；（2）多发性关节炎。

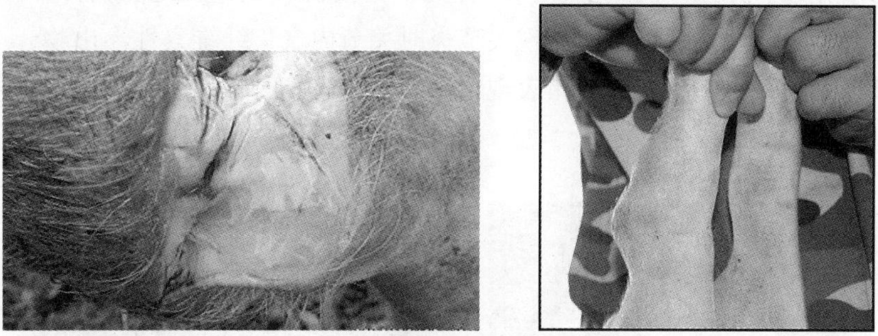

图6-33　副猪嗜血杆菌病症状

特别注意：支原体也会引起猪的多发性浆膜炎和多发性关节炎。注意蓝耳病、圆环病毒、传染性胸膜肺炎的混合感染。

3. 处理方案

（1）注射给药（早期有效）：头孢噻呋注射；（2）拌料给药：阿莫西林克拉维酸钾+金立维它（电解多维），7~10天；（3）用威兰金碘对带猪空气进行消毒，每天一次，7~10天后3天消毒一次。（4）疫苗免疫副猪嗜血杆菌灭活苗1头份/头。

（十三）猪丹毒

1. 主要流行特点

不同年龄的猪均可感染，但 3 月龄以上的猪发病率最高。细菌经消化道和损伤的皮肤感染易感猪、健康带菌猪在抵抗力下降时也会发生内源性感染。

2. 主要症状

急性病猪体温升高至 42 ~ 43 摄氏度，结膜充血，耳、颈、背、腹部皮肤潮红，2 ~ 4 天后呈急性败血症死亡。亚急性病猪在胸、背、肩、腹部皮肤出现红色的菱形、方形疹块，后期呈暗红色，指压不褪色。慢性病猪有的出现呼吸急促，有的病猪四肢关节肿胀、跛行，有的病猪肩、背、耳、尾部皮肤变黑、坏死、脱落。主要病变：急性病猪全身淋巴结肿大、充血，切面多汁；脾肿大，呈樱桃红色，质地软；肾肿大，充血呈暗红色。慢性病猪出现关节炎时关节内聚集纤维素性渗出物，滑膜呈绒毛样增生；慢性病猪表现增生性心瓣膜炎，在心瓣膜上有灰白色呈菜花状的增生物。

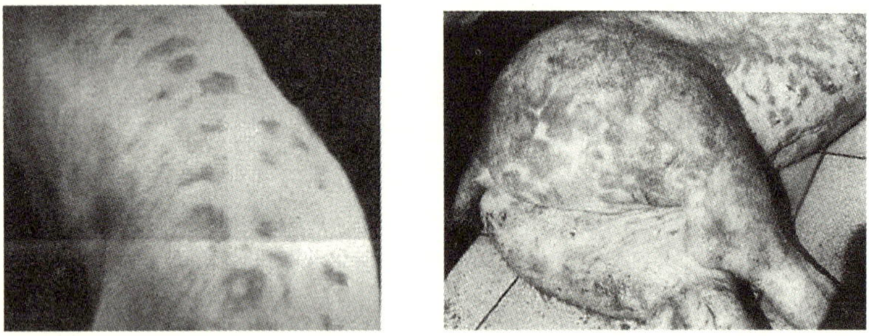

图 6－34　猪丹毒症状

3. 处理方案

（1）注射给药：头孢噻呋。

（2）阿莫西林拉维酸 + 金立维它拌料 7 ~ 10 天。

（3）用威兰金碘对带猪空气进行消毒，每天一次，7 ~ 10 天后 3 天消毒一次。

（4）疫苗免疫猪丹毒灭活苗 1 头份/头。

（十四）猪附红体病

1. 主要流行特点

该病通过猪摄食血液或血制品，舔食断尾伤口、被血污染的粪尿传播；通过猪虱、蚊、蝇、注射针头、手术器械传播；公猪经精液传播给母猪；有疥癣的猪发病机会增多；应激增大该病发病机会。

2. 临床特点

首次发病的阴性猪场表现为猪出现高热、皮肤发红、黄疸、贫血、尿液咖啡色、怀孕母猪流产、公猪配种能力下降、母猪情期受胎率不到60%、母猪10%左右流产、母猪产弱仔比例上升30%左右、50%的母猪产后无乳或少乳、仔猪发育不全。阳性猪场表现为公猪性欲下降、精液质量下降，母猪产弱仔、产后1~5天乳或少乳、推迟分娩2~8天，哺乳仔猪营养不良，生长育肥猪并不十分严重。解剖上以病猪所有器官组织黄染为特征。

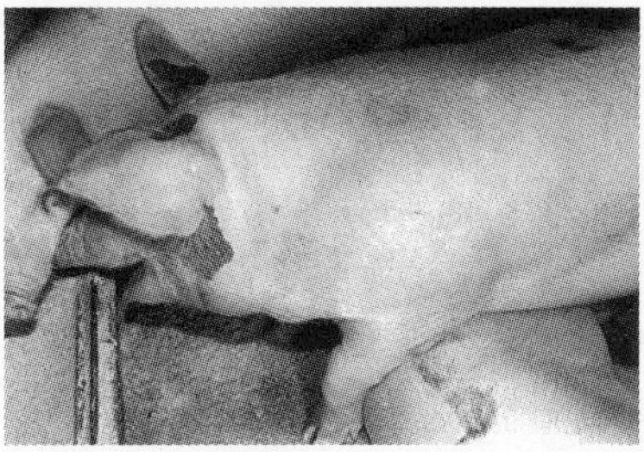

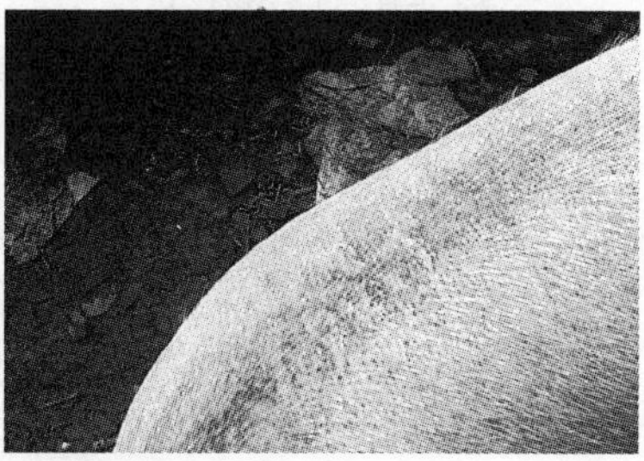

图6-35 猪附红体病症状

3. 处理方案

（1）注射给药，黄芪多糖+多西环素。

（2）多西环素+倍壮素（酵母细胞壁拌料7~10天）。

（3）用威兰金碘对带猪空气进行消毒，每天一次，7~10天后3天消毒一次。

（十五）猪衣原体病

1. 主要特点

本病主要是由鹦鹉衣原体引起的猪的急性传染病。临床上主要表现为：怀孕母猪流产、早产、产死胎或弱仔，初产母猪流产率可达40%以上。种公猪泌尿生殖道感染，尿道炎和睾丸炎、附睾炎。断奶前后仔猪肺炎、肠炎、脑炎、多发性关节炎。仔猪和架子猪结膜炎。

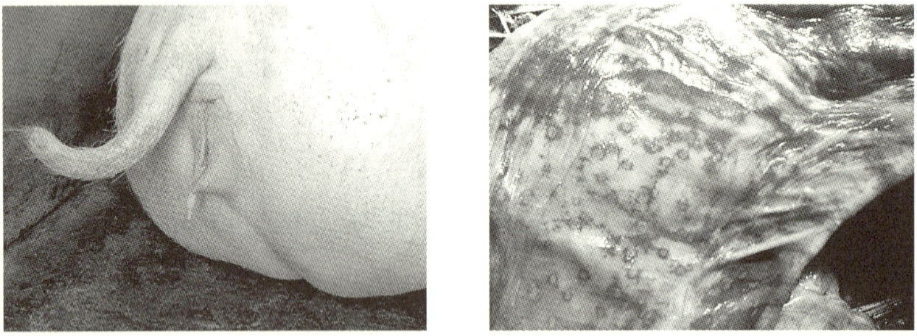

图6－36　猪衣原体病症状

2. 处理方案

（1）投料给药：盐酸环丙沙星可溶性3千克＋清瘟败毒散2千克/吨料，连续使用15～20天。

（2）免疫衣原体灭活基因工程苗。免疫种猪每年两次。

（十六）猪疥癣病

1. 主要特点

本病是由猪疥螨寄生在猪的皮肤内所引起的一种慢性皮肤病。猪疥螨虫体很小，椭圆形，暗灰色，肉眼不易见。本病通过接触感染，尤其是在饲养管理条件差或卫生条件差的情况下易发生本病。感染后虫体即钻入皮肤表皮内，穿凿孔道并发育和繁殖，以组织和渗出淋巴液为食。

2. 主要症状

病变常由猪的眼睛周围、颊部、耳朵及腹下皮肤开始，严重时可发展到颈部、肩胛部、躯体、背部和腿部，公猪阴囊亦可发生。病猪因剧痒而摩擦，并造成肤脱毛、受损、出血，有渗出液体，干涸后形成痂皮，随后皮肤增厚，出现皱褶或龟裂，被毛粗糙多屑。病猪逐渐消瘦衰弱。

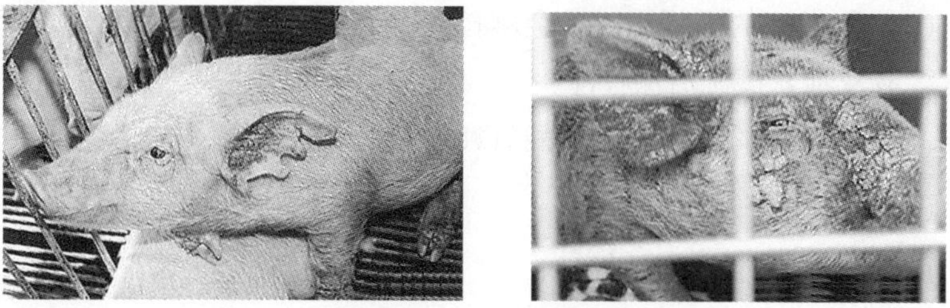

图 6－37　猪疥癣病症状

3. 处理方案

（1）用石硫合剂（大猪用原液，中小猪加等量水）全身喷洒，每15天一次；也可用伊维菌素溶液全身喷洒，每15天一次。注：石硫合剂配方：生石灰3千克，硫黄7千克，加水100千克，混合煮30分钟，取上清（茶褐色）而成。

（2）伊维菌素氧阿基本达唑拌料7～10天。

（3）环境和圈舍：用石硫合剂原液喷洒，一周一次。

（十七）猪渗出性皮炎

1. 主要特点

该病由葡萄球菌引起，主要发生于猪舍环境差、消毒不严、猪有外伤、手术器械、针头消毒不严的猪场。疥癣会加重该病。该病主要发生于初生至断奶小猪。临床上主要表现为先从皮肤损伤处或无毛少毛处出现皮肤炎症，表现为红色斑点和丘疹，很快蔓延到全身，皮肤增厚，形成紫褐色油样病灶。

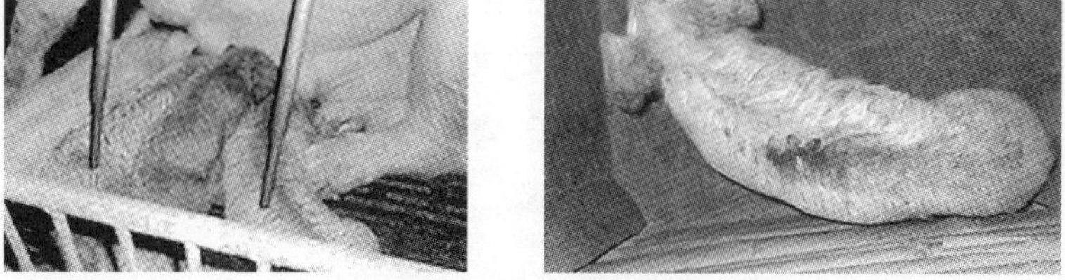

图 6－38　猪渗出性皮炎症状

2. 处理方案

（1）加强对环境和猪体的消毒，用过硫酸氢钾和威兰金碘交替消毒。

（2）刚发病的仔猪用威兰金碘按对带猪空气消毒的浓度配成35摄氏度溶液浸泡、擦洗后涂抹净爽。

（3）发病猪的皮肤用过硫酸氢钾消毒后涂抹净爽（仔猪爽身粉）。

（十八）猪弓形体病

1. 主要症状

该病是由弓形虫引起的一种人畜共患原虫病，3—5月龄猪多见。该病突然发生，传播迅速，高热稽留。病猪粪干尿黄，呼吸困难，痉挛咳嗽，后期病猪皮肤、耳、臀出现紫红瘀斑。肺间质高度水肿，肺、肝、淋巴结肿胀，有出血坏死，心包及胸腹腔积液增多，回肠瓣附近有浅溃疡。

2. 用药原则

磺胺类药物有较好疗效。

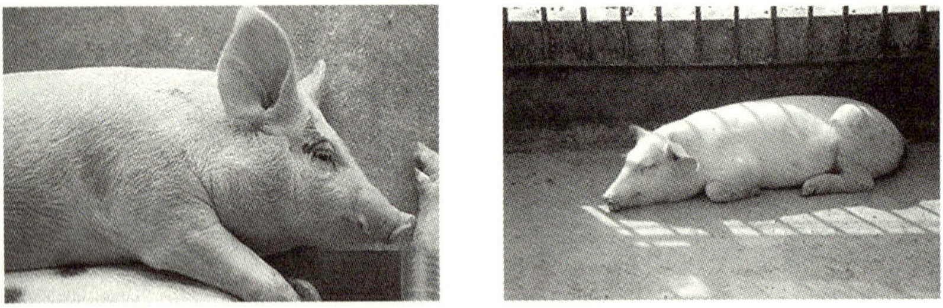

图6-39　猪弓形体病症状

3. 处理方案：

（1）磺胺嘧啶钠100毫克/千克，2次/日，3~4天。

（2）磺胺二甲氧嘧啶70毫克/千克，2次/日，3~4天。

（3）磺胺五甲氧嘧啶或六甲氧嘧啶70毫克/千克，2次/日，3~4天。

（4）临床上常用长效制菌磺0.3毫克/千克，2次/日，3~4天。

（5）用以上药物的同时可用磺胺二甲氧嘧啶400ppm + TMP100ppm拌料5~7天。

（十九）猪肺疫

1. 主要症状

该病是由多杀性巴氏杆菌引起的一种猪的急性、热情传染病，以败血症、咽喉炎和纤维素性胸膜肺炎为主要特征。

2. 用药原则

抗菌、消炎，常用药物及治疗方法参见“猪传染性胸膜肺炎”。

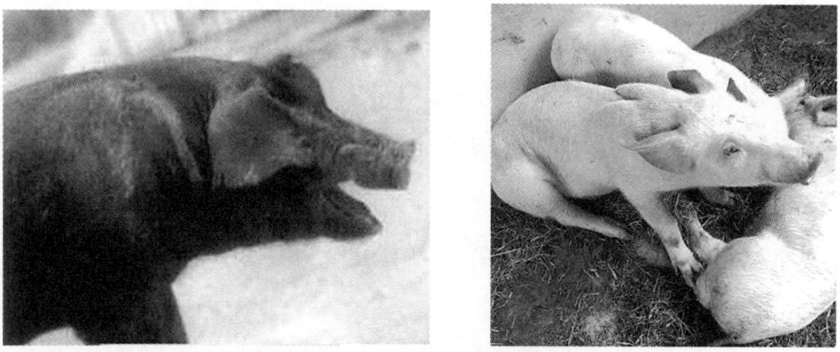

图 6－40　猪肺疫症状

（二十）猪霉形体病——猪气喘病

1. 主要症状

猪气喘病是肺炎支原体引起的一种猪的慢性消耗性疾病，其临床表现：病猪体温不高，不同程度的喘息，痉挛性咳嗽，采食量减少，逐渐消瘦。剖检：肺尖叶、心叶对称性的“肉变”。

2. 用药原则

抑菌、镇咳、平喘。

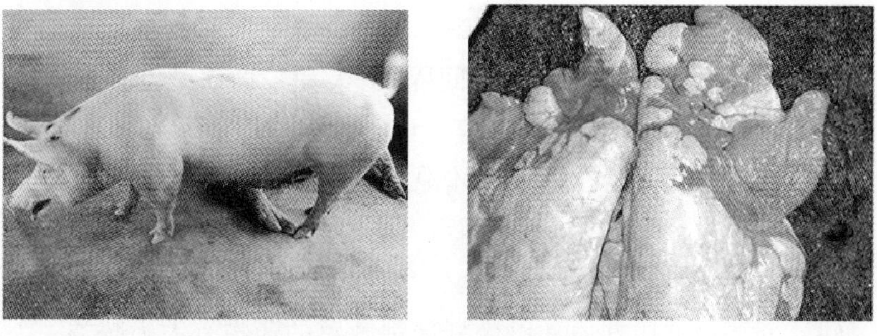

图 6－41　猪气喘病症状

3. 处理方案：

（1）用0.2%土霉素原粉拌料预防。

（2）卡那霉素2～4万单位/千克＋地米4～20毫克/次混合肌注，1次/日，3～5天。

（3）长效土霉素：0.3毫升/千克，1次/日，3～5天。

（4）林可霉素：50毫克/千克，1次/日，3～5天。

（5）速喘宁（复方泰乐菌素注射液）0.2毫升/千克，1次/日，3～5天。

（6）盐酸强力霉素10毫克/千克，1次/日，3～5天。

（二十一）猪传染性萎缩性鼻炎

本病是由气管败血波氏杆菌和多杀性巴氏杆菌混合感染而引起的猪的传染病。该病流行特点：不同年龄的猪均易感，但主要侵害幼猪。

1. 主要症状

（1）病猪打喷嚏、鼻痒，鼻孔流出少量粘脓液体、鼻血。

（2）有眼眵，眼下有半月状黄黑色泪斑。

（3）部分病猪鼻甲骨逐渐萎缩，年龄越小症状越明显。鼻和面部变形，鼻歪斜、缩短。

（4）病猪生长迟缓。

（5）主要病变：病猪鼻甲骨萎缩、卷曲，多为一侧。

2. 预防与控制及处理方案

（1）仔猪的母源抗体高低和继承免疫是关键。选择高质量的海博莱萎鼻疫苗免疫怀孕母猪，首次间隔21天免疫两次建立基础。产前20～40天提高母源抗体来保护仔猪。

（2）猪刚出生开始（母源抗体建立免疫之前）免疫一次，免疫时间为7日龄左右。母源免疫建立后可考虑不免疫。

（3）母猪奶是母源抗体的载体。因此奶水好坏对萎鼻控制很重要。

（4）对萎鼻波氏杆菌和巴氏杆菌都敏感的药物有大磺胺类、大环内酯类、氟本尼考等。以上药物可以用于该病的预防和治疗。

（1）流鼻血，眼下有半月形泪痕

（2）歪鼻子

（3）正常鼻甲骨

（4）萎鼻鼻甲骨

图6－42　猪传染性萎缩性鼻炎症状

（二十二）口蹄疫

口蹄疫（口炎、蹄炎、口腔水泡、蹄部水泡、溃疡病症）是由口蹄疫病毒引起的一种急性、热性和高度接触性的传染病，临床上以猪口腔黏膜、鼻吻部、蹄部及乳房皮肤发生水泡和溃烂为症状。该病的发病率很高，传染快，流行面大，可引起仔猪大批死亡，造成严重的经济损失。口蹄疫病毒分为O型、A型、C型等7种血清型，对酸碱敏感。

1. 主要症状

该病病猪主要是以水泡和心肌炎为主要症状。

（1）水泡。以猪蹄部水泡为主，病初猪只体温升高，精神不振，食欲减少。开始时猪只跛行，踮着脚走，仔细观察蹄部可见发红、微热、敏感、蹄白线发白，不久就出现蚕豆大小的水泡，水泡破裂后形成糜烂，严重者导致蹄子脱落，猪只卧地不起。成年猪一般呈良性，死亡率不高。

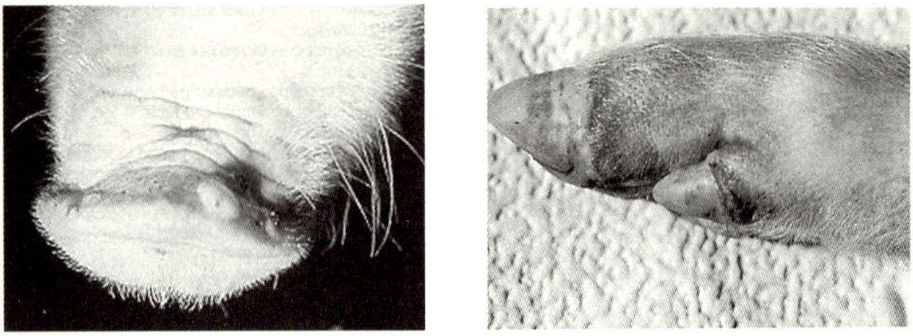

图 6-43　猪口蹄疫病症状

（2）心肌炎。仔猪感染口蹄疫多会因急性心肌炎突然死亡。剖检病猪心包膜有弥散性点状出血点，心肌软弱、苍白无力，似煮过的肉，心肌切面有灰白色或淡黄色斑块或条纹，呈现“虎斑心”。

2. 预防与控制及处理方案

（1）用威兰金碘以 1∶800 比例稀释后进行环境消毒和空气消毒。

（2）哺乳仔猪和保育猪用卡巴匹林钙 3000 干扰素 + 免疫球蛋白各 0.5 ~1 毫升分开注射，一日一次，连用 3 天，进行预防性治疗。

（3）猪身有创口和水泡处（把水泡挑破）用威兰金碘喷撒伤口消毒后涂擦仔猪爽身粉净爽，消毒吸水，一日一次，连用 2 ~3 天。

（4）怀孕母猪用昊翔生物干扰素 + 免疫球蛋白各 3 毫升混合注射，一日一次，连用 3 天，保住胎儿。

（5）全群用倍壮素（酵母细胞壁）1000 克/吨 + 奥康素（清瘟败毒散）1000 克 + 威兰舒 1000 克/吨拌料 7 ~10 天。

（6）用威兰金碘对带猪空气进行表面消毒。

（二十三）非洲猪瘟

非洲猪瘟（ASF）是猪的一种急性、热性、高度接触性传染病。该病临床表现为高热、食欲废绝、皮肤发绀、内脏器官严重出血及高死亡率。

1. 概　况

本病自 1909 年在肯尼亚首次报道，一直存在于撒哈拉以南的非洲国家，1957 年先后流传至西欧和拉美国家，多数被及时扑灭，但在葡萄牙、西班牙西南部和意大利的撒丁岛仍有流行。

2007 年以来，非洲猪瘟在全球多个国家发生、扩散、流行，特别是在俄罗斯及其周边国家和地区。2017 年 3 月，俄罗斯远东地区伊尔库茨克州发生非洲猪瘟疫情，疫情发生地距离我国较近，仅为 1000 千米左右。我国是养猪及猪肉消费大国，生猪出栏量、存栏量以及猪肉消费量均位于全球首位，每年种猪及猪肉制品进口总量巨大，与多个国家贸易频繁，而且，我国与其他国家的旅客往来频繁，旅客携带的商品数量多、种类杂。因此，非洲猪瘟传入我国的风险日益加大，一旦传入，其带来的直接以及间接损失将不可估量。对此，2017 年 4 月 12 日，我国农业部发布了关于进一步加强非洲猪瘟风险防范工作的紧急通知。

2. 非洲猪瘟临床症状

（1）主要临床症状。无症状突然死亡。发病率、病死率高。高热，病猪体温升高 40. 5 摄氏度至 42 摄氏度；病猪耳、四肢、腹背部皮肤有出血点、发绀。病猪呕吐，腹泻或便秘，粪便带血。病猪虚弱、步态僵直，不愿站立等。病猪偶见眼、鼻有黏液脓性分泌物。

（2）其他临床症状。病猪精神沉郁、食欲下降。呼吸困难，湿咳。病猪关节疼痛、肿胀。妊娠母猪流产、死胎、弱仔。

3. 剖检变化

病猪脾脏显著肿大，一般情况下是正常脾的 3 ~ 6 倍，颜色变暗，质地变脆。淋巴结（特别是胃、肠和肾）增大、水肿以及整个淋巴结出血，形态类似于血块。肾脏表面瘀点（斑点状出血）。皮下出血。心包积液和体腔积水、腹水。心脏表面（心外膜）、膀胱和肾脏（皮质和肾盂）有出血点。肺可能出现充血和瘀点，气管和支气管有泡沫，严重肺泡和间质性肺水肿。瘀点、瘀斑（较大的出血），胃、小肠和大肠中有过量的凝血。肝充血和胆囊出血。

4. 非洲猪瘟防控措施

生物安全是抵御非洲猪瘟的第一道防线。防止家猪跟与野猪的接触是非常重要的措施。非洲猪瘟是列入世界动物卫生组织（OIE）陆生动物卫生法典的一种疾病，一旦确认需要立即上报。运输限制在控制疾病在国家之间的传播中起着至关重要的作用。这些措施通常适用于猪肉产品以及活体动物运输。例如，立陶宛一家大型生猪养殖场暴发疫情后，设置了 3 公里的防控区和 10 公里的监控区。控制野生动物宿主是另一个重要措施——家猪以及发生疫情附近地区的野猪都被扑杀。

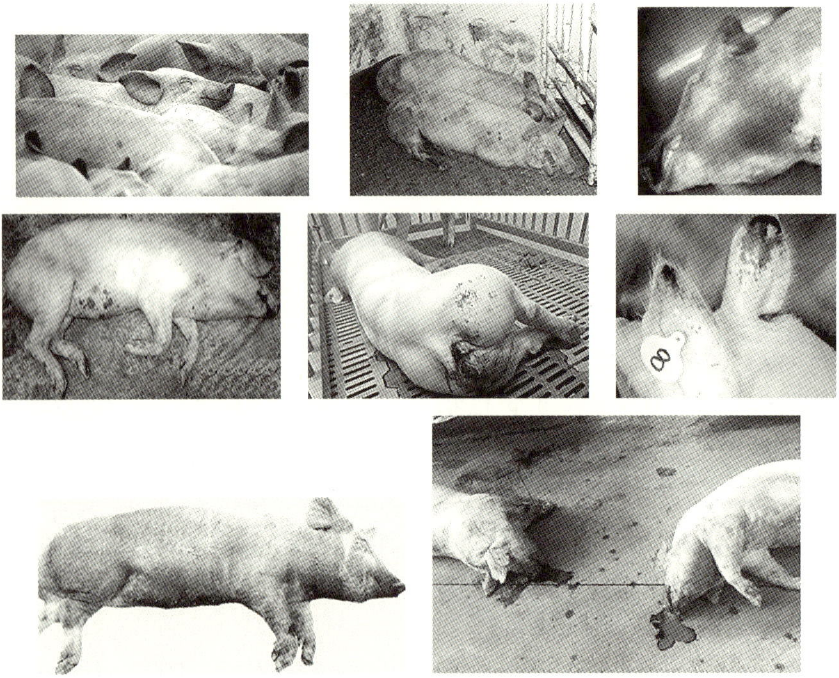

图 6－44　非洲猪瘟症状

所有成功的清除方案都包括快速地诊断、扑杀和对受感染场地动物的处置、彻底清洁及消毒、灭虫、运输控制和监控。这些方法已在意大利撒丁岛得到有效的验证。据统计，非洲猪瘟已在撒丁岛流行数十年，但从未扩散到欧洲大陆。

（1）风险分析和进出口程序。无非洲猪瘟国家预防非洲猪瘟主要依据严格的活猪、猪肉及猪肉产品、猪精液、猪皮等风险产品安全进口政策。

OIE 陆生动物卫生法为此提供了详细的指导方针。防控检疫局应该在国际机场、港口和边界有效地拦截食品和其他危险原料。没收的危险原料应该处理销毁，不能丢在动物或人可接近的地方。

（2）泔脚（俗称泔水）饲喂。泔水饲喂是将疾病引进健康猪群种的一种高风险途径。不该给猪饲喂泔水料，这些泔水料可能含有带病猪肉。如果饲喂，泔水料应该煮沸 30 分钟。

（3）清洗和消毒。猪舍和设备都应定期清洗消毒。消毒前先清洗舍内、设备及运输工具上的有机物。运输工具和员工在进出猪场时都应消毒。有效的消毒剂包括碘酸制剂、次氯酸盐、碱和戊二醛。不易被感染的设备应在太阳下暴晒。

（4）其他生物安全措施。降低到访者的人次，在围栏周边装载和卸载猪，卸载猪后对运输卡车进行清洗消毒。设有猪自由活动区的村庄被感染的危险更大，但采用的生物安全原则相同。不提倡设备在未清洗消毒就在猪场或村庄之间共享。应该避免一个猪群的饲养员与其他猪群接触。应该提倡多使用专用工服和鞋子。要确保后备种猪群的来源可靠。应该合理地处理废水及屠宰猪的废弃部分，以便预防野猪接近他们。

（5）意识。场长、兽医和所有养猪相关人员都应有预防非洲猪瘟的意识，能够认识非洲猪瘟，如果有疑似非洲猪瘟病例知道应该怎么做。应该多注意避免泔水饲喂和其他破坏生物安全的危险因素，尤其是对小猪。

一旦某个地方（场）发生非洲猪瘟，应该全面通报该疾病的爆发情况，在每个环节都加强生物安全措施，定期检查猪，如果有疑似病变或死亡的猪只，立即向相关部门报告。

（6）监测。通过对非洲猪瘟的认识，鼓励养猪户和猎人等向兽医和当局报告调查的疑似病例（被动监测）。通过临床检测、尸检和血清学检测，系统地追踪所有疑似病例。并全面调查疾病的可能来源和传播途径。一旦该病在这个地方（场）出现，同时进行被动监测和主动监测。

第三节 猪病处理失败的原因分析

一、疾病诊断方面的偏差

（1）疾病诊断需要流行病学分析、临诊症状、眼观病理分析、显微组织病理分析、免疫血清学分析、微生物学诊断和分子生物学诊断等综合分析。很多疾病在症状上很相似，若诊断人员不注意通过系统的分析和区别，则很难准确诊断，诊断容易出现偏差。诊断上偏差大，自然处理失败。

（2）现在的猪病比较复杂，表现为多病原的混合感染或继发感染、有多种细菌的共感染。病毒与细菌的共感染，有一些疾病的临床症状比较明显，有一些仅仅为免疫抑制，其症状并不明显。诊断人员如果不注意分析，仅仅按明显症状来诊断，便可能会出现很大的偏差，疾病自然得不到有效的控制。

（3）现在的猪病还表现为非传染因素与传染因素相互作用，在诊断上人们会把注意力集中到传染因素上，忽视非传染因素而造成诊断偏差。一定要注意如下几种情况：①在猪高热综合征：霉菌毒素＋病毒＋细菌。②繁殖障碍综合征：霉菌毒素＋病毒。③哺乳仔猪腹泻综合征：母猪问题＋环境＋病毒＋细菌。④断奶仔猪腹泻：哺乳期诱食＋环境问题＋细菌。⑤呼吸道综合征：环境问题＋病毒＋细菌。

总之，人们只能尽可能地接近真实，永远达不到真实。在诊断中诊断人员要有系统思维，去粗取精、去伪成真，否则会造成很大的偏差。

二、药物选择和使用偏差

（一）药不对病、药不对菌、药不对症

1. 诊断错误

如果诊断错误，会导致用药和治疗方法的错误，最终耽误治疗。

2. 药不对菌

药物按用途分三大类：去邪药（抗菌剂、抗病毒药、抗真菌药、抗寄生虫药），扶正药（营养抗应激剂、免疫增强剂、微生态调节剂等），对症药（止咳、平喘、祛痰、止血、消炎、止泻、抗过敏、消肾肿、排毒素、解热镇痛等）。在猪病去邪药中，抗菌剂有效性更好一些，抗病毒药不太可靠。

（1）对于细菌性猪病，猪场饲养人员要知道什么病是由什么病原微生物引起的，要知道抗菌药的抗菌谱。主要抗革兰氏阳性菌的抗菌剂包括青霉素类、头孢泰克、大环内酯类、洁霉素类、杆菌肽；主要抗革兰氏阴性菌的抗生素包括氨基粮苷类、多粘菌素（抗敌素）；广谱抗菌剂包括氯霉素类、四环素类、磺胺类、氟喹诺酮类；对支原体敏感的抗菌剂包括大环内酯类、洁霉素类、氯霉素类、四环素类、氟喹诺酮类；对衣原体敏感的抗菌剂包括大环内酯类、洁霉素类、氯霉素类、四环素类、氟喹诺酮类；对弓形虫敏感的抗菌剂，包括磺胺类。磺胺对螺旋体、结核完全无效，对立克次氏体不但不能抑制，反而刺激其生长。氨基粮苷类对厌氧菌无效。

（2）理论上敏感的药物临床时不一定敏感。细菌会产生抗药性，可以通过药敏试验进行筛选，但有些细菌很难分离培养，不好作。

3. 药物到不了靶位

（1）药物经不同的途径给药，其吸收、分布、代谢和排出不同，且动物组织对药物有天然屏障（血脑屏障、血胎屏障），导致药物不能到达靶位。

表 6－9　常见猪用抗菌剂的口服吸收与清除

药　物	血峰浓度	血半衰期	口服吸收（%）	主清途径	尿峰浓度	尿排出量（%）
氨苄西林	2.5～4		40		1000～2000	50～60
阿莫西林	7.5	1	60	肾、肝	590～2200	60
氯霉素	8～12	1.6～3.3	75～90	肾、肝	70～150	5～10
头孢氨苄	16～18	1～1.5	90	肾	1000～2000	70～90

续 表

药　物	血峰浓度	血半衰期	口服吸收(%)	主清途径	尿峰浓度	尿排出量(%)
头孢拉定	16	1~1.5	90	肾	2000	80~90
红霉素	0.2~1	1.4~3.1	16~40	肾、肝	5~60	1~15
克拉霉素	2.2	3.7~4.9	50	肾、肝		32
罗红霉素	9.1~10.8	10~13	72~85	肝		7.4
阿奇霉素	0.4	35~48	37	肝		4.5~12.2
克林霉素	1~3.5	2~2.5	90	肾、肝	900	52
林可霉素	0.4~4	4~5	60	肾、肝	3~15	5~15
四环素	0.5~4	6~10	20~40	肾、肝	60~300	20~70
强力霉素	1.1~3.1	18~22	60~93	肾、肝	30~40	10~23
利福平	4~19	2~5	90	肝、肾	50~300	20~70
磷霉素钙	5.3	1.5~2	30~40	肾、肝	56~411	20~30
SMZ	120	12	90~100	肾、肝	150~1000	60
TMP	2.2	12.5	90~100	肾、肝	50~1000	40~60
诺氟沙星	1.5	3~4	35~40	肾、肝	98~114	25~30
依诺沙星	2.8~3.7	3.3~6	60~89	肾	200	65
氧氟沙星	3.5~5.6	5~7	98	肾	140~200	70~90
环丙沙星	1.8~2.6	3.3~3.9	40~70	肾、肝		
恩诺沙星			100	肾、肝		
丹诺沙星			100	肾、肝		

治疗全身性的感染，要选择口服吸收好、生物利用度高的药品，根据细菌感染的主要部位，选择分布的药品，否则就没有很好的疗效。口服吸收非常好的、生物利用度高的抗菌药，有氯霉素类、克林霉素、头孢氨苄、头孢克羟氨苄、头孢拉啶、阿莫西林、利福平、强力霉素、SD、SM2. SMM、SMZ、恩诺沙星、氧氟沙星、培氟沙星等。入骨抗菌剂有克林、林可霉素、磷霉素、多数氟喹诺酮类入骨能达到杀菌浓度。入前列腺抗菌药有氟喹诺酮类、红霉素、SMZ、TMP、四环素等。入脑脊液抗菌药有氯霉素类、利福霉素、培氟沙星、氧氟沙星、磺胺嘧啶、

磺胺甲恶唑、异烟肼、青霉素类、头孢类。浆膜和关节腔内，多数药物一般都能达到。

（2）有些药物口服吸收很少或不吸收，口服只能用于消化道感染，经口服药用于全身性感染肯定无效。如新霉素、抗敌素（粘杆菌素）、杆菌肽。

（3）有些药物和产品对器官有高浓度分布，如呼原泰、泰妙菌素、替米考星、泰乐菌素广泛用于呼吸道病的防治用药。

4. 剂量不够或盲目加大剂

（1）假药和劣药。

（2）在拌料给药时剂量不够。要注意促生长量、预防量、治疗量之间的差别。要按猪的体重算吃料量，按理论料量算药，否则药量不够。拌料给药的剂量的确定：①育肥猪，按体重的5%为料量算药量；②种母猪和种公猪，按体重的3%为料量算药量；③仔猪，按体重的7%为料量算药量。

5. 给药时间不够或给药时间过长

如果给药时间不够，会造成病猪病情加重，病期延长，如果给药过久，会造成病猪耐药性加强，猪的免疫力下降，影响猪的生长发育。

（二）药物的配合和联合用药不当

1. 配合和联合用药的目的

能用一种药物解决问题就不用两种，遵循越少越好的原则。（1）标本兼治；（2）治疗混合感染；（3）获得协同作用以对抗特殊的耐药菌；（4）克服细菌的耐受性；（5）防止病猪耐药性的出现；（6）使毒性减小到最低程度；（7）防止由于存在其他细菌而产生的酶灭活抗生素；（8）获得更好的疗效。

2. 两种或两种以上药物合用的结果

（1）药理正效应：协同、累加、无关；（2）药理负效应：拮抗、毒性增加；（3）理化正效应：通常不考虑；（4）理化负效应：变色、沉淀、气化、发热、中和等。

我们希望获得药理正效应和理化正效应，尽可能避免药理和理化副效应。

3. 联合或配合用药总原则

（1）三大类药之间。去邪药 + 扶正药 + 对症药；去邪药 + 扶正药；去邪药 + 对症药；去邪药 + 去邪药。一般无药理上的负反应（但有特殊地方），要注意理化负反应。

（2）去邪药间配合用药。抗病毒药和抗菌药间药理上无配伍禁忌，但要注意理化上的配伍禁忌；抗病毒药和抗寄生虫药间无药理上的配伍禁忌，但要注意理化上的配伍禁忌；抗菌药和非抗生素类、非磺胺类抗虫药之间无药理上的配伍禁忌，但要注意理化上的配伍禁忌；抗生素类及磺胺类球虫药与抗菌剂之间遵循后述原则。

（3）中药和西药之间（情况复杂，暂可考虑配合）。

（4）抗菌剂之间的配伍原则（为重点）。

4. 抗菌剂联合或配合用药原则（Yes）

（1）抗菌谱不同两种或两种以上的抗菌剂合用。

（2）药代动力学（吸收、分布、代谢或转化、排泄）不同的抗菌剂联合使用。给药途径不同：注射、口服、气雾的配合；将口服不吸收抗菌药与口服吸收好的抗菌剂配合；局部用药和全身用药的配合；分布不同的药配合；排泄不同的药品配合；快慢结合；突维结合与排阻结合。

（3）作用机理相同，但作用于不同环节：磺胺类与增效磺胺；美西林和其他β－内酰胺类。

（4）作用机理不同的抗菌剂配合，青霉素类使细胞壁通透性改变，有利于氨基糖甙类的活性；多粘菌使细胞膜通透性改变有利提高其他抗菌剂的活性。

（5）联合应用酶抑制剂，包括β－内酰胺类（青霉素类和头孢类）与β－内酰胺酶抑制剂（克拉维酸、舒巴坦或三唑巴坦）。

（6）抑制不同的耐药菌群。

（7）强度不同的抗菌剂配合。繁殖期杀菌剂与静止期杀菌剂；繁殖期杀菌剂与慢速抑菌剂；静止期杀菌剂与快速抑菌剂；快速抑菌剂与慢速抑菌剂。

特别注意，繁殖期杀菌剂（I）包括青霉素类、先锋霉素类、多粘菌素和氟喹诺酮类；静止期杀菌剂（II）包括氨基糖甙类、多粘菌素和氟喹诺酮类；快速抑菌剂（III）包括氯霉素类、大环内酯类、四环素类；慢速抑菌剂（IV）包括磺胺类。

5. 抗菌剂联合或配合用药原则（No）

（1）药理上有配伍禁忌，理化上无配伍禁忌的抗菌剂间不同时使用，但若分布完全不同的可以考虑，如硫酸新霉素、硫酸粘杆菌素、杆菌肽与全身药物。

（2）理化上有配伍禁忌而药理上无配伍禁忌的药物可以从不同的途径给药，但不能混合给药。

（3）同一类抗菌剂一般不配合。磺胺类除外，红霉素有例外。

（4）繁殖期杀菌剂与快速抑菌剂不能配合使用。

（5）两种毒性大的药品最好不要同时使用。

（6）作用机理相同、作用于同一化学位点的抗菌剂最好不要配合使用。

（7）药物的先后使用。

（8）药动学上有矛盾的抗菌剂（阻排分、促排分）不要配合使用。

6. 适合联合用药的几种药

（1）青霉素类（β－内酰胺类）。β－内酰胺酶抑制剂（克拉维酸、舒巴坦）＋β－内酰胺酶敏感的广谱青霉素：A. 克拉维酸（棒酸）＋阿莫西林（1∶2～4）；B. 舒巴坦（青霉烷砜）＋氨苄西林（1∶2）。青霉素类和丙磺舒合用有协同作用（丙磺舒抑制青霉素类排泄，使青霉素类血药浓度升高）。青霉素类与氨基糖苷类呈协同作用。金银花可提高青霉素耐金葡菌的抗菌作用。阿司匹林增强青霉素的杀菌作用。吲哚美辛（消炎痛）或保泰松可增强青霉素作用。

青霉素类不能与四环素类、氯霉素类、大环内酯类、磺胺类等抗菌药合用（青霉素类为快效杀菌剂，四环素类等为抑菌剂，合用干扰了青霉素类的作用）。有时也会将磺胺药用。氨苄青与氯霉类有协同作用。青霉素类与维生素 C、碳酸氢钠等也不能同时使用（理化性配伍禁忌）。

（2）头孢类（β－内酰胺类）：本类药对肝肾有毒，先锋 IV 会引起肠道菌群失衡，B 类维生素及维生素 K 的缺乏。

（3）大环内酯类，包括红霉素、泰乐菌素、螺旋霉素、北里霉素。红霉素与磺胺二甲嘧啶、磺胺嘧啶、磺胺间氧甲嘧啶、TMP 的复方可用于治疗呼吸道病。红霉素与泰乐菌素同时使用，可获得协同作用。泰乐菌素可与磺胺类配合应用；$NaHCO_3$ 可增加本品的吸收。注：红霉素不宜与 β—内酰胺类、林可霉素、氯霉素、四环素联用。

（4）氨基糖甙类，包括链霉素、新霉素、卡那霉素、庆大霉素、丁胺卡那（啊咪卡星）、状观霉素等。TMP 可增强本品的作用，如丁胺卡那霉素与 TMP 合用对各种革兰氏阳性杆菌有效。氨基苷类同类药物不可联合应用以免增强毒性。与碱性药物联用其抗菌效能可能增强，但毒性也会增大。庆大霉素（或卡那霉素）可与喹诺酮类药物合用。链霉素与磺胺类药物配伍应用会发生水解失效。硫酸新霉素一般口服给药，与 DVD（抗菌增效剂）配伍比 TMP（甲氧苄氨嘧啶）更好一些，与阿托品类配伍应用于仔猪腹泻。

（5）四环素类包括四环素、土霉素、金霉素、甲烯土霉素、去甲金霉素、强力霉素。四环素类与非同类药物如泰妙灵、洁霉素类、泰乐菌素配伍，用于胃肠道和呼吸道感染时有协同作用。TMP、DVD 对本品有明显的增效作用，适量硫酸钠（1∶1）同时给药，有利于本品吸收、与碱性物质如氢氮化铝、碳酸氢钠、氨茶碱以及含钙、镁、铝、锌、铁等金属离子（中药）络合而阻滞四环素类吸收。四环素类与氯霉素类合用能产生有效的协同作用（阻碍蛋白质合成的不同环节）。土霉素不能与喹乙醇、北里霉素合用。与磺胺类配有增强作用。不宜与青霉素类或头孢类同时用（慢速抑菌剂与繁殖期杀菌）。不宜与氨基粮苷类药物合用（竞争同位点）。

（6）氯霉素类：氯霉素、甲砜霉素、氟氯霉素。对林可霉素、红霉素、链霉素、青霉素类、氟喹诺酮类等具有拮抗作用。氯霉素类也不宜与磺胺类、碳酸氢钠、氨茶碱、人工盐等碱性药物配合使用。氯霉素类可同四环素类配合。氟本尼考可与头孢类配合用。氟本尼考与阿奇霉素可配合使用。

（7）洁霉毒类（林可霉素类）。它可与四环素或氟哌酸配合应用于合并感染治疗。可与壮观霉素合用（利高霉素），治疗支原体呼吸道病。有效供给口服补液盐和适量维生素，可减少本品的副作用，提高疗效。林可霉素可与新霉素（用于乳腺炎）、氟喹诺酮类（恩诺沙星）合用治疗呼吸道病。

（7）多粘菌素类（硫酸抗敌素）。它与增效磺胺类、四环素类、G+性抗菌药（氨苄青霉素、阿莫西林）合用效果好。

（8）磺胺类药物。抗菌效力：SMM（磺胺—6—甲氧嘧啶）>SMZ（磺胺甲基异恶唑）>STZ（磺胺异恶唑）>ST（磺胺噻啶）>SD（磺胺嘧啶）>SMP（磺胺甲氧嗪）>SDM（磺胺二甲氧嘧啶）>SMD（磺胺-5-甲氧嘧啶）>SM1（磺胺甲基嘧啶）>SM2（磺胺二甲基嘧啶）>SDM（周效磺胺）>SN（磺胺）。与抗菌增效剂（TMP、DVD）合用有确定的协同作用。与多粘菌素合用可增强对变形杆菌的抗菌作用。应尽量避免与青霉素类药物同时使用。液体型磺胺药不能与酸性药物，如维生素C、盐酸麻黄素、四环素、青霉素等合用，否则会析出沉淀。固体剂型磺胺药物与氯化钙、氯化铵合用会增加对泌尿系统的毒性。可与氨基糖甙类合用。同类之间能产生叠加效应。

（9）氟喹诺酮类（沙星类）。它可与β-内酰胺类、氨基糖甙类、林可霉素类、二甲硝基咪唑合用与青霉素类在治疗特定细菌感染方面有协同作用，如环丙沙星+氨苄青霉素对金葡菌表现相加作用。与TMP环丙沙星+TMP对链球菌、大肠杆菌、白痢沙门氏菌有协同作用。与对利福平、氯霉素类、大环内酯类有拮抗作用。可与磺胺类药物配伍应用。慎与氨茶碱合用，因其含铝、镁的抗酸剂及多属离子，对本类药物吸收有影响。给药期间饲喂全价饲料可干扰本品的吸收。

（10）其他。杆菌肽锌可与粘菌素（多粘菌素E）、多粘菌素B、链霉素及新霉素合用。杆菌肽锌禁止与土霉素、金霉素、北里霉素、恩拉霉素、喹乙醇等配合使用。利福平可与二性霉素B、链霉素、异烟肼以及大环内酯类、β—内酰胺类配伍使用。泰妙菌素与四环素类有增强作用，不能与聚醚抗生素同时用于鸡。

三、细菌产生耐药性的原因

1. 人为方面的原因

（1）用药不当。没有正确选择抗菌药。剂量不足。疗程不够。未注意联合用药。长期局部或预防性用药。药物未注意交替使用。反复多次长时间使用劣质药品。给药途径不当。未注意环境定期消毒。长期频繁用药。

（2）人的思维方面的原因。猪病处理应遵循一定的原则，若打乱了原则，效果就会很差（参见猪病处理原则）。当猪场的猪群发病后，人们要先考虑的是对群体的控制，而不要把注意点放在生病的个体。猪群发病要执行的是系统的方案，饲养者要搞清什么是主要矛盾，什么是次要矛盾。虽然有抗病毒药，但只能起辅助作用。猪病防治主要通过隔离病猪和消毒减少环境中病原数量的方法，紧急免疫是没有办法的办法，目标是保健康猪，而这对疾病潜伏期猪有风险。饲养者要合理评价，评价方案的思路要正确。要分析生病猪群是处于潜伏、前驱期、临床明显期或是转归期。主要要看猪群发病是否减少、增加的弧度是否下降、死亡率是否下降、病轻的有没有恢复、病重的有没减轻来评价控制效果，不能仅看对病猪的治疗效果，更不能用病重猪去做药物疗效试验。评价一个方案的效果，要连续观察几天，有一定的疗程，不同的病时间不同，标准也不同。

2. 猪方面的原因

（1）猪对药物的味道很敏感。有些药物对体外细菌非常敏感，但因味道太苦等，拌料给药猪不吃或会使其采食量明显下降。

（2）各种原因导致的猪的采食量和饮水量下降使给药量不足。特别是没有将采食量明显下降或采食废绝的猪单独饲养时，往往通过加倍给药，导致采食量正常的猪药物过量，采食量下降的猪药量又不够的恶性循环。

（3）猪感染免疫抑制病毒（如蓝耳病毒、圆环病毒 2 型、猪瘟）和霉菌毒素慢性中毒造成免疫机能下降。在免疫抑制因子没有得到控制的情况下，使用抗菌药的效果是很差的。

（4）辅助治疗不当，病猪症状没有缓解。

（5）动物组织、器官、系统发生不可逆转的变化。

（6）不当的环境和管理因素没有得到纠正。

（7）得不到标准的护理。

（8）营养缺乏没有得到纠正。

参考文献

［1］中国猪品种志《中国猪品种志》编写组：《中国猪品种志》，上海科学技术出版社 1986 年版。

［2］云南省家畜家禽品种志编委会：《云南省家畜家禽品种志》，云南科技出版社 1987 年版。

［3］杨春珂：《高产优质养猪新技术》，云南科技出版社 2000 年版。

［4］王林云：《现代中国养猪》，金盾出版社 2007 年版。

［5］周晓智：《陆良县优质、高效、安全标准化养猪技术》（云岭新农民素质丛书），内部资料，2008 年印刷。

［6］［英］John Gadd 著，周绪斌，张佳，潘雪男译：《现代养猪生产技术：告诉你猪场盈利的秘诀》，中国农业出版社 2015 年版。

附　图

一、云南饲养的优良猪种

1.大约克公猪

2.大约克母猪

3.长白公猪

4.长白母猪

5.杜洛克公猪

6.杜洛克母猪

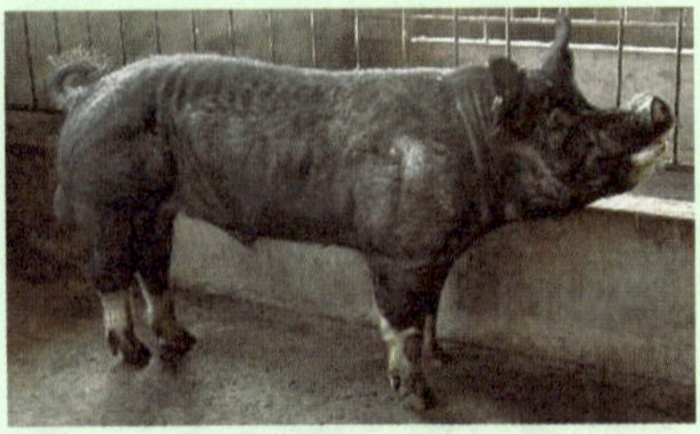

7.巴克夏公猪

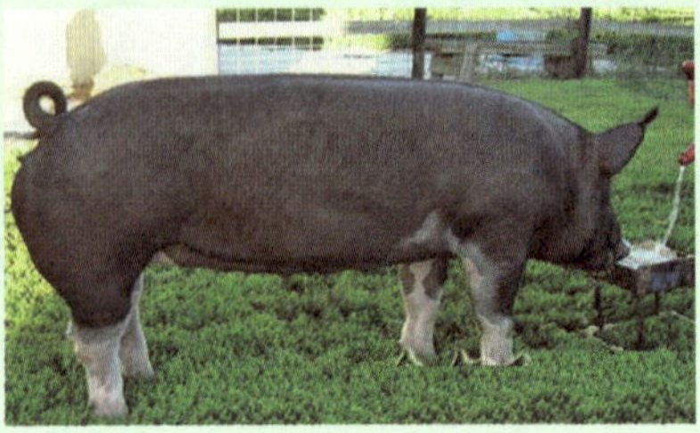

8.巴克夏母猪

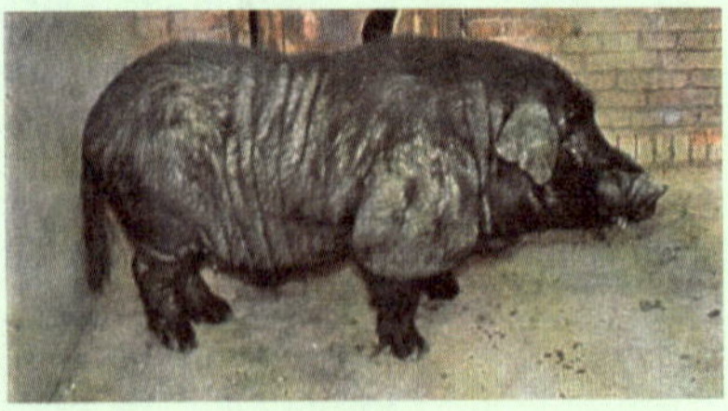

9.撒坝猪公猪

10.撒坝猪母猪

11.大河猪公猪

12.大河猪母猪

13.滇南小耳母猪

14.滇南小耳公猪

15.保山猪公猪

16.保山猪母猪

17.迪庆藏猪公猪

18.迪庆藏猪母猪

19.滇陆公猪

20.滇陆母猪

21.大河乌猪公猪

22.大河乌猪母猪

23.苏太猪公猪

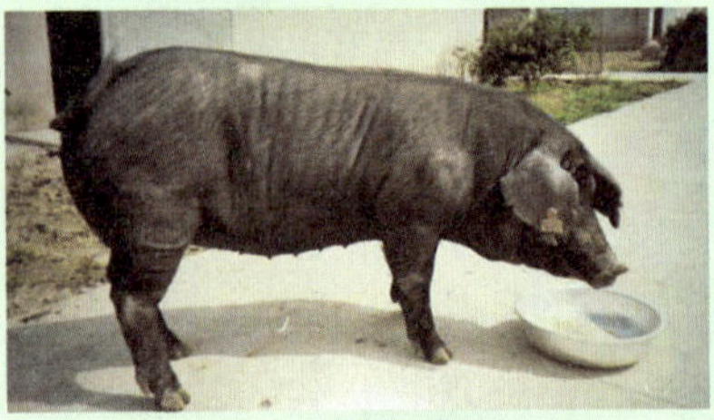

24.苏太猪母猪

25.苏钟公猪

26.苏钟母猪

27.滇撒配套系公猪

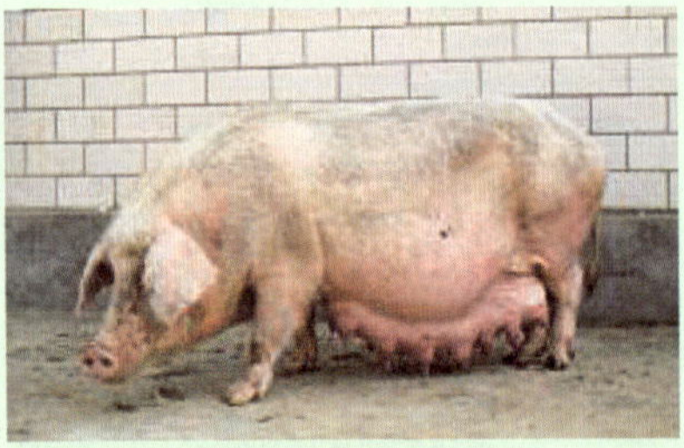

28.滇撒配套系母猪

29.PIC 公猪

30.PIC 母猪

31.托佩克公猪

32.托佩克母猪

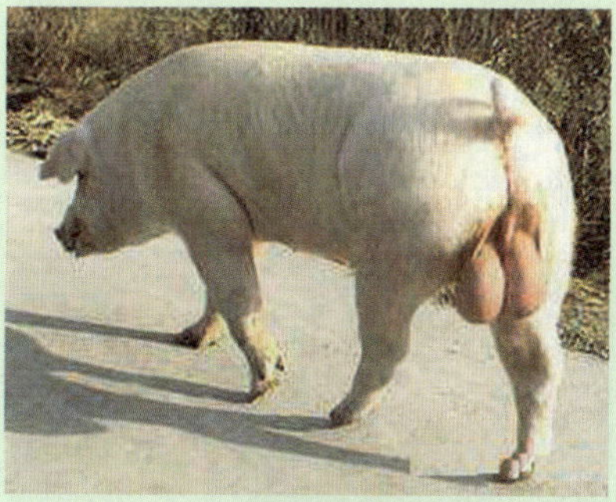

33.斯格公猪

34.斯格母猪

35.优良母猪的体形外貌

二、生猪常见疾病症状

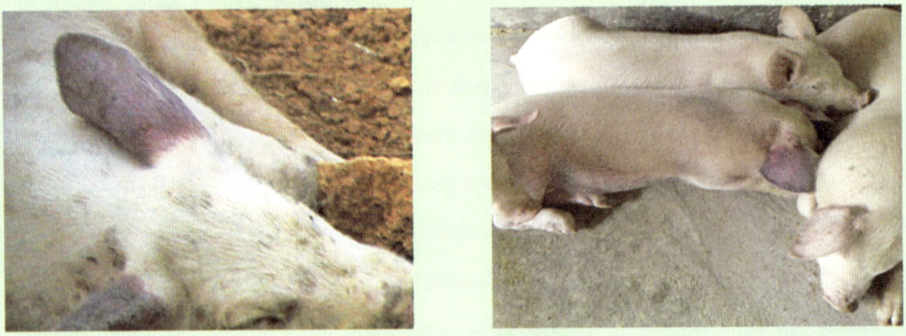

1.发热蓝耳综合征

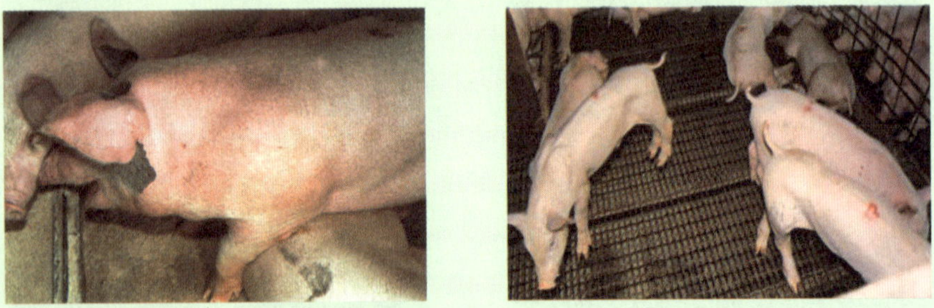

2.猪呼吸道综合征

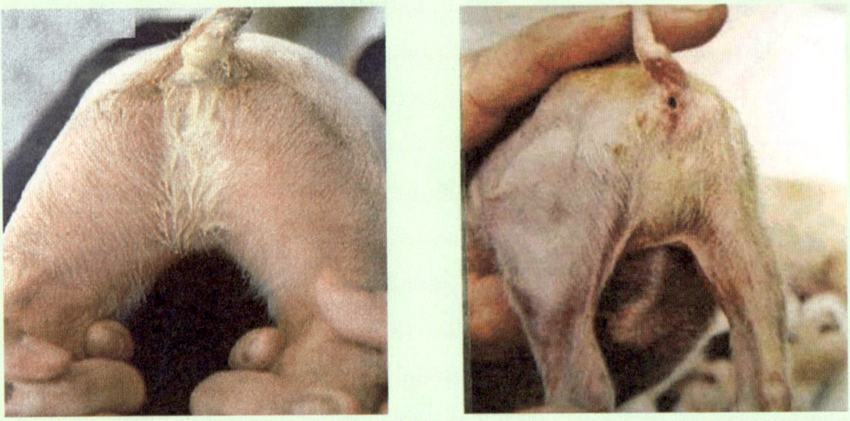

3.仔猪腹泻综合征

（1）正常的母猪粪便

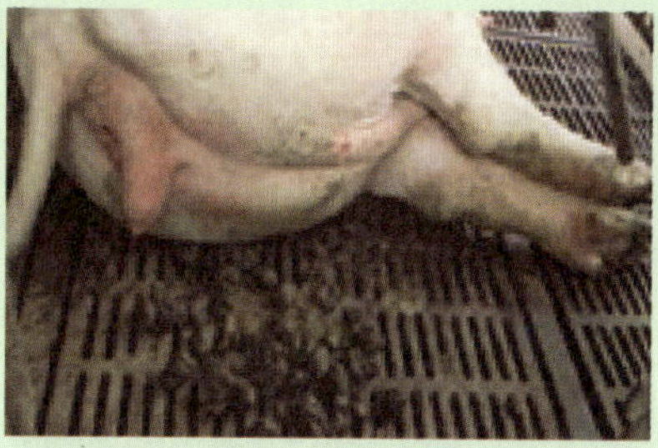

（2）便秘的母猪粪便

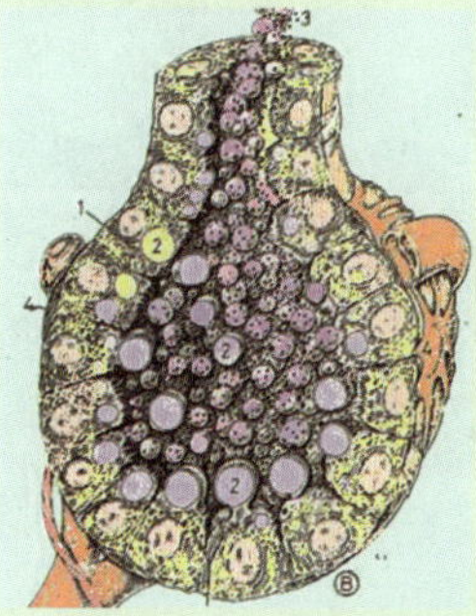

（3）正常的乳腺

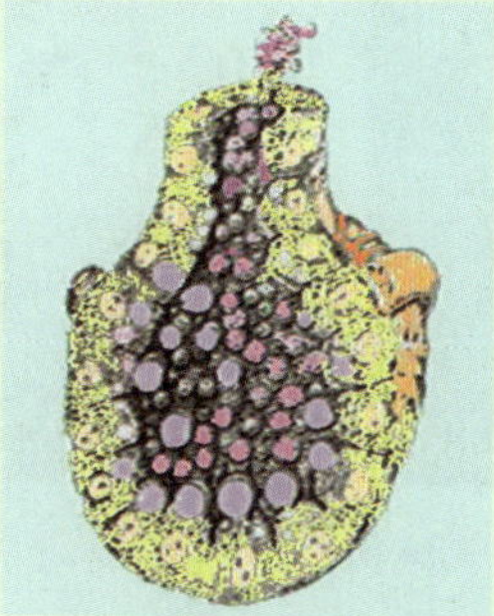

（4）水肿的乳腺

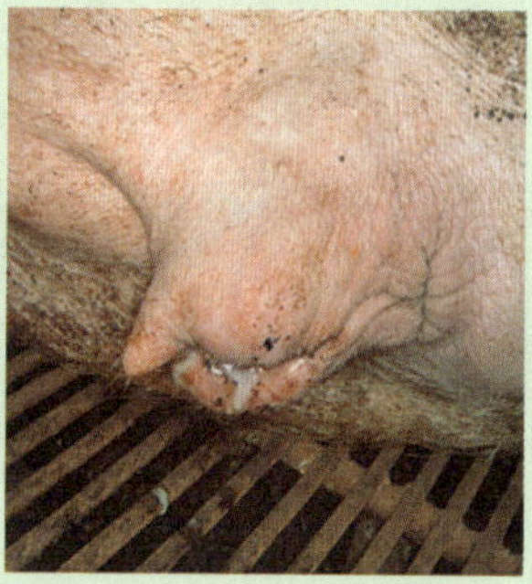

（5）母乳质量差

4.母猪围产期综合征

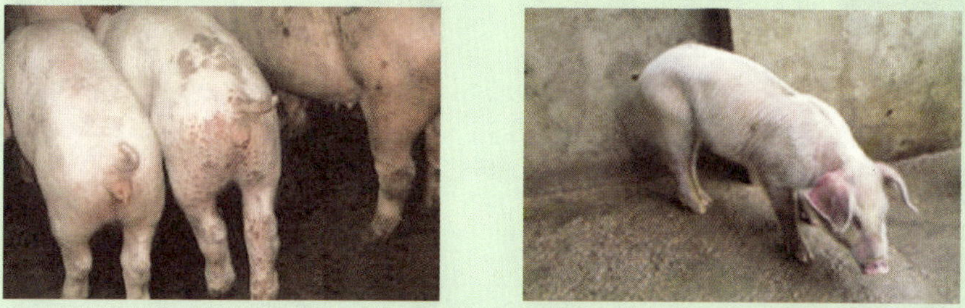

5.猪瘟病症状

6.猪繁殖呼吸综合征

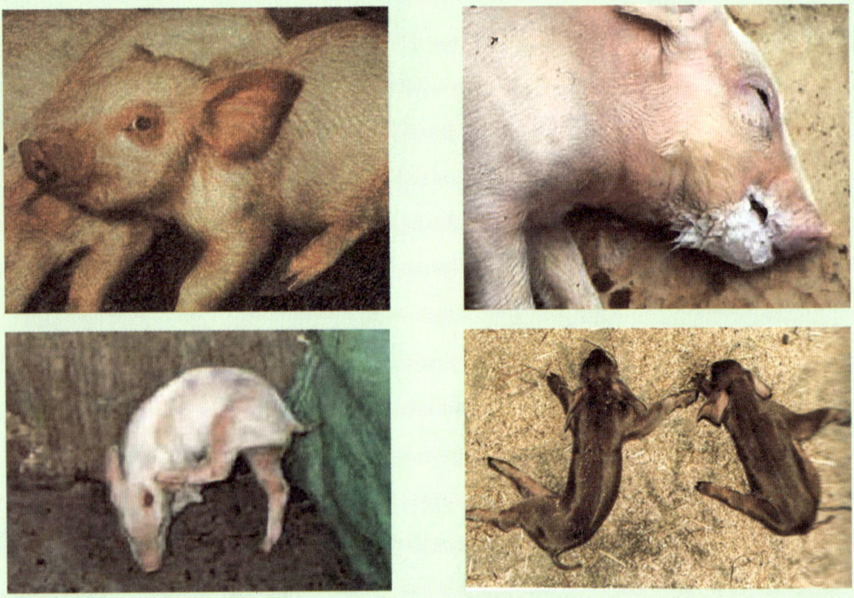

7.猪伪狂犬病症状

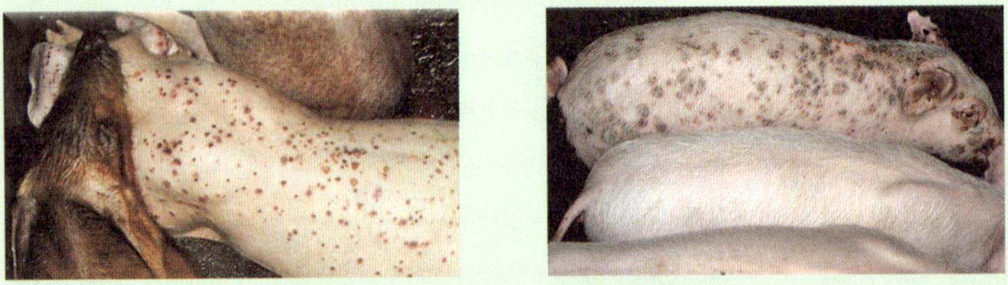

8.猪圆环病症状

9.猪流行性腹泻 – 传染性胃肠炎症状

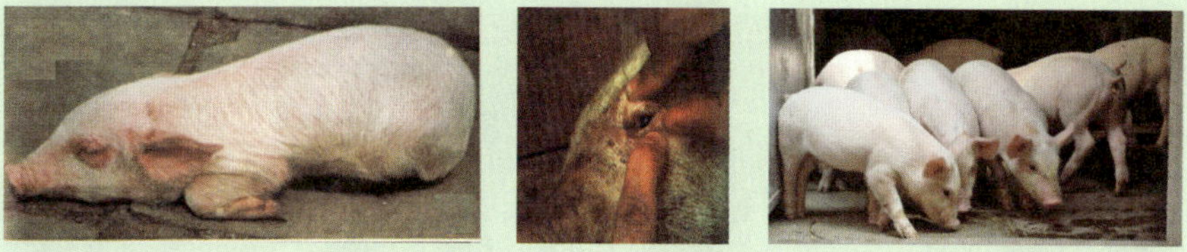

10.仔猪水肿病症状

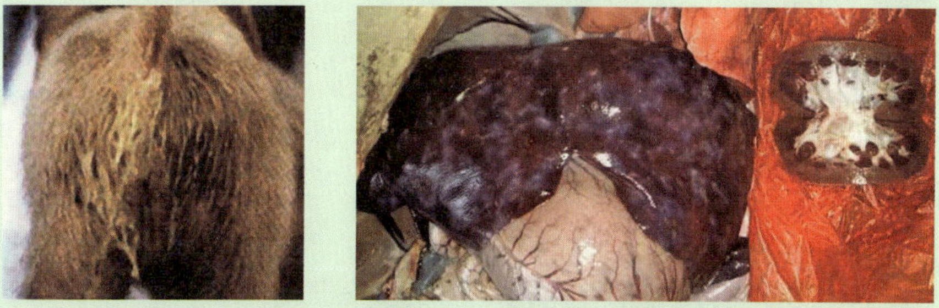

11.仔猪球虫性腹泻症状

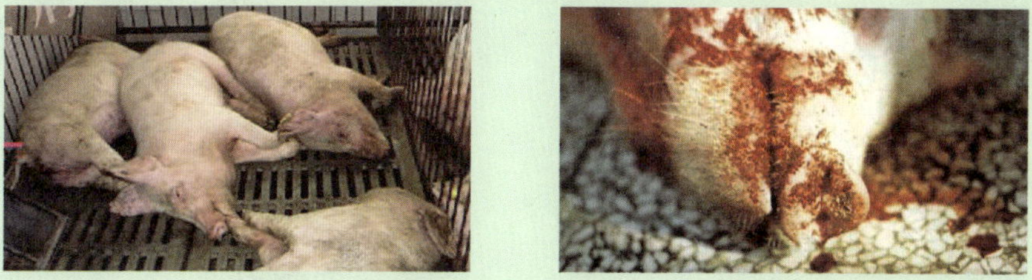

12.猪传染性胸膜肺炎症状

13.猪链球菌病症状

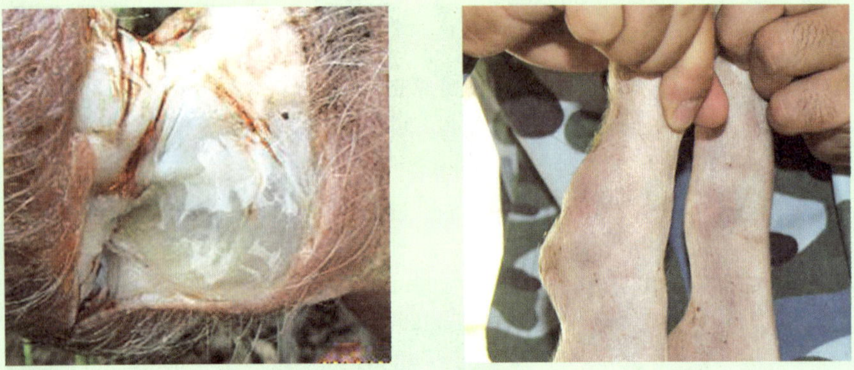

14.副猪嗜血杆菌病症状

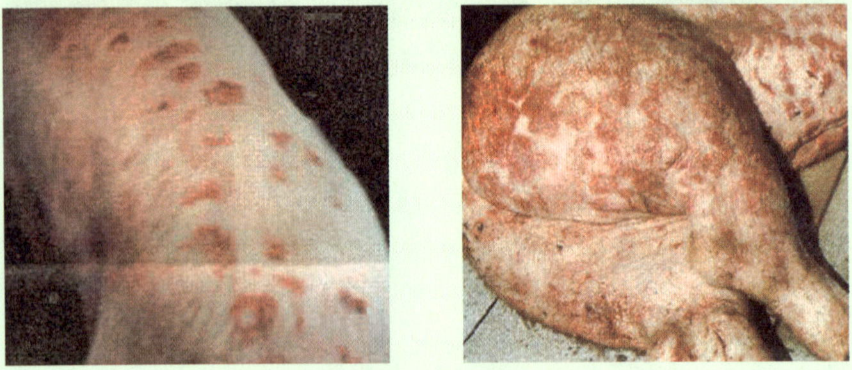

15.猪丹毒症状

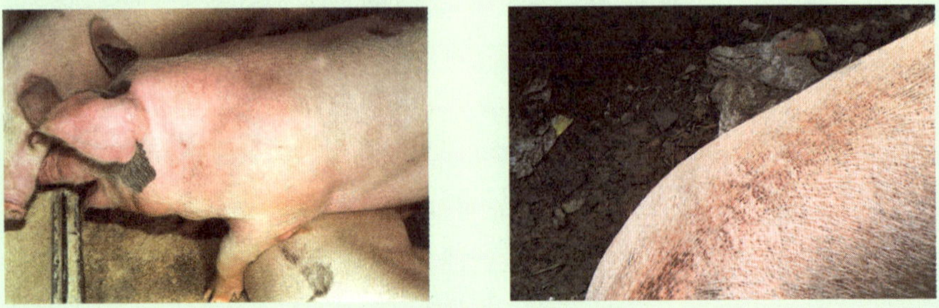

16.猪附红体病症状

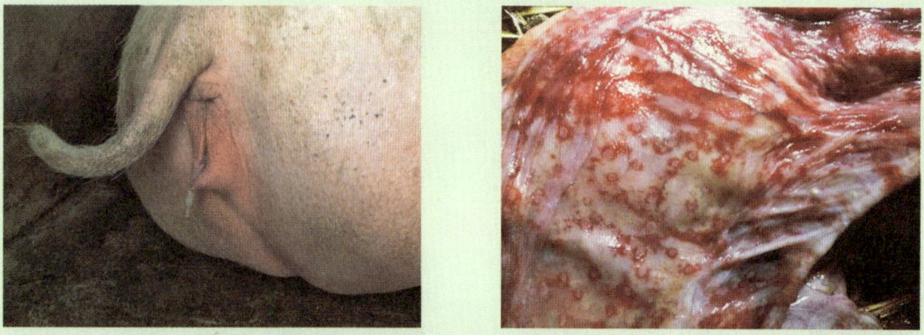

17.猪衣原体病症状

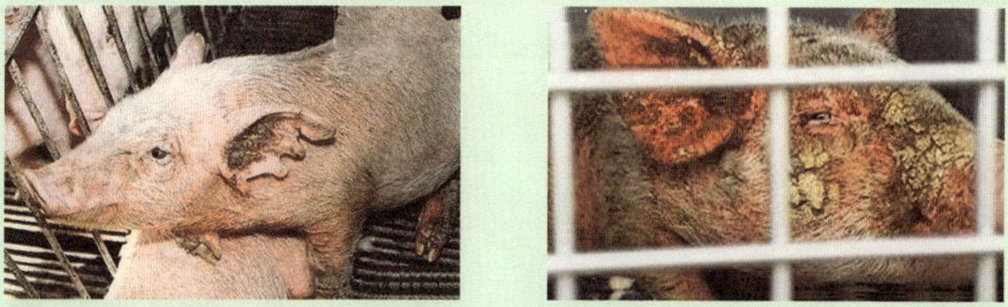

18.猪疥癣病症状

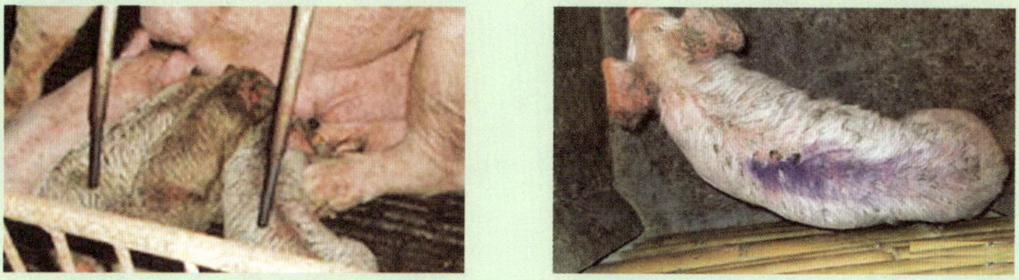

19.猪渗出性皮炎症状

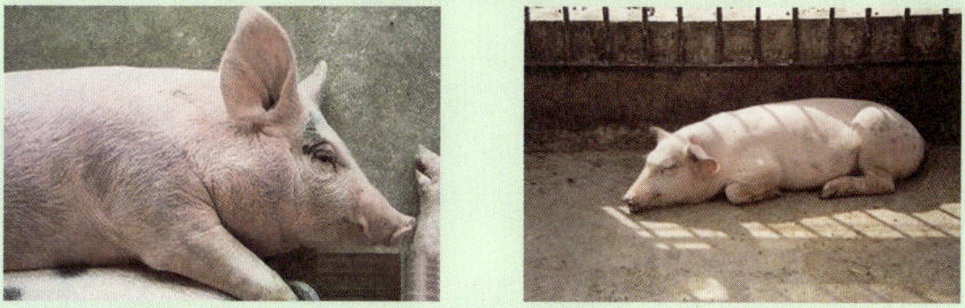

20.猪弓形体病症状

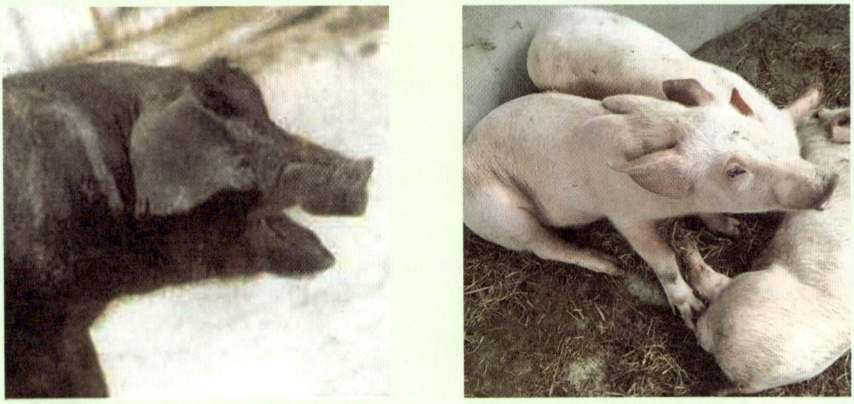

21.猪肺疫症状

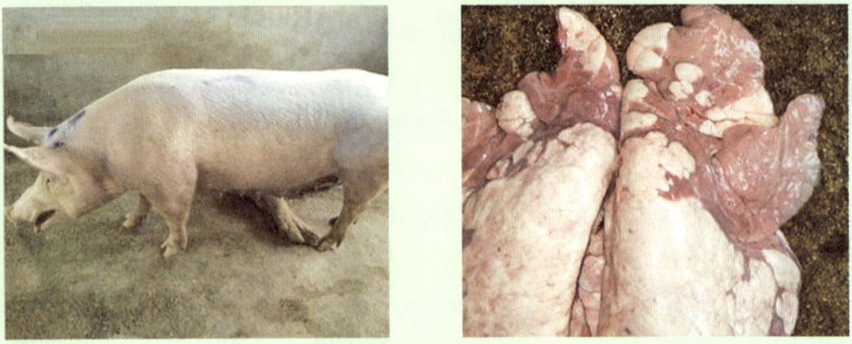

22.猪气喘病症状

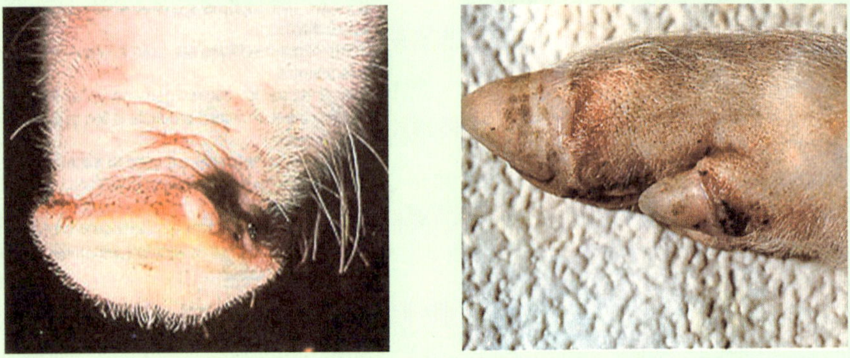

23.猪口蹄疫症状

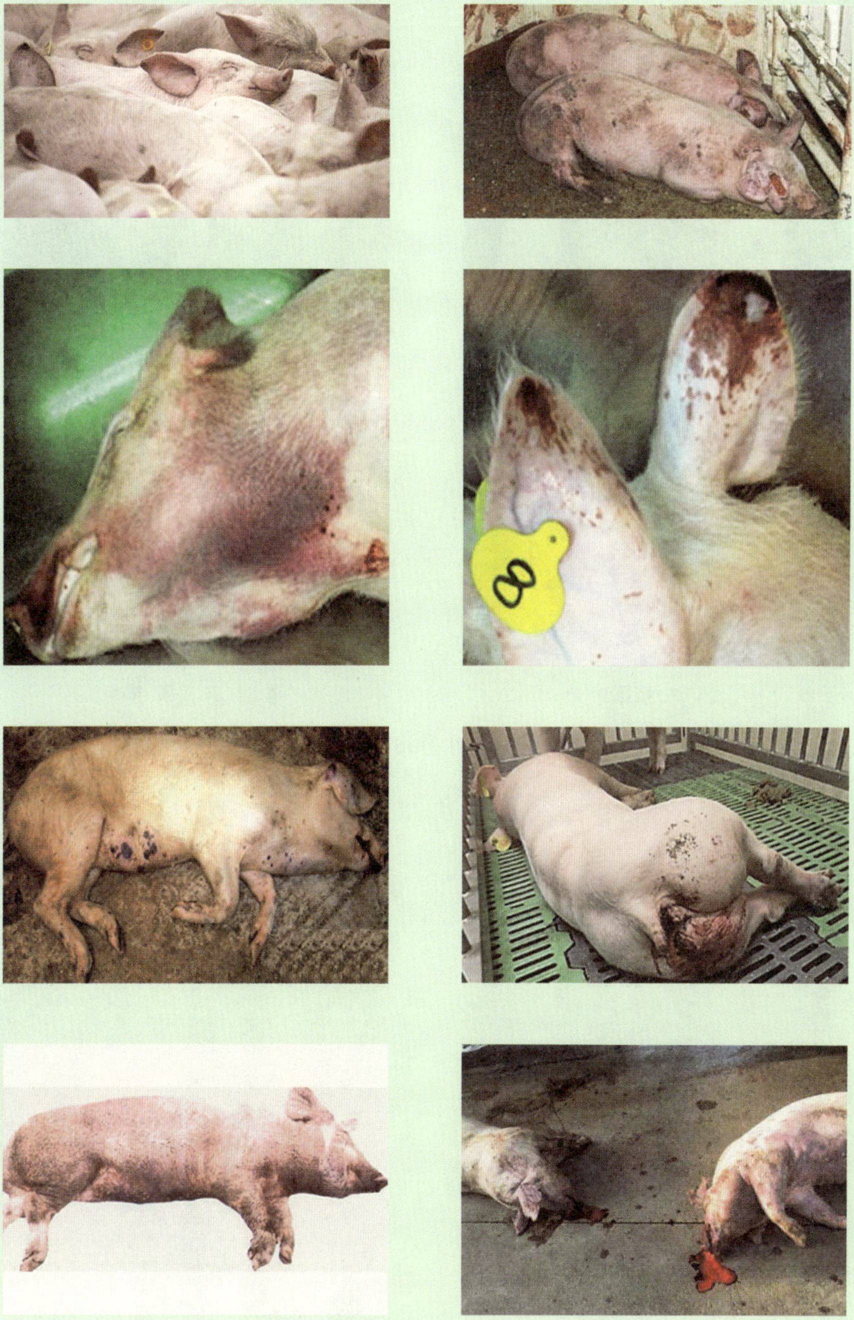

24.非洲猪瘟症状

（1）流鼻血，眼下有半月形泪痕

（2）歪鼻子

（3）正常鼻甲骨

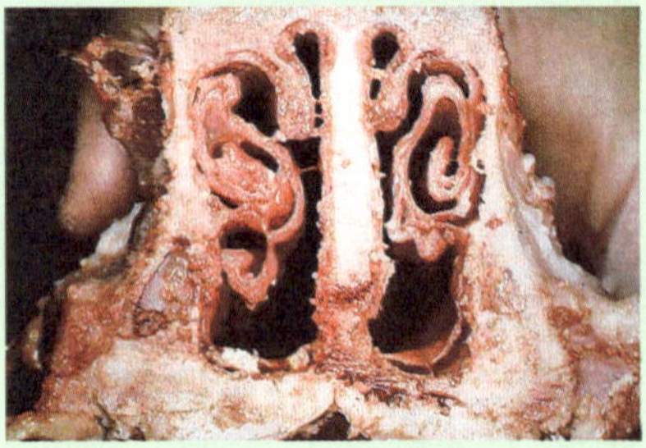
（4）萎鼻鼻甲骨

25.猪传染性萎缩性鼻炎症状